特种设备作业人员安全技术培训考核统编教材

锅炉水处理作业

北京市特种设备检测中心
北京特种设备行业协会 组织编写

主　编　么书勤
副主编　瞿　滔　张　勤
主　审　王春莲

中国劳动社会保障出版社

图书在版编目(CIP)数据

锅炉水处理作业/么书勤主编. —北京：中国劳动社会保障出版社，2012

ISBN 978-7-5045-9999-5

Ⅰ.①锅… Ⅱ.①么… Ⅲ.①锅炉用-水处理 Ⅳ.①TK223.5

中国版本图书馆 CIP 数据核字(2012)第 245233 号

中国劳动社会保障出版社出版发行

(北京市惠新东街 1 号 邮政编码：100029)

出 版 人：张梦欣

*

北京金明盛印刷有限公司印刷装订 新华书店经销

850 毫米×1168 毫米 32 开本 11.875 印张 292 千字

2012 年 10 月第 1 版 2012 年 10 月第 1 次印刷

定价：33.00 元

读者服务部电话：010-64929211/64921644/84643933

发行部电话：010-64961894

出版社网址：http://www.class.com.cn

内容简介

本书根据国家质量监督检验检疫总局2008年颁布的《锅炉水处理作业人员考核大纲》TSG G6003—2008编写，是锅炉水处理作业人员安全技术培训考核用书。

本书全面地介绍了锅炉水处理作业人员应学习掌握的锅炉水处理理论知识和水处理作业实际操作和化验分析方法。全书主要内容包括化学基本知识、锅炉基本知识、锅炉用水及水质标准、水的预处理、锅外化学水处理、锅内加药水处理、锅炉的腐蚀与防护、锅炉的化学清洗、锅炉水质分析、锅炉的水汽质量监督、特种设备法规规范及安全知识等。

本书由么书勤同志主编，王春莲同志主审，瞿滔、张勤同志担任副主编。参加编写的人员有么书勤、王春莲、张勤、瞿滔、张燕、王士杰、刘正修、贾国荃、刘花、张雅清、杨荣和、赵长庆等同志。

由于编者水平和经验有限，书中难免存在疏漏和不妥之处。我们欢迎广大读者尤其是相关专家就其予以批评指正。

前言

特种设备作业技术含量高，专业性强，如果引发安全生产事故，会造成人员伤亡、设备损毁，后果极为严重。特种设备作业事故大多发生在使用和操作环节，究其原因，一是作业人员的安全素质低，安全生产意识薄弱；二是违章作业、操作不当甚至无证作业；三是缺乏必备的安全生产知识技能；四是对设备缺乏维护和保养以及规章制度不健全，管理不善。

国务院令第 549 号《特种设备安全监察条例》规定："锅炉、压力容器、电梯、起重机械、客运索道、大型游乐设施、场（厂）内专用机动车辆的作业人员及其相关管理人员（以下统称特种设备作业人员），应当按照国家有关规定经特种设备安全监督管理部门考核合格，取得国家统一格式的特种作业人员证书，方可从事相应的作业或者管理工作。"

为了进一步落实上述规定，配合国家质量监督检验检疫总局依法做好特种设备作业人员的培训考核工作，培养生产一线工人和基层生产管理者的安全意识，传授必备的安全生产知识和操作技能，使他们掌握正确的操作方法，规范操作行为，养成良好的操作习惯，杜绝违章作业，我们组织了一批经验丰富、多年从事特种设备作业安全培训的有关专家编写了这套"特种设备作业人员安全技术培训考核统编教材"。本套教材第一批共 17 种，包括：《锅炉安全管理与操作》《锅炉水处理技术》《压力容器安全管理与操作》《气瓶安全管理与操作》《锅炉压力容器压力管道气瓶安全管理》《压力管道巡检与维护》《起重机械安全管理》《流动式起重机》《桥门式起重机》《起重机械指挥司索》《场（厂）内机动车》《场（厂）内专用机动车安全管理》《电梯安全管理》《电梯司机》《电梯安装与维修》《焊接安全操作》《游乐设施安全操作与维修》。

本套教材针对特种设备作业人员各工种的安全技术培训考核，紧扣考核大纲和技能操作考核标准，具有科学性、实用性、适用性的特点，内容深入浅出，通俗易懂。本套教材反映了国家质量监督检验检疫总局关于全国特种设备作业人员培训考核的最新要求，是全国各有关行业，各类企业从事特种设备作业的劳动者，为掌握和提高有关特种设备作业知识与技能，提高自身安全素质，取得特种设备作业人员操作证的优秀培训教材。

本套教材在编写过程中，得到了北京市质量技术监督局、北京市特种设备检测中心，北京特种设备行业协会的大力支持；参与教材编写的行业专家和主编倾注了大量的心血，为教材的顺利出版作出了贡献。在此，我们表示衷心的感谢！同时，恳切希望广大读者提出宝贵的意见和建议，以便修订时加以完善。

编委会

2012年10月

目录

第一章

化学基础知识

本章知识要点

1. 熟悉化学的基本概念
2. 了解化学反应的基本类型
3. 掌握化学基础知识及浓度的换算

第一节 基本概念

一、物质的变化及组成

1. 物质的变化

自然界是由物质组成的。绝大部分物质是由分子组成的，所有的分子都是由更小的微粒——原子组成的。自然界中的任何物质都处于不断的运动之中。例如：水经过加热沸腾生成水蒸气，水冷却到 0℃以下凝结成为冰，铁在潮湿的空气中生锈等。

在日常工作和生活中，可以看到有些变化没有生成其他新物质，例如水加热沸腾生成水蒸气，水冻结成为冰。将没有生成其他物质的变化称为物理变化。物理变化的基本特征是物质的组成不变，没有新物质生成，通过物理变化所表现出来的性质称为物理性质，例如颜色、气味、密度、沸点、熔点、溶解性等都是物质的物理性质。有些变化有新物质生成，例如锅炉结水垢，铁在潮湿的空气中生锈，将有新物质产生的变化称为化学变化，又称化学反应。化学变化的基本特征是有其他物质生成，常表现为颜色改变、放出气体、生成沉淀等。化学变化不但生成其他物质，而且还伴随着能量的变化，这种能量变化常表现为吸热、放热、发光、放出气体、生成沉淀等。通过化学变化所表现出来的性质称为化学性质。物理变化和化学变化常同时发生，在化学变化过程里一定同时发生物理变化，但物理变化过程中不一定发生化学变化。

2. 物质的组成

原子是化学变化中的最小微粒。原子是由带正电的原子核和核外带负电的电子构成的，其中原子核由质子和中子组成。质子和中子以及电子等统称为粒子。质子和中子的质量几乎相等，每个质子带一个单位的正电荷，中子不带电荷。原子核带正电荷，核外电子带负电荷，因此原子显电中性。实验证明，当原子最外层电子数为 8 时，具有最稳定的结构。因此，在一定的条件下，原子有得到电子或失去电子以满足稳定结构的倾向，原子得到电子便成为带负电荷的微粒，称为负离子（或阴离子）；失去电子则成为带正电荷的微粒，称为正离子（或阳离子）。

不同的原子所含的质子、中子、电子数目不同，所以它们的质量不同。如 1 个氢原子质量为 1.67×10^{-27} kg，1 个氧原子质量为 2.657×10^{-26} kg。由于原子质量数值太小，书写和使用都不方便，所以采用相对质量。国际上统一规定，以 1 个碳原子（^{12}C）质量的 1/12 为标准，其他原子的质量跟它相比较所得到的比，作为这种原子的相对原子质量，用符号 A_r 表示。根据这个标准，氢的相对原子质量约为 1，氧的相对原子质量约为 16。精确的相对原子质量有效数字可高达八位，一般的化学计算多采用其近似值。

在许多化学反应里，存在由几个原子结合而成的一个带电荷的整体集团，作为一个整体参加反应，一般情况下不会分开，这样的原子集团称为原子团，又称根。例如：硫酸根（带两个单位负电荷）、硝酸根（带一个单位负电荷）、氢氧根（带一个单位负电荷）等。

3. 物质的简单分类

(1) 混合物和纯净物

由不同种分子构成的物质是混合物，由同种分子构成的物质是纯净物。纯净物有固定不变的组成，有一定的物理化学性质。而混合物没有一定的组成，没有固定的性质，各成分都大体上保持原有的性质。例如，空气是氧气、氮气、二氧化碳、稀有气体等多种成分组成的混合物，各成分之间没有发生化学反应。极纯的水几乎完全由水分子构成，极纯的氧气几乎完全由氧分子构成。极纯的水和氧气可视为纯净物。

(2) 单质和化合物

单质是由同种元素组成的纯净物。有的单质由分子构成，如氮气、氧气、氢气等。有的单质由原子构成，如铜、铁等。根据单质性质的不同，一般可分为非金属和金属两类。

化合物是由不同元素组成的纯净物。如氧化钙是氧和钙两种元素组成的。目前，人们已经发现和合成了几百万种化合物，它们都是由各种元素组成的。

二、化学用语

1. 元素及元素符号

元素是具有相同核电荷数（即核内质子数）的同一类原子的总称。国际上统一规定，用固定的符号来表示各种元素。通常是用元素名称的拉丁文开头的第一个字母表示，有些元素的第一个字母与其他元素相同，则用两个字母表示，其中第一个字母大写，第二个字母小写。该符号称为元素符号。如氢的元素符号为H，碳的元素符号为C，钙的元素符号为Ca，铜的元素符号为Cu。

元素符号具有以下三种意义：

(1) 表示一种元素。

(2) 表示这种元素的1个原子。

(3) 表示这种元素的相对原子质量。

例如：元素符号“H”，表示氢元素，也表示 1 个氢原子，还表示氢的相对原子质量。

物质的种类非常多，已知的已超过 2 000 万种。但是组成这些物质的元素并不多。到目前为止，已经发现的元素只有一百余种。为了便于研究元素的性质和用途，需要寻找它们之间的内在规律。为此，科学家们根据元素的原子结构和性质，把它们科学有序地排列起来，这样就得到了元素周期表。

一般地说，由同种元素组成的物质称为单质，例如：氧气 O_2、氢气 H_2、铁 Fe、钙 Ca 等；由不同种元素组成的物质称为化合物，例如：水 H_2O、碳酸钙 $CaCO_3$ 等。

2. 分子、分子式及相对分子质量

分子是保持物质化学性质的最小微粒，分子是能够独立存在的。同种物质的分子性质相同，不同物质的分子性质不同。同种分子具有相同的组成、性质和质量，且每一种分子中含有的原子种类和数目是一定的。例如：水是由 H_2O 分子组成的，食盐是由 NaCl 分子组成的。

元素符号不仅可以表示元素，还可以表示由元素组成的物质。用元素符号表示物质分子组成的式子称为分子式。一个分子式就代表一种物质组成，也就是说一种物质只有一个分子式，如 H_2O、NaCl 等都是分子式，分别表示了水和食盐等物质的组成。

一个分子中各原子的相对原子质量的总和称为相对分子质量。例如：

H_2 的相对分子质量 $=1\times2=2$

H_2SO_4 的相对分子质量 $=1\times2+32+16\times4=98$

Na_2CO_3 的相对分子质量 $=23\times2+12\times1+16\times3=106$

分子式具有以下五种意义：

(1) 表示某种物质的 1 个分子。

(2) 表示物质由哪些元素组成。

(3) 表示物质的1个分子中所包含各元素的原子数目。

(4) 表示物质的分子里各种元素的质量比。

(5) 表示物质的相对分子质量。

3. 化合价

通过试验得知，化合物均有固定的组成，即形成化合物的元素有固定的原子个数比。人们把一种元素的原子（或原子团）能和其他原子（或原子团）相结合的数目称为该原子（或原子团）的化合价。通常以氢原子化合价为+1价作为标准。

化合价具有如下规律：

(1) 氢元素通常显+1价，氧元素通常显−2价。

(2) 金属元素一般显正价。

(3) 非金属元素与氧化合时显正价，与氢化合时显负价。例如在 H_2S 里，S显−2价。在 SO_2 里，S显+4价。

(4) 单质分子里，元素的化合价为零。

(5) 化合物中元素化合价的代数和为零。

(6) 一些元素在不同的化合物中显示的化合价不同。

(7) 根在化合物的分子里也显示一定的化合价，其价数等于它所带的电荷数。

例如：H_2SO_4 中，“H”显+1价，“S”显+6价，“O”显−2价。化合价代数和为（+1）×2+（+6）×1+（−2）×4=0。

再如：Na_2SO_3 和 $CuSO_4$ 中，金属元素均显正价，“Na”显+1价，“Cu”显+2价；“S”在两种化合物中的化合价却不同，前者显+4价，后者显+6价。

一些常用元素的名称、符号、原子价见附录。

4. 化学反应方程式

用元素符号和分子式来表示化学反应的式子称为化学反应方程式。化学反应的过程就是参加反应的各物质（反应物）的原子重新组合生成其他物质（生成物）的过程。在化学反应中，反应前后原子的种类没有变化，数目没有增减，原子质量也没有改变。实验证明，参加化学反应的各物质的质量总和等于反应后生成的各物质的质量总和。这个规律就是质量守恒定律。化学反应方程式表示了化学反应前后，反应物与生成物的质与量的关系，其依据就是质量守恒定律。

（1）化学反应方程式的意义

化学反应方程式主要有以下四种意义；

1）表示各物质分子数比。

2）表示各物质的物质的量之比。

3）表示气体体积之比。

4）表示各物质质量之比。

（2）化学反应方程式的书写原则

1）以化学反应事实为依据。

2）以质量守恒定律为依据。

3）注明反应条件和生成物的状态。例如：反应条件加热"△"、加压、催化剂等，生成物为气体"↑"，生成物为沉淀"↓"等。

4）如果式子中各元素的原子数两边不相等，则在其分子式前面配上适当的系数，使其两边都相等，即配平。

例如：$CaCO_3+2HCl \xlongequal{} CaCl_2+CO_2\uparrow+H_2O$

（3）化学反应方程式的有关计算

根据化学反应方程式的计算，可以从量的方面研究物质的变化。由一种物质的量计算出另外物质的量。下面，用实例来说明利用化学方程式进行计算的步骤和方法。

例：工业上高温煅烧石灰石（$CaCO_3$）可制得生石灰（CaO）和二氧化碳。如果要制取 14t 氧化钙，需要碳酸钙多少吨？

［解］设需要碳酸钙的质量为 x。

$$CaCO_3 \xlongequal{\text{高温}} CaO+CO_2\uparrow$$

相关物质的质量比 $40+12+16\times3=100$　　$40+16=56$

已知量和未知量　　　　x t　　　　　　　　　14 t

列出比例式，求解　$\frac{100}{56}=\frac{x}{14}$

$$x=\frac{100\times14}{56}=25\ \text{t}$$

答：需要碳酸钙 25 t。

第二节　酸、碱、盐及氧化物

一、酸

凡是在水溶液中电离出来的阳离子全部是 H^+ 的化合物称为酸。

根据酸在水溶液中电离出 H^+ 的能力，可把酸分为强酸和弱酸。在水溶液中几乎能全部电离的称为强酸，如 H_2SO_4、HCl、HNO_3；难以电离的称为弱酸，如 H_2CO_3。

酸的通性如下：

（1）能使酸碱指示剂变色。

酸溶液能使石蕊试纸显红色，能使石蕊指示剂变为红色，能使甲基橙指示剂变为红色；酸遇酚酞指示剂不变色。

（2）与碱发生中和反应，生成盐和水。

例如：$NaOH+HCl=\!=\!=NaCl+H_2O$

（3）与盐发生复分解反应，生成新酸和新盐，产生气体、水或沉淀。

例如：$Na_2CO_3+2HCl=\!=\!=2NaCl+CO_2\uparrow+H_2O$

（4）与金属氧化物反应，生成盐和水。

例如：$CaO+2HCl=\!=\!=CaCl_2+H_2O$

（5）非强氧化性酸与活泼金属发生置换反应，生成盐和氢气。

例如：$Fe+2HCl=\!=\!=FeCl_2+H_2\uparrow$

故用酸洗锅炉时要考虑酸对锅炉金属的腐蚀和防腐。

金属从酸中置换出氢气的能力可反映金属的活泼程度，即金属活动性。金属活动性越强，与酸反应越剧烈。常见金属在溶液中的活动性顺序排列如下：

K Ca Na Mg Al Zn Fe Sn Pb（H）Cu Hg Ag Pt Au →

金属活动性由左向右逐渐减弱

二、碱

凡是在水溶液中电离出来的阴离子全部是 OH^- 的化合物称为碱。

根据碱在水溶液中电离 OH^- 的能力，可把碱分为强碱和弱碱。在水溶液中几乎能全部电离的称为强碱，如 NaOH。

碱的通性如下：

（1）能使酸碱指示剂变色。

碱溶液能使石蕊试纸显蓝色，能使石蕊指示剂变为蓝色，能使甲基橙指示剂变为黄色，能使酚酞指示剂变为红色。

（2）与酸发生反应，生成盐和水。

（3）与盐发生复分解反应，生成新碱和新盐，产生气体、水或沉淀。

例如：$FeCl_3+3NaOH=Fe(OH)_3\downarrow+3NaCl$

（4）能与非金属氧化物反应，生成盐和水。

例如：$2NaOH+SiO_2=Na_2SiO_3+H_2O$

故强碱溶液不宜长期放置在玻璃瓶中，滴定管也不能使用玻璃塞，否则会由于碱与玻璃中的二氧化硅反应，而使塞子打不开或无法转动。

三、盐

凡是电离时生成金属阳离子（或 NH_4^+）和酸根阴离子的化合物称为盐。

盐的性质如下：

（1）与酸反应生成新盐和新酸。

例如：$Ca_3(PO_4)_2+3H_2SO_4 = 3CaSO_4+2H_3PO_4$

（2）与碱发生复分解反应。

例如：锅炉内加入适量氢氧化钠可以与水中镁结垢物质作用生成水渣。$MgCl_2+2NaOH = Mg(OH)_2\downarrow+2NaCl$

（3）与另一种盐反应生成两种新盐。

例如：锅炉内加入适量碳酸钠可以与水中钙结垢物质作用生成水渣。$CaCl_2+Na_2CO_3 = CaCO_3\downarrow+2NaCl$

（4）与金属发生置换反应，生成新盐和新金属。

例如：$Fe+CuSO_4 = FeSO_4+Cu\downarrow$

（5）与非金属单质发生置换反应，生成新盐和新的非金属单质。

例如：$2NaBr+Cl_2 = 2NaCl+Br_2$

（6）部分盐受热分解。

例如：水中的碳酸氢钙受热生成碳酸钙，即水垢。

$Ca(HCO_3)_2 \overset{\triangle}{=} CaCO_3\downarrow+CO_2\uparrow+H_2O$

四、氧化物

氧化物是由氧与另一种元素组成的二元化合物。氧化物属于化合物，也一定是纯净物，其组成中只含两种元素，其中一种一定为氧元素，另一种若为金属元素，则称为金属氧化物；若为非金属元素，则称为非金属氧化物。

氧化物按其性质可分为酸性氧化物、碱性氧化物、两性氧化物和不成盐氧化物等。

1. 酸性氧化物

与碱反应只生成盐和水的氧化物称为酸性氧化物。非金属氧化物大多数是酸性氧化物，人们熟悉的非金属氧化物中，一氧化碳不是酸性氧化物。

例如：$CO_2+2NaOH = Na_2CO_3+H_2O$

$SO_3+Ca(OH)_2 = CaSO_4+H_2O$

2. 碱性氧化物

与酸反应只生成盐和水的氧化物称为碱性氧化物。大多数金属氧化物是碱性氧化物。

例如：$CaO+2HCl=CaCl_2+H_2O$

3. 两性氧化物

既能与酸反应成盐和水，又能与碱反应生成盐和水的氧化物，称为两性氧化物。

例如：$Al_2O_3+6HCl=2AlCl_3+3H_2O$

$Al_2O_3+2NaOH=2NaAlO_2+H_2O$

4. 不成盐氧化物

既不能与酸反应生成盐和水，又不能与碱反应生成盐和水的氧化物，称为不成盐氧化物。例如，H_2O、NO、CO、NO_2等都属于不成盐氧化物。

五、络合物

络合物一般是由一个金属离子和围绕在它周围的几个阴离子或分子所组成的。这个金属离子称为中心离子。按一定的空间位置排列在中心离子周围的其他离子或分子称为配位体。中心离子和若干个配位体所构成的复杂离子或分子称为络合离子或络合分子。含有络合离子或络合分子的化合物称为络合物。

络合物的组成可分为内界和外界。在化学式上用方括号将络合离子或络合分子括起来，即为络合物的内界，其余部分称为外界。络合物也可单独由内界构成。

例如：《工业锅炉水质》（GB/T 1576—2008）水质控制指标中规定的磷钼蓝比色法测定磷酸盐的过程中的生成物就为络合物 $H_3[P(Mo_3O_{10})_4]$ 和 $H_3[P(Mo_3O_9)_4]$。

第三节　物质的量与摩尔质量

一、摩尔

1971 年十四届国际计量大会将摩尔定义为：摩尔是一系统

的物质的量，该系统所含的基本单元数与0.012 kg（12 g）碳一12（6个中子和6个质子）中含有的原子数目相等。在使用摩尔时，基本单元必须指明。基本单元可以是原子、分子、离子、电子及其粒子，或是这些离子的特定组合。

摩尔是物质的量的单位，符号为mol。在使用摩尔作为计量单位时，必须指明基本单元的种类。例如：1 molEDTA表示基本单元是EDTA。1 mol1/2EDTA表示基本单元是1/2EDTA。如不能说“2 mol氧”。因为氧可以是氧分子，也可以是氧原子。

如果某系统中基本单元A的数目与0.012 kg^{12}C的原子数目一样多，则物质A的物质的量n_A就是1 mol。0.012 kg^{12}C的原子数目就是以mol^{-1}作为单位的阿伏伽德罗常数的数值，阿伏伽德罗常数值为（6.022 136 7±0.000 003 6）$\times 10^{23}$ mol^{-1}。

某物质如果含有6.02×10^{23}个分子（或原子、离子、电子等），则这个物质的量就是1 mol。例如：

1 mol的碳原子$=6.02\times 10^{23}$个碳原子

1 mol的水分子$=6.02\times 10^{23}$个水分子

同理，某物质如果含有$n\times 6.02\times 10^{23}$个分子或原子，则该物质的量就是$n$mol。例如：

2 mol硫原子$=2\times 6.02\times 10^{23}$个硫原子

0.3 mol氢氧根离子$=0.3\times 6.02\times 10^{23}$个氢氧根离子

摩尔简称为摩，摩尔的千分之一称为毫摩尔。1 mol=1 000 mmol。

二、摩尔质量

1摩尔物质的以克计的质量称为摩尔质量。它表示6.02×10^{23}个分子或原子的总质量。

单位为g/mol，用符号M_B表示。数学表达式为：

$$M_B = \frac{m}{n_B}$$

式中　m——物质的质量，g；

　　n_B——物质的量，mol。

任何元素原子的摩尔质量，单位为 g/mol 时，数值上等于其相应原子质量。此结论适用于分子、离子或其他微粒。例如：

^{12}C 原子的相对原子质量为 12，其摩尔质量为 12 g/mol。

H_2SO_4 分子的相对分子质量为 98，其摩尔质量为 98 g/mol。

三、物质的量 n_B

物质 B 的物质的量 n_B 是以阿伏伽德罗常数为计量单位，来表示物质的指定基本单元是多少的一个物理量。它是正比于基本单元 B 的数目 N_B 的量。即

$$n_B = \frac{N_B}{L}$$

式中 N_B——系统中基本单元 B 的数目；

L——阿伏伽德罗常数。

四、n_B、m、M_B 的关系

物质 B 的物质的量 n_B 与物质 B 的质量 m 及摩尔质量 M_B 的换算关系如下：

$$n_B = \frac{m}{M_B}$$

例如：镁离子 24.30 g，其 $1/2Mg^{2+}$ 物质的量

$$n_{1/2\ Mg^{2+}} = \frac{m}{M_{1/2\ Mg^{2+}}} = 24.30/12.15 = 2\ \text{mol}$$

理解和应用物质的量应注意：

第一，物质的量是一个物理量的整体名称。不能把物质与量分开来理解。

第二，使用物质的量必须指明基本单元。如 $n_{1/2Ca^{2+}}$ 、$n_{1/2H_2SO_4}$ 。

第四节　溶液及溶液浓度

一、溶液的概念

1. 溶液

一种或几种物质分散到另一种物质中，形成均一、稳定

的混合物，称为溶液。能溶解其他物质的物质称为溶剂，被溶解的物质称为溶质。溶质溶解在溶剂中形成溶液。一般溶液只是专指液体溶液。例如，将一小勺食盐放到一杯水中，形成食盐水。其中，食盐为溶质，水为溶剂，形成的食盐水为溶液。

溶质可以是固体，也可以是液体或气体；如果两种液体互相溶解，一般把量多的一种称为溶剂，量少的一种称为溶质。若其中一种是水，一般将水称为溶剂。

水能溶解很多种物质，是一种最常用的溶剂。汽油、酒精等也可以作为溶剂。如汽油能溶解油脂，酒精能溶解碘等。

相同条件下，不同物质在相同溶剂或相同物质在不同溶剂中的溶解能力是不同的。例如：氯化钠很容易溶解于水，却难溶于无水乙醇、苯等有机溶剂。再如：在 20℃时，100 g 水中最多能溶解 36 g 氯化钠，却能最多溶解 90 g 硝酸钠。在化学上，把物质在某种溶剂中溶解的能力称为溶解性。一般来说，在 20℃时，100 g 水中能溶解 10 g 以上的物质称为易溶物质；能溶解 1 g 以上的物质称为可溶物质；能溶解 0.01 g 以下的物质称为难溶物质。

2. 溶解度

在一定温度条件下，每 100 g 溶剂中最多可溶解的溶质克数称为这种溶质在该温度下的溶解度。通常所说的溶解度是指物质在水里的溶解度。例如：在 20℃时，100 g 水里最多能够溶解 36 g氯化钠，就说在 20℃时，氯化钠在水里的溶解度是 36 g。

在一定温度条件下，一定量的溶剂中溶质不能继续溶解的溶液称为饱和溶液。一定量的溶剂中溶质还能继续溶解的溶液称为不饱和溶液。一定量的溶剂中所溶解的溶质超过溶质最大量（溶解度）的溶液称为过饱和溶液。有些物质溶解度随温度升高而增大，在较高温度配置的饱和溶液，滤去剩余的未溶固体，然后使温度逐渐降至室温，这时溶液中溶质的量超过室温时的溶解度，但尚未析出晶体，这样得到的溶液即为过饱和溶液。例如硫酸钠、醋酸钠等都很容易生成过饱和溶液。

3. 溶解平衡

单位时间内溶质溶解的量称为溶解速率，而单位时间内从溶液中析出的量称为结晶速率。当两个值相等的时候，就是溶解平衡。也就是说，一边有溶质溶解于溶液中，另一边又有溶质从溶液中析出。从表面上看，晶体的量和溶液的浓度都是不变的，像是静止了一样，而实际上溶解和结晶的过程仍在进行，只不过是以一种平衡的状态显示出来。所以溶解平衡是一种动态的平衡，并且是暂时的、相对的，当条件发生改变时，溶解平衡就会受到破坏。

二、溶液的浓度

一定量的溶液或试剂中所含溶质的量称为溶液的浓度。溶液的浓度说明溶质和溶剂之间相对量的大小。对于一定量的溶液来说，里面溶质越多，溶液浓度越高。溶液表示浓度的方法很多。

1. 质量分数

用溶质的质量占全部溶液质量的百分比表示的浓度称为质量分数。用 w 表示。

2. 体积分数

是指某物质的体积与混合物的体积之比，符号为 φ。

3. 物质的量浓度

(1) 物质的量浓度定义

用 1 L 溶液所含溶质的物质的量表示溶液的浓度称为物质的量浓度。用符号 c_B 表示，B 为基本单元。

$$c_B = \frac{n_B}{V}$$

式中 n_B——基本单元为 B 的物质的量；

V——溶液的体积。

物质的量浓度的国际制单位为 mol/L 或 mmol/L。

根据摩尔规则，在使用物质的量浓度时，必须指明基本单元。例如：c（NaOH）、c（$1/2H_2SO_4$）。国际规定浓度符号有两个：c_B 和［B］。一般用 c_B 表示总浓度，用［B］表示平衡浓度。

当物质的量浓度较小时，常用 mmol/L 或 μmol/L 表示。

（2）等物质的量的规则

化学反应的等物质的量的规则，其实就是在化学反应中消耗了各反应物的量相等（各反应物基本单元的电荷数均为一价）。即

$$n_B = n_T$$

$$c_B \times V_B = c_T \times V_T$$

式中　$c_B \times V_B$——待测物质的物质的量浓度和体积，$c_B \times V_B = n_B$；

$c_T \times V_T$——标准溶液的物质的量浓度和体积，$c_T \times V_T = n_T$。

对锅炉水处理人员来说，建立起化学反应是按等物质的量进行的概念，是十分重要的。应用等物质的量的规则时，关键在于选择基本单元。例如在酸碱滴定中先确定以 NaOH 为基本单元，根据反应式

$$H_2SO_4 + 2NaOH = Na_2SO_4 + 2H_2O$$

随之可确定 $1/2H_2SO_4$ 为基本单元，它在反应中的物质的量才能与标准的物质的量相等，下述公式才能成立：

$$c(NaOH) \cdot V(NaOH) = c(1/2H_2SO_4) \cdot V(1/2H_2SO_4)$$

4. 滴定度

滴定度就是 1 mL 标准溶液中所含相当于待测成分的质量或相当于该溶液中溶质的质量。例如：$T_{NaOH} = 0.40$ mg/mL 就是 1 mL氢氧化钠溶液中含有 0.40 mgNaOH。再例如测定水中 Cl^- 时，配制的硝酸银标准溶液 1 mL 相当于 1 mgCl^-，即其滴定度 $T_{Cl^-/AgNO_3} = 1$ mg/mL。用这种方法表示滴定度，使用起来非常简便。

5. 体积比浓度

体积比浓度是指溶质与溶剂按 $a:b$ 的体积比配成的溶液，符号为 $a:b$。这种浓度的表示方法，通常是溶质为液体时的溶液的配制。如 1∶4 的硫酸，就是 1 体积的浓硫酸与 4 体积的水混合而成的硫酸溶液。

6. 质量浓度

物质 B 的质量浓度是指单位体积溶液中所含溶质的质量，$P_B=\frac{m}{V}$。质量浓度的 SI 单位为 kg/m^3，常用的单位 g/L、mg/L、μg/L。在水质分析中，因水中杂质浓度较小，一般用 mg/L、μg/L 表示。

7. 浓度的换算

溶液浓度之间的换算，用得多的是质量分数与物质的量浓度之间的换算。两者之间以溶液密度这个量联系，其换算关系如下：

$$w \times \rho \times 1\,000 = c_B \times M_B$$

式中：w——质量分数；

ρ——溶液的密度，g/m^3；

c_B——基本单元 B 的物质的量浓度，mol/L；

M_B——基本单元 B 的物质的摩尔质量，g/mol。

例：酸洗用 5%盐酸（HCl），密度为 $1.04\ g/m^3$，问这种盐酸（溶液）的物质的量浓度为多少？

解：$1\,000 \times \rho \times w_B = c_B \times M_B$

$$c_B = \frac{1\,000 \times \rho \times w_B}{M_B}$$

HCl 相对分子质量＝1＋35.5＝36.5

$$M_{HCl} = 36.5\ g/mol$$

$$c(HCl) = \frac{1\,000 \times 1.04 \times 5\%}{36.5} \approx 1.42(mol/L)$$

答：这种盐酸的物质的量浓度约为 1.42 mol/L。

第五节　离子反应、水的电离及pH值

一、电解与电离

1. 电解

使电流通过电解质溶液或熔融电解质而引起两个电极上分别发生氧化还原反应的过程称为电解。实现电解过程的装置称为电解池。在电解池中，和直流电源负极相连的电极为阴极，和直流电源正极相连的电极为阳极。电解过程中，电子从电源的负极沿导线进入电解池的阴极，电解液中的正离子移向阴极，在阴极上得到电子，进行还原反应；电解液中的负离子移向阳极，在阳极上失去电子，进行氧化反应。与此同时，电子从电解质的阳极流出，沿导线流回电源的正极。电解池的总反应是两个电极反应之和。在电解池的两极反应中，正离子得到电子或负离子失去电子的过程都称为放电。

例如电解水时，水的电解反应为：$2H_2O \longrightarrow 2H_2 + O_2$

阳极：$2H_2O - 4e^- \longrightarrow 4H^+ + O_2$

阴极：$4H^+ + 4e^- \longrightarrow 2H_2$

总反应：$2H_2O \longrightarrow 2H_2 + O_2$

通过实验可以观察到，酸、碱、盐在水溶液中或加热至熔融状态时可以导电的现象。这种在水溶液里或熔融状态下能够导电的化合物称为电解质。在水溶液里或熔融状态下都不能够导电的化合物称为非电解质。

2. 电离

(1) 电解质、电离和电离平衡

酸、碱、盐在水溶液中能够导电，是因为它们在溶液中发生了电离，产生了能够自由移动的离子。电解质溶于水或受热熔化而离解成可自由移动的正负离子的过程称为电离。溶液导电性的强弱跟溶液里能够自由移动的离子的多少有关。也就是说，相同

条件和浓度的导电性强的溶液里能自由移动的离子数目一定比导电性弱的溶液里的多。在水溶液里全部电离为离子的化合物属于强电解质，如强酸、强碱和大部分盐类是强电解质。在水溶液里只有部分电离为离子的化合物属于弱电解质，如弱酸、弱碱是弱电解质。

在一定条件下，当电解质分子电离成离子的速率与离子重新结合成分子的速率相等时，电离的过程就达到了平衡状态，即电离平衡。一般来说，强电解质不存在电离平衡而弱电解质存在电离平衡。

（2）电离度

电离度就是当弱电解质在溶液里达到电离平衡时，溶液中已经电离的电解质分子数占原来总分子数（包括已电离的和未电离的）的百分比。电解质的电离度常用符号 α 来表示：

$$\alpha=\frac{\text{已电离的电解质分子数}}{\text{溶液中原有电解质的分子总数}}\times 100\%$$

通过实验得知，在相同条件下，不同弱电解质的电离度不同，这是由弱电解质的相对强弱所决定的。一般来说，电解质越弱，电离度越小。所以电离度的大小可以表示弱电解质的相对强弱。溶液的浓度、温度不同，电离度也不同。如不注明温度通常指 25℃。

（3）离子反应和离子反应方程式

在电解质溶液里，电解质的离子间发生的反应称为离子反应。用实际参加反应的离子符号或其他物质的化学式表示在水溶液中发生化学反应的方程式，称为离子反应方程式。

电解质在溶液中的反应，实质上就是离子的反应，因此用离子反应方程式比一般化学反应方程式更能表达出反应的实质，而且也更简便。

例如硝酸银与氯化钠的反应：

$$AgNO_3+NaCl=AgCl\downarrow+NaNO_3$$

由于硝酸银、氯化钠、硝酸钠都是易溶于水的强电解质，在水中都以离子状态存在，即化学反应为：

$$Ag^{+}+NO_3^{-}+Na^{+}+Cl^{-}\rightarrow AgCl\downarrow+Na^{+}+NO_3^{-}$$

从反应式可知，Na^{+}、NO_3^{-}在反应前后并没有变化，真正参加反应的只有 Ag^{+} 和 Cl^{-}，所以离子反应式可写成：

$$Ag^{+}+Cl^{-}\rightarrow AgCl\downarrow$$

铁与盐酸反应：

$$Fe+2HCl=FeCl_2+H_2\uparrow$$

离子反应式为：　　$Fe+2H^{+}=Fe^{2+}+H_2\uparrow$

用碳酸钠标定硫酸的反应

$Na_2CO_3+H_2SO_4=Na_2SO_4+CO_2\uparrow+H_2O$

离子反应式为：　　$CO_3^{2-}+2H^{+}=CO_2\uparrow+H_2O$

二、水的离子积常数及 pH 值的概念

1. 水的离子积常数

实验证明，水是一种极弱的电解质，它能微弱地电离，生成 H_3O^{+} 和 OH^{-}。

$H_2O+H_2O\rightleftharpoons H_3O^{+}+OH^{-}$

可简写为：$H_2O\rightleftharpoons H^{+}+OH^{-}$

从纯水的导电实验测得，在 25℃时，纯水中 H^{+} 和 OH^{-} 的浓度都等于 10^{-7} mol/L。

弱电解质在一定条件下电离达到平衡时，根据化学平衡的原理，溶液中电离所生成的各种离子浓度的乘积，跟溶液中未电离分子浓度的比值是一个常数，这个常数称为电离平衡常数，简称电离常数。用 $K_{电离}$ 表示。实际上电离常数描述的是一定条件下，弱电解质的电离能力。

在一定温度下，水跟其他弱电解质一样，有一个电离常数。

$$K_{电离}=\frac{[H^{+}][OH^{-}]}{[H_2O]}$$

由于水电离度很小，它的已电离部分可以忽略不计，因而上式可以写为：

$$[H^+][OH^-]=K_{电离}[H_2O]$$

其中 $K_{电离}$是常数，$[H_2O]$ 也可以看成常数，常数相乘必然成为一个新的常数，通常把它写作 K_w。即

$$[H^+][OH^-]=K_w$$

K_w是水中 $[H^+]$ $[OH^-]$ 的乘积。把 K_w称为水的离子积常数，简称为水的离子积。在一定温度下，水溶液中 H^+ 浓度和 OH^- 浓度成反比，无论怎样变化，它们浓度的乘积都恒等于水的离子积。

已知 25℃时水中 H^+ 和 OH^- 的浓度都是 1×10^{-7} mol/L。所以 $K_w=[H^+][OH^-]=1\times10^{-7}\times1\times10^{-7}=1\times10^{-14}$

K_w会随温度而变化，因此在应用中应明确所测定的温度。

2. pH 值的概念

由于经常要用到一些 H^+ 浓度很小的溶液，为计算方便，化学上常采用 H^+浓度的负对数来表示溶液的酸碱性，称为溶液的 pH 值。即：

$$pH=-\lg[H^+]$$

溶液的酸碱性跟 H^+ 浓度和 OH^- 浓度以及 pH 值的关系可以表示为：

中性溶液	$[H^+]=[OH^-]$	$pH=7$
酸性溶液	$[H^+]>[OH^-]$	$pH<7$
碱性溶液	$[H^+]<[OH^-]$	$pH>7$

$[H^+]$ 越大，溶液的酸性越强，pH 值越小；$[H^+]$ 越小，溶液的酸性越弱，pH 值越大。所以，可以用 pH 值表示溶液的酸碱性。

但当溶液的 H^+ 或 OH^- 浓度大于 1 mol/L 时，用 pH 值表示酸碱性的强弱并不简便，故此时一般不用 pH 值表示，而是直接用 H^+ 或 OH^- 的浓度来表示。

前面在介绍酸、碱的一般化学性质时，已经介绍酸、碱可以

使石蕊、酚酞、甲基橙等酸碱指示剂变色。酸碱指示剂一般是弱有机酸或弱有机碱，它们的颜色变化是在一定的变色范围内发生的。将指示剂发生颜色变化的 pH 值范围称为指示剂的变色范围，是通过实验测定的。石蕊、酚酞、甲基橙的变色范围见表 1—1。

表 1—1　　常见酸碱指示剂的变色范围

PH 值	1	2	3	4	5	6	7	8	9	10	11	12	13	14
石蕊	红色					紫色			蓝色					
甲基橙	红色			橙色		黄色								
酚酞	无色								浅红色		红色			

第六节　盐类的水解及缓冲溶液

一、化学平衡

1. 可逆反应

在许多化学反应中，不仅反应物可以相互生成生成物，而且在一定条件下，生成物也可以相互作用生成反应物，化学反应在不同程度上是可逆的。这种反应称为可逆反应。例如：高温下二氧化碳和氢气在密闭容器中反应，可以生成一氧化碳和水蒸气，$CO_2+H_2 \rightarrow CO+H_2O$。在相同条件下，一氧化碳和水蒸气反应，也可以生成二氧化碳和氢气，$CO+H_2O \rightarrow CO_2+H_2$。书写可逆反应时，常将化学反应方程式中的等号替换成两个相反箭头，例如：$CO+H_2O \rightleftharpoons CO_2+H_2$。习惯上把化学反应式中从左到右进行的反应称为正反应，反之称为逆反应。

2. 化学平衡

一定条件下反应物转化为生成物的速度称为化学反应速率，用符号 v 表示。化学平衡状态指在一定条件下的可逆反应，其正反应和逆反应的速率相等的状态，即 $v_{正}=v_{逆}$。反应开始时，反应物浓度大于生成物浓度，所以 $v_{正} > v_{逆}$。随着反应不断进行，反应物浓度不断减小，生成物浓度不断增加。因而正反应速率不断减小，逆反应速率不断增加。当 $v_{正} = v_{逆}$ 时，反应混合物中各物质的浓度不再发生变化，反应达到了平衡。化学平衡是动态平衡，这时反应仍在进行，但正反应和逆反应的速率相等。

化学平衡是一种有条件的平衡。化学平衡只能在一定的外界条件下才能保持，当外界条件改变时，原有的平衡就会被破坏，直到在新的条件下建立起新的平衡。

3. 平衡常数

达到反应平衡时，化学反应中各物质的浓度不再发生变化，且各物质浓度之间呈现一定的比例关系，即生成物的浓度乘积与反应物浓度乘积之比为一个常数，称为化学反应的平衡常数，用符号 K_c 表示。对任一可逆反应，都有：

$$aA + bB \rightleftharpoons cC + dD$$

平衡常数：
$$K_c = \frac{[C]^c [D]^d}{[A]^a [B]^b}$$

这里需要注意的是，每一个平衡常数 K_c 对应于一个固定的化学反应方程式，同一反应，方程式不同，平衡常数表达式及数值不同，但相互间存在一定的关系。当有纯固体、纯液体和稀溶液中的溶剂参加反应时，不列入平衡常数表达式中。例如：

$$C + 0.5O_2 = CO \qquad K_c = \frac{[CO]}{[O_2]^{0.5}}$$

$$2C + O_2 = 2CO \qquad K_c = \frac{[CO]^2}{[O_2]}$$

再如：

$$CaCO_{3(固)} + 2H^+ = Ca^{2+} + CO_2 + H_2O$$

$$K_c = \frac{[Ca^{2+}][CO_2]}{[H^+]^2}$$

平衡常数的大小代表了可逆反应进行的程度，数值越大表示反应越完全。对特定的反应而言，平衡常数的大小只与温度有关，与物质起始浓度无关。

4. 影响平衡移动的因素

（1）浓度对化学平衡移动的影响

在一定温度下，增大反应物浓度或减小生成物浓度，平衡向正反应方向移动，反之则向逆反应方向移动。

例如：使用食盐水再生钠离子交换树脂时，反应 $2Na^{+}+R_2Ca\ (R_2Mg) \rightarrow 2RNa+Ca^{2+}\ (Mg^{2+})$ 中，大量 Ca^{2+}（Mg^{2+}）存在于废盐液中，要排放掉，不要重复使用。否则会使反应向左移动，影响再生效果。

（2）压力对化学平衡移动的影响

恒温下，增大体系的压力，平衡向气体分子数减少的方向移动；减小压力，平衡向气体分子数增加的方向移动。

（3）温度对化学平衡移动的影响

升高温度，化学平衡向吸热反应方向移动；降低温度，化学平衡向放热反应方向移动。

（4）催化剂对化学平衡的影响

催化剂只能改变平衡到达的时间而不能引起化学平衡的移动。例如：加热氯酸钾制氧气时需要加入二氧化锰作为催化剂。

$$2KClO_3 \xrightarrow[\triangle]{MnO_2} 2KCl+3O_2\uparrow$$

二、缓冲溶液、溶度积原理

1. 缓冲与缓冲溶液

（1）同离子效应

浓度对化学平衡移动会产生影响，即在一定温度下，增大反应物浓度或减小生成物浓度，平衡向正反应方向移动，反之则向逆反应方向移动。例如：在 HAc（醋酸）溶液中加入 NaAc（醋酸钠）固体：

在 HAc 溶液中存在平衡：$HAc \rightleftharpoons H^{+}+Ac^{-}$

加入 NaAc 固体后：$NaAc \rightleftharpoons Na^{+}+Ac^{-}$

由于反应式中的生成物 Ac^- 的浓度增加，平衡将向左移动，导致 HAc 的电离度减小，从而使溶液中的 H^+ 浓度降低。

再如：在 $NH_3 \cdot H_2O$（氨水）中加入 NH_4Cl（氯化铵）：

氨水中存在平衡：$NH_3 \cdot H_2O \rightleftharpoons NH_4^+ + OH^-$

加入 NH_4Cl 后：$NH_4Cl \rightleftharpoons NH_4^+ + Cl^-$

由于反应式中的生成物 NH_4^+ 的浓度增加，平衡将向左移动，导致 $NH_3 \cdot H_2O$ 的电离度减小，从而使溶液中的 OH^- 浓度降低。

这种在弱酸或弱碱溶液中分别加入与这种弱酸或弱碱含有相同离子的强电解质，使弱酸或弱碱的电离度降低，电离平衡发生移动的现象称为同离子效应。

(2) 缓冲溶液

在上例中，当向 $NH_3 \cdot H_2O - NH_4Cl$ 混合溶液中加入少量的强酸（H^+）时，加入的 H^+ 即与混合溶液中的 OH^- 反应生成 H_2O，使平衡向右移动，电离出新的 OH^-，达到新的平衡，使得混合溶液的 pH 值几乎不变。当向 $NH_3 \cdot H_2O - NH_4Cl$ 混合溶液中加入少量的强碱（OH^-）时，加入的 OH^- 即与混合溶液中的 NH_4^+ 反应生成 $NH_3 \cdot H_2O$，使平衡向左移动，达到新的平衡，使混合溶液中的 OH^- 浓度基本不变，也使得混合溶液的 pH 值几乎不变。

这种能抵抗外来少量强酸、强碱的加入或稍加稀释的影响而保持自身的 pH 值不发生显著变化的溶液称为缓冲溶液。对 pH 值的稳定作用称为缓冲作用。

2. 沉淀物的溶解平衡

(1) 溶度积常数

$CaCO_3$ 是一种难溶的固体物质。在一定温度下，将其放入水中时，会发生溶解和沉淀两个过程，当溶解和沉淀速率相等时，便建立了难溶电解质与溶液中离子的动态平衡。此时已形成 $CaCO_3$ 饱和溶液，溶液中离子浓度不再改变。平衡关系可表示为：

$$CaCO_3 \rightleftharpoons Ca^{2+} + CO_3^{2-}$$

未溶解固体　溶液中离子

当温度一定时，在难溶电解质饱和溶液中存在溶解与沉淀的电离平衡，这时溶液中组成该难溶物质的各离子浓度的乘积等于其常数，此常数称为溶度积常数，简称溶度积，用 K_{sp} 表示。

$$A_mB_n(\text{固体}) \rightleftharpoons mA + nB$$

平衡常数表达式为：$K_{sp} \xrightleftharpoons[\text{溶解}]{\text{结晶}} [A]^m\ [B]^n$

$CaCO_3$ 饱和溶液达到电离平衡时，溶度积为：

$$K_{spCaCO^3} = [Ca^{2+}]\ [CO_3^{2-}]$$

由于难溶电解质在溶液中离子的浓度与固体的溶解度有关，且固体的溶解度一般随温度变化而改变，所以溶度积也随之改变。

(2) 溶度积原理

根据难溶物质的离子浓度的乘积和其 K_{sp} 值的关系，判断有无沉淀的生成。以 $CaCO_3$ 为例：

$[Ca^{2+}]\ [CO_3^{2-}] < K_{sp}$ 时，无沉淀析出；

$[Ca^{2+}]\ [CO_3^{2-}] = K_{sp}$ 时，无沉淀析出，恰好饱和；

$[Ca^{2+}]\ [CO_3^{2-}] > K_{sp}$ 时，有沉淀析出。

这个规律称为溶度积原理或溶度积规则。

练　习　题

一、判断题

1. 煤的燃烧属于化学变化。（　　）
2. 水变成水蒸气属于物理变化。（　　）
3. 原子是化学反应中不能再分解的最小微粒。（　　）
4. 分子是能独立存在并能保持物质化学性质的最小微粒。（　　）

5. 水是一种极性分子，是一种很好的极性溶剂，能溶解许多物质。（　）

6. 酸是指电离时产生的阳离子全部是氢离子的一类化合物。（　）

7. 盐就是氯化钠。（　）

8. pH 值是 H^+ 离子浓度的对数。（　）

9. 所有物质的摩尔质量都相等。（　）

10. 溶液的 pH 值越大酸性越强。（　）

二、选择题

1. 下列现象中属于物理变化的是（　）。

A. 煤在锅炉中燃烧　　B. 水在锅炉中受热变成蒸汽

C. 蜡烛燃烧　　D. 铁生锈

2. 原子由（　）组成。

A. 原子核　　B. 核外电子

C. 中子　　D. 原子核与核外电子

3. 在废水处理系统中，如有两池等体积的废酸与废碱液，其 pH 值分别为 1.5 与 10.5，将两者混合后，应（　）排放。

A. 再加些碱　　B. 再加些酸

C. 可直接　　D. 加些水

4. 在 H_2SO_4 分子中，硫的化合价为（　）价。

A. ＋2　　B. ＋4

C. ＋5　　D. ＋6

5. 1 mol（$1/2H_2SO_4$）硫酸的摩尔质量为（　）g/mol。

A. 98　　B. 49

C. 32　　D. 64

6. 物质的量浓度的常用计量单位是（　）。

A. mol/L　　B. kg/m^3

C. kg/mol　　D. mg/m^3

7. 要配制 3∶1 盐酸溶液 400 mL，需取浓盐酸(　)mL。

A. 200　　B. 300

C. 400　　D. 500

8. 酸的水溶液能使（　　）。

A. 石蕊试纸显红色　　B. 石蕊试纸显蓝色

C. 甲基橙指示剂变为黄色　　D. 酚酞指示剂显红色

9. 下列物质组成的溶液中不是缓冲溶液的是（　　）。

A. NH_3+NH_4Cl　　B. $HAc+NaAc$

C. $Na_2HPO_4+NaH_2PO_4$　　D. $HCl+NaCl$

10. 下列物质是混合物的是（　　）。

A. 铁　　B. 空气

C. 磷酸三钠　　D. 纯碱

第二章

锅炉基本知识

本章知识要点

1. 熟悉锅炉概况
2. 了解锅炉结构及锅炉安全经济运行常识
3. 掌握锅炉的排污方法和排污量计算

本章主要介绍了锅炉基本知识，包括分类、结构及其简单工作原理，锅炉排污的目的、方式及排污量的计算。

第一节　锅炉的分类、型号命名及结构

一、锅炉的分类

锅炉是将燃料的化学能（或电能）转变成热能（具有一定参数的蒸汽和热水）的能量转换设备，同时是直接受火的高温烟气(受热)、承受工作压力载荷、具有爆炸危险的特种设备。

锅炉的类型很多，根据需要分类方法大致有以下几种：

按特种设备目录可分为承压蒸汽锅炉、承压热水锅炉、有机热载体炉。

按用途分类可分为电站锅炉、工业锅炉、生活锅炉和机车锅炉、船舶锅炉等。

按压力分类可分为低压锅炉、中压锅炉、高压锅炉。

工作压力不大于 2.5 MPa 的锅炉为低压锅炉，工作压力为

3.0～5.0 MPa 的锅炉为中压锅炉，工作压力为 8～11 MPa 的锅炉为高压锅炉，

按蒸发量分类可分为小型锅炉、中型锅炉、大型锅炉。

蒸发量小于 20 t/h 的锅炉称为小型锅炉，蒸发量为 20～75 t/h 的锅炉称为中型锅炉，蒸发量大于 75 t/h 的锅炉称为大型锅炉。

按介质分类可分为蒸汽锅炉、热水锅炉、汽水两用锅炉。

锅炉出口介质为饱和蒸汽或过热蒸汽的锅炉称为蒸汽锅炉，出口介质为高温水（>120℃）或低温水（120℃以下）的锅炉称为热水锅炉，汽水两用锅炉是既能产生蒸汽又可产生热水的锅炉。

按燃料使用分类可分为燃煤锅炉、燃气和燃油锅炉。

按锅筒位置分类可分为立式锅炉、卧式锅炉。

按燃烧室布置分类可分为内燃式锅炉、外燃式锅炉。

按锅炉本体型式分类可分为锅壳（火管）锅炉、水管锅炉。

按安装方式分类可分为整装锅炉、散装锅炉。

二、锅炉型号

1. 工业锅炉型号按 JB/T 1626—2002 规定编制，由三部分组成，各部分之间用短线相连。具体如下：

△△ △ ××-××/××-× ×

第一部分△△表示锅炉型式代号，△表示燃烧方式代号，××表示额定蒸发量或额定热功率。

第二部分××表示介质出口压力，××表示过热蒸汽温度或热水锅炉出水温度/回水温度。

第三部分×表示燃料种类代号，×表示设计修改次数。

工业锅炉型号代号见表 2—1。

工业锅炉燃烧方式代号见表 2—2。

工业锅炉所用燃料代号包括无烟煤 W、烟煤 A、褐煤 H、贫煤 P、型煤 X、水煤浆 J、油 Y、气 Q 等。

表 2—1　　工业锅炉型号代号

火管锅炉		水管锅炉	
锅炉总体型式	代号	锅炉总体型式	代号
立式水管	LS（立水）	单锅筒立式	DL（单立）
立式火管	LH（立火）	单锅筒纵置式	DZ（单纵）
立式无管	LW（立无）	单锅筒横置式	DH（单横）
卧式外燃	WW（卧外）	双锅筒纵置式	SZ（双纵）
卧式内燃	WN（卧内）	双锅筒横置式	SH（双横）
卧式双火管	WS（卧双）	强制循环式	QX（强循）

表 2—2　　工业锅炉燃烧方式代号

燃烧方式	代号	燃烧方式	代号
固定炉排	G（固）	滚动炉排	D（滚）
固定双层炉排	C（层）	下饲炉排	A（下）
链条炉排	L（链）	鼓泡流化床燃烧	F（沸）
往复推动炉排	W（往）	循环流化床燃烧	X（循）
抛煤机	P（抛）	室燃炉	S（室）

如果是电加热锅炉，则第一部分就以“DR”表示电加热，第三部分就无燃料代号了。

2. 电站锅炉的型号命名

电站锅炉的型号反映了锅炉的主要技术特性，目前我国电站锅炉的型号由三部分组成，各部分之间用短线相连：

△△-×××/×××-△ ×

第一部分△△表示工厂代号（两位汉语拼音首字母）；

第二部分×××表示额定蒸发量；/×××表示介质出口压力；

第三部分△表示燃料种类代号；×表示变型设计顺序号。

如 BG－220/9.8－AⅡ2 为北京锅炉厂制造，220 t/h，9.8 MPa，Ⅱ类烟煤电站锅炉，第二次变型设计。

3. 进口锅炉的型号

进口锅炉的型号一般都不像我国有统一的锅炉型号，其所表示的内容也没有那样全面和明确。进口锅炉的型号基本上都是各制造厂商自行确定的。而且往往冠以厂商标牌，这与我国电站锅炉型号编制方法相似，因此，了解进口锅炉型号的意义，一定要根据其说明书的说明。如美国的 YORK（约克）锅炉以其系列开头，再连接其压力或介质特性、锅炉输出功率，最后是燃料代号。YORK 锅炉型号举例如下：

400 -SPH　　200 -N

400 -系列代号

SPH -设计代号（高压蒸汽）

200 -功率

N -燃料：天然气

三、锅炉结构

1. 锅炉的各个组件

（1）锅筒

锅筒（也称汽包）的作用是汇集、储存、净化蒸汽和补充给水，是给水、蒸发系统和蒸汽系统的枢纽。蒸汽锅炉锅筒盛装的是热水和蒸汽的混合物（或者说下部储水，上部储汽），而热水锅炉锅筒内盛装的都是热水，与下降管、水冷壁、集箱组成循环回路。

（2）下降管

自然循环和多次强制循环锅炉都在上锅筒装有下降管。其作用是把锅筒内的水连续不断地送往下集箱，然后再分送入各水冷壁，下降管必须采取绝热措施，以维持蒸发系统的正常水循环。

（3）水冷壁

锅炉炉膛（燃烧室）四周布置的很多管子称为水冷壁，是锅炉的辐射受热面，其作用有两个：一是吸收炉膛热量产生蒸汽，二是保护炉墙或直接参与作为敷管式炉墙。水冷壁管由光管和管子两侧焊有或带有翼片（又称鳍片）的管子构成，若鳍片间焊接在一起构成的水冷壁称为膜式水冷壁。

（4）对流管束

对流管束是锅炉的对流受热面。它的作用是吸收高温烟气的热量。

（5）烟管、火管

烟管是锅壳锅炉的对流受热管，直径较小，烟气流经管内，用于卧式锅炉称为烟管。火管主要指立式锅炉炉胆，又称炉膛。目前在燃油燃气锅炉中，较多采用一种管内呈螺纹状传热效果较好的螺纹烟管。

（6）集箱

集箱也称联箱，它的作用是汇集、分配锅炉水，保证各受热面管子能够可靠地供水或汇集各管子的水或汽水混合物。集箱一般不受辐射热，以防内部水产生气泡冷却不好过热烧坏。

（7）省煤器

省煤器是利用尾部烟道的烟气热量加热锅炉给水的一种热交换器。其作用是吸收烟气热量，降低排烟温度，节省燃料，提高锅炉热效率。省煤器分为沸腾式（出口水温达一定压力下的饱和温度）和非沸腾式，沸腾式省煤器只能用钢管（$\phi25\sim42$ mm）制成，非沸腾式省煤器多以铸铁制造。

（8）过热器

其作用是将饱和蒸汽加热成具有一定温度的过热蒸汽，再送往汽轮机做功或提高蒸汽参数满足生产和生活需要。可分为对流过热器（布置在烟道内）、半辐射过热器（布置在燃烧室出口）、辐射过热器（布置在燃烧区域）。

（9）再热器

其作用是将汽轮机高压缸排出的蒸汽加热成具有一定温度的再热蒸汽，再送往汽轮机中、低压缸继续做功。

（10）减温器

在运行中过热汽温和再热汽温经常会发生变化，为了保持额定汽温，电站锅炉都装有减温器。可分为表面式减温器和喷水式减温器。

2. 典型的锅炉结构形式

（1）立式锅炉

1）立式直水管锅炉（见图 2—1）。这种锅炉的锅筒是竖直设置的，炉膛位于锅炉的下部，炉排呈圆形，炉膛四周及顶部为辐射受热面，对流受热面有烟管或水管。

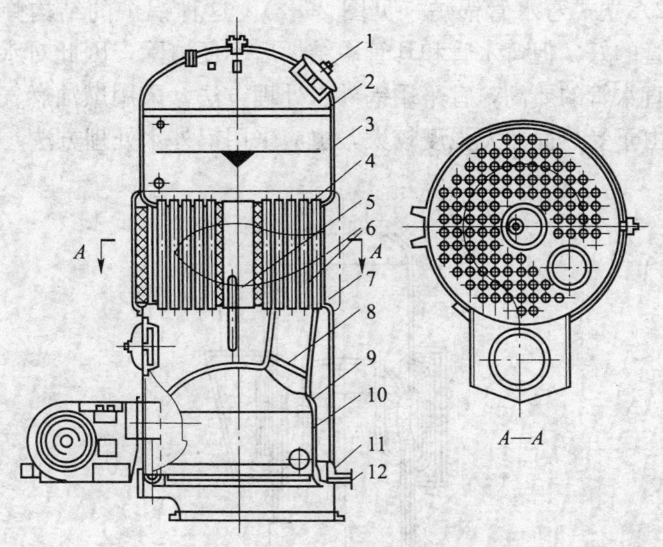

图 2—1　立式直水管锅炉

1—人孔　2—封头　3—筒壳　4—上管板　5—下降管　6—直水管　7—下管板　8—喉管　9—炉胆顶　10—炉胆　11—U 形下脚　12—排污管

锅炉分为三部分。

最下部为炉膛，其周围为容水空间；最上部的下半部为容水空间，上半部为容汽空间，蒸汽从顶部排出；中间部分为很多直水管，通过这些水管将上、下两部分容水空间连通，水管中有一根直径较粗的管子称为下降管。

烟气从炉膛向上流动到水管外边，由于设置了挡烟隔墙，烟气只能在水管外横向冲刷管壁并旋转流动，然后从烟囱排出。这样的布置改善了水管的传热。锅内的水受热变成汽、水混合物，从水管上升，在上部进行汽水分离，蒸汽聚集于汽空间向外引出，水从下降管向下流，形成水循环回路。

这种锅炉水循环较好，锅炉热效率较高，水垢较易清除，维修操作也比较方便，对水质要求不高，所以采用锅内加药水处理可满足锅炉用水要求。

2）立式弯水管锅炉（见图 2—2）。这种锅炉的结构弹性比直水管的好，但弯水管和耳管中结垢后不便清除，因此对水质要求比直水管的要高，宜采用锅外水处理方法。采用燃油燃气锅壳锅炉由于受热面蒸发强度较大，也应采用锅外水处理方法。

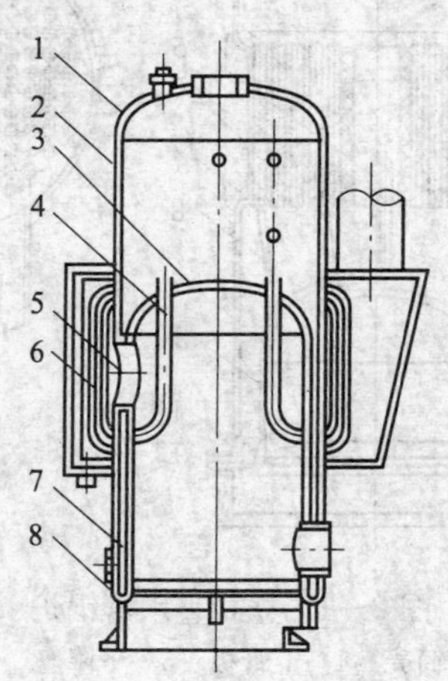

图 2—2　立式弯水管锅炉

1—封头　2—锅壳　3—炉胆顶　4—内弯水管　5—烟气出口管

6—外弯水管　7—炉胆　8—U 形下脚圈

3）立式无管锅炉（见图 2—3）。它是一种炉胆和锅壳均为受热面的立式燃油（气）锅壳锅炉。

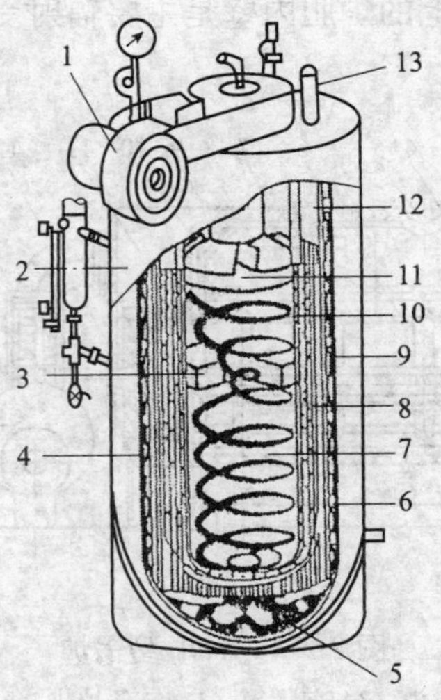

图 2—3　立式无管锅炉

1—燃烧器　2—外壳　3—滞留器　4—绝热层　5—传热肋片　6—二回程通道　7—下旋火焰　8—水空间　9—锅壳　10—炉胆　11—点火装置　12—蒸汽空间　13—蒸汽出口

锅炉燃烧器安装在锅炉上端，火焰自上旋转而下，烟气从炉胆底部回转向上排出炉外，锅炉外部是保温层和外壳。本体是套筒式结构。内筒是炉胆，外筒是锅壳。为强化传热，锅壳外侧焊有许多肋片。套间上部是汽空间，下部是水空间。此种锅炉的工作压力可达 2.0 MPa，最大出力为 1 560 kg/h 或热功率 1.0 MW。

（2）卧式内燃锅炉

卧式内燃锅炉是指锅壳平放，炉膛及燃烧设备都在锅壳内部的锅炉，见图 2—4、图 2—5 所示。其结构是在直径较大的锅筒内设有波形炉胆，燃煤锅炉炉胆内设置链条炉排，燃水煤浆、燃油或气的设备是燃烧器。在锅壳的左、右两侧及炉胆上部布置了烟管；炉胆和烟管浸在锅壳内的容水空间里，锅壳上部约 1/3 为容汽空间，炉排以上的炉胆内壁是主要辐射受热面。而烟管为对流受热面。

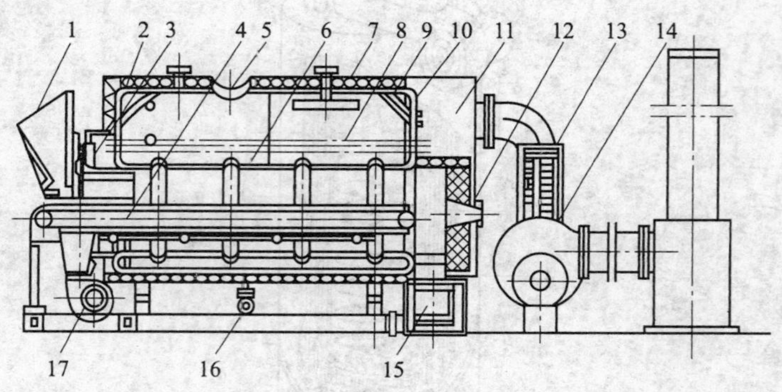

图 2—4　WNL 型锅炉

1—煤斗　2—前封头　3—前烟箱　4—链条炉排　5—人孔　6—炉胆　7—锅壳　8—烟管　9—拉撑　10—后封头　11—转烟室　12—看火孔　13—铸铁省煤器　14—引风机　15—出灰口　16—排污阀接口　17—鼓风机

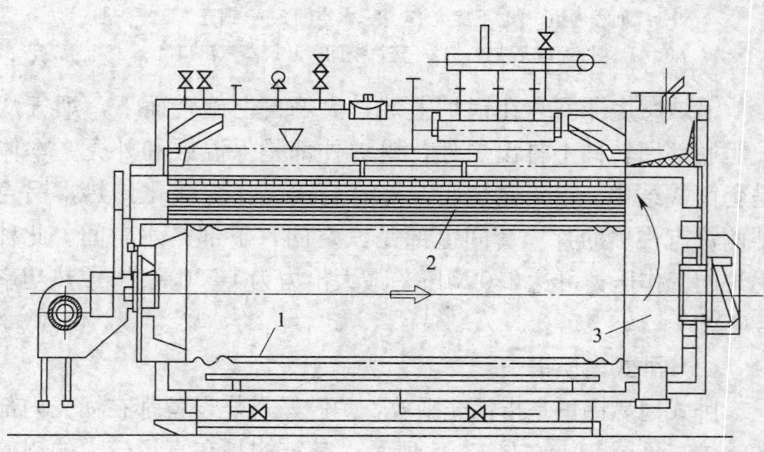

图 2—5　湿背式锅炉

1—炉胆　2—烟管　3—转烟室

烟气在锅炉内经三个回程流动，即燃烧后的烟气在炉胆内向后流动，冲刷炉胆为第一回程；经后烟箱导入左、右两侧烟管，向炉前流动为第二回程；烟气在前烟箱汇集后，进入炉胆上部的烟管向后流动，即为第三回程。最后，烟气经省煤器进入烟囱排出。烟管布置顺序可先下部后上部，也可先一侧再另一侧。

这种锅炉结构紧凑，体积小；水容量大，运行时汽压、汽温较为稳定，可采用锅内加药水处理。

(3) 卧式外燃（水火管）锅炉

卧式外燃锅炉在我国使用比较普遍，主要由锅筒、管板、烟管、水冷壁管、下降管、后棚管、集箱等部件组成。燃烧设备多为往复炉排或链条炉排。它与卧式内燃锅炉的区别在于将炉排由锅筒内移至锅筒外，并在锅筒两侧加装了水冷壁管，组成燃烧室，所以常称为水火管锅炉。

这种锅炉点火升温较快，炉膛较大，适应煤种较广，热效率较高，但因烟管直径较小，容易积灰，如不定时清灰，则会影响锅炉效率。由于火焰直烧锅筒底部，水处理不好，锅炉结垢后易在锅筒底部起鼓包，或水冷壁管堵管烧坏。

针对卧式外燃锅炉容易出现的管板裂纹、泄漏和锅筒底部鼓包变形等问题，锅炉制造研发单位又开发出一种新型结构，如图2—6所示。锅炉容量及参数一般为蒸发量小于10 t/h，额定工作压力小于等于1.3 MPa。

(4) 水管锅炉

水管锅炉型式繁多，构造各异，但都是由锅筒、水冷壁管、对流管束和下降管组成了锅炉本体。其容量多在4t/h以上。

图2—7所示为SHL20－1.3型锅炉结构示意图。锅炉前部是炉膛，其四周布满水冷壁管。前后墙水冷壁管的上端直接与上

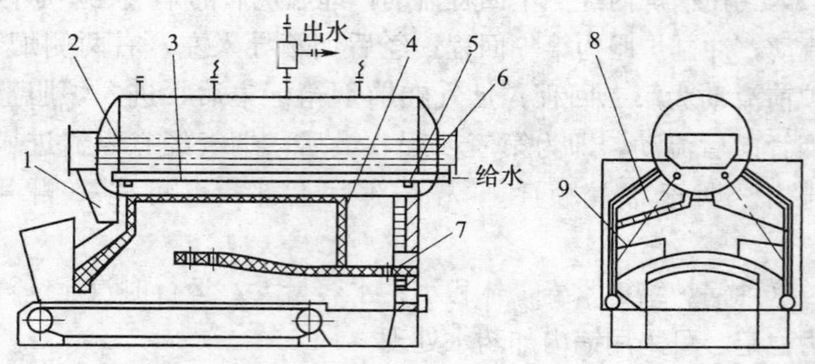

图 2—6　DZL 型锅炉

1—前转烟室　2—螺纹烟管　3—回水分配管　4—挡烟墙　5—引射器
6—拱形管板　7—落灰口　8—翼形烟道　9—下降管

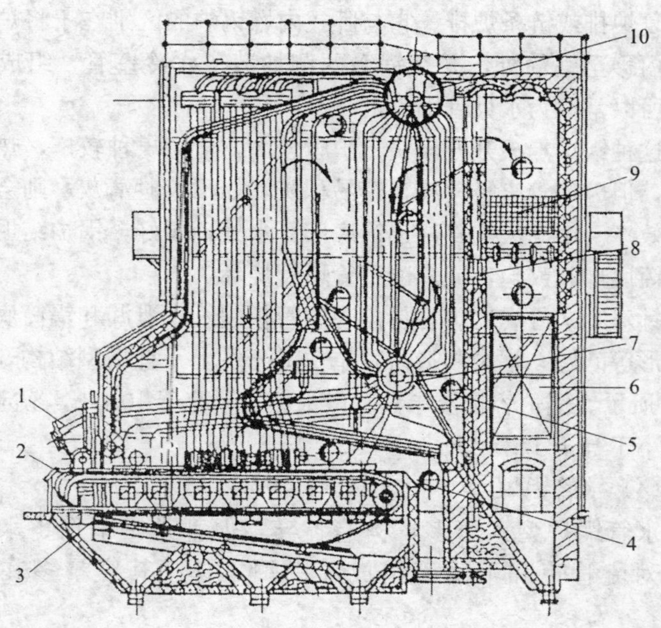

图 2—7　SHL20 - 1.3 型锅炉

1—煤斗　2—链条炉排　3—风室　4—挡渣铁　5—人孔门　6—空气预热器
7—下锅筒　8—旁路烟道门　9—省煤器　10—上锅筒

锅筒连接，下端分别与前后集箱连接，并经导汽管与上锅筒连通；下端与分成两段的防焦箱连通；上、下锅筒横向布置在炉膛后部，上锅筒直径比下锅筒稍大，两个锅筒之间有三组对流管束，前组管束只有一排管子，位于炉膛烟气出口处，与后墙水冷壁管叉排，构成防渣排管。防渣排管与对流管束之间可以布置过热器，后两组管束中间有三道隔烟墙。

高温烟气由炉膛后上方进入对流区，先向下再向后转 180°，呈 S 形曲折向上冲刷第二组、第三组管束，然后从第三组管束的上部向下折入尾部受热面。最后经烟气出口进入除尘装置，由引风机通过烟囱排入大气。

该锅炉有五组水循环回路，除对流管束循环回路外，还有炉膛的前、后、左、右四组水冷壁管循环回路，它们都是由下锅筒引管向四个下集箱供水，其中前、后水冷壁管内的汽水混合物直接流入上锅筒；两侧水冷壁管内的汽水混合物则先汇集到上集箱，再经导汽管流入上锅筒。

(5) 小型直流锅炉

直流锅炉是指给水靠水泵的压力在受热面中一次通过就产生额定参数蒸汽的锅炉，多用于电站。直流锅炉没有锅筒，金属耗量低，体积小，启停炉速度快，目前已使用的小型直流锅炉有几种。由于对水质要求较高，《工业锅炉水质》GB/T 1576—2008 针对贯流和直流蒸汽锅炉水质做了规定。

1) 克雷登直流水管锅炉（见图 2—8）。美国克雷登（CLAYTON）蒸汽发生器是一种强制循环直流水管锅炉，不但无锅筒，而且无母管。其结构很简单，是由一根管子弯成盘形管，管径随着水汽混合物的增多而加大，水泵将给水一次通过受热面（盘管）直接产生蒸汽。

达到一定参数下的饱和水汽混合物进入炉外分离器，经高效的旋风器将汽水分离后，干蒸汽输出炉外。

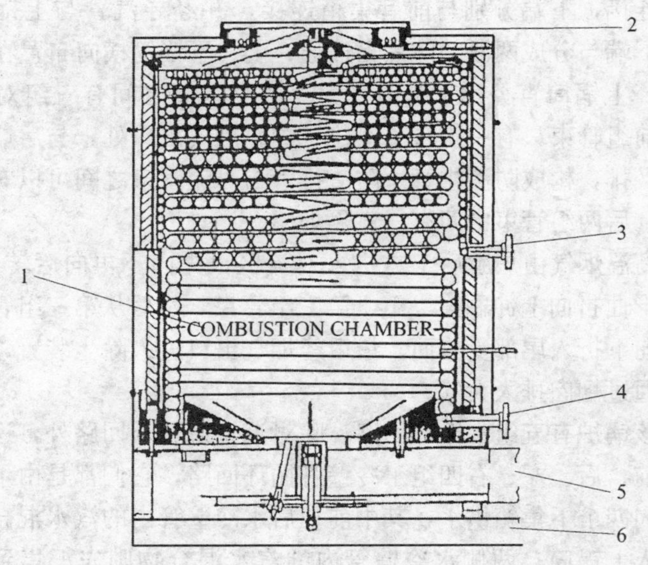

图 2—8　克雷登直流水管锅炉

1—燃烧室　2—烟气出口　3—盘管给水进口　4—盘管汽水混合物出口　5—空气进口　6—安装底架

2）贯流式蒸汽锅炉（见图 2—9）。贯流式蒸汽锅炉是立式的结构，其燃烧器在锅炉顶部，集箱是半圆形环形结构，上下集箱中间装有两排水管，水管上下两头的管径经过加工小于中间管径，烟气通过水管上部的间隙进入两排水管中间向下流动进行换热，再经下部管端的缝隙排出。空气流经烟道被加热后由引风机送入燃烧器与气体燃料一起送入炉膛燃烧。锅炉给水经汽水分离器下部送入下集箱。达到一定参数的饱和水汽混合物进入炉外分离器，进行汽水分离后输出蒸汽。

（6）承压热水锅炉

热水锅炉进口和出口流动的都是水，分为低温热水（出水小于 120℃）锅炉和高温热水锅炉。根据热水在锅内循环的方式，分为自然循环和强制循环两类。大多数锅炉是通过水泵的压力进行

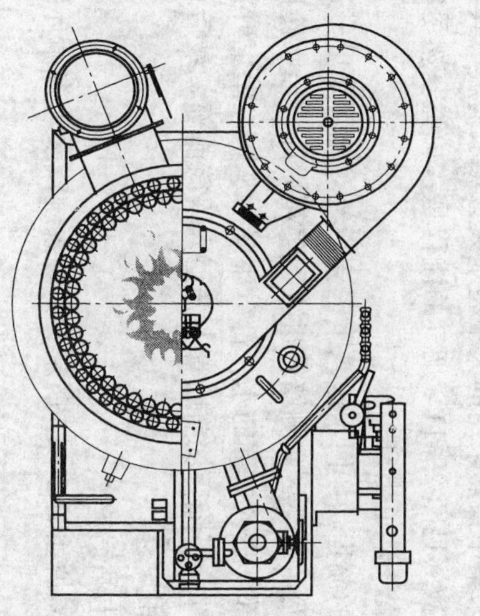

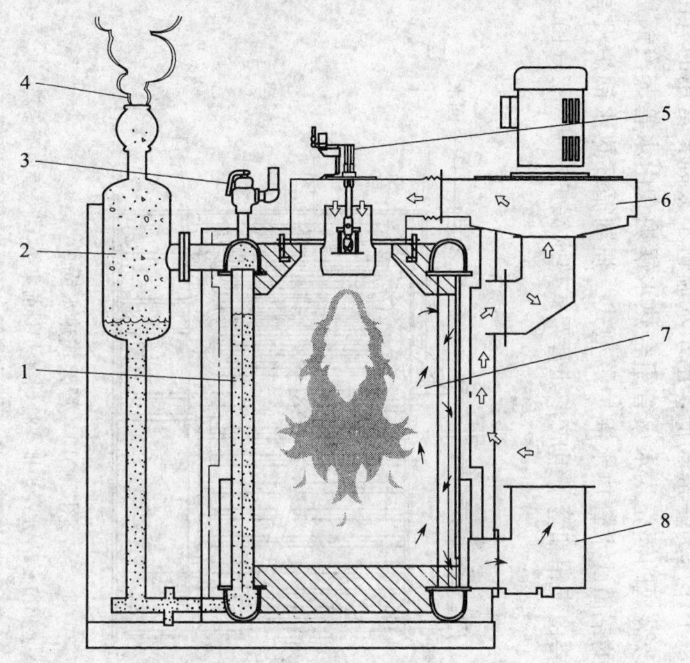

图 2—9 贯流式蒸汽锅炉

1—水管 2—汽水分离器 3—安全阀 4—蒸汽 5—燃烧器 6—鼓风机 7—燃烧室 8—烟道

强制循环，工作压力一般较低，出水水温也不太高，常用的有由快装锅炉改装成的锅壳式水火管组合热水锅炉和由水管蒸汽锅炉经过改装的锅筒式水管热水锅炉等型式。强制循环热水锅炉没有锅筒，主要由集箱和管子组成，如管架式热水锅炉（见图 2—10）。

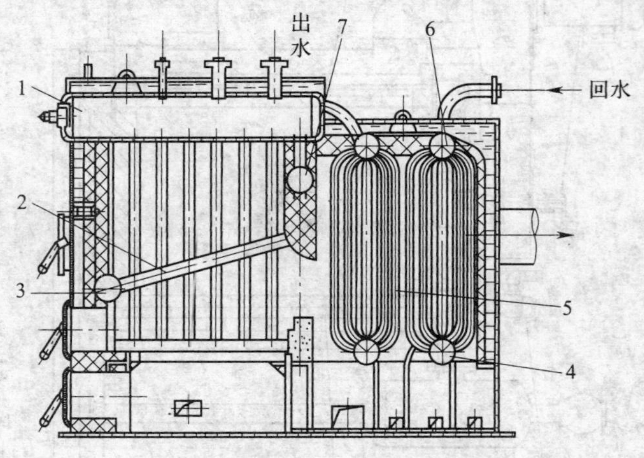

图 2—10　管架式热水锅炉

1—上集箱　2—水冷炉排　3—水冷炉排前集箱　4—管束下集箱　5—对流管束　6—管束上集箱　7—引出集箱

近年来集中供热采用的大中型水火管热水锅炉，其热功率为 13～63 MW（见图 2—11）烟气的流程是：炉膛→燃尽室→对流管束→锅壳→烟道出口。

锅水的流程是：回水进入下锅壳后经对流管束上升进入锅筒的后部，然后从燃尽室侧墙管进入下集箱后部，经水冷壁上升进入锅筒中部。进入中部的水一部分下降后从水冷壁上升汇入锅筒前部，一部分下降后从前墙管上升汇入锅筒前部，最后从锅筒前部送往热用户。

（7）电站锅炉

电站锅炉如图 2—12 所示。锅炉系统汽水为多循环回路，其流程是：

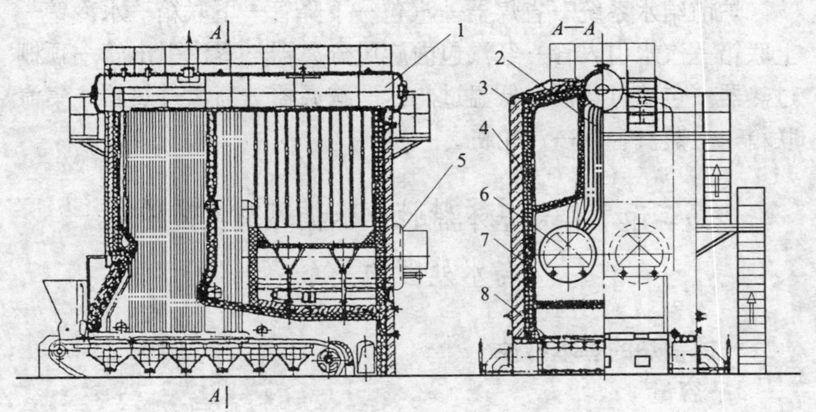

图 2—11 双锅筒下置式水火管锅炉

1—锅筒 2—对流管束 3—钢架 4—炉墙 5—外壳

6—下锅壳 7—水冷壁 8—链条炉排

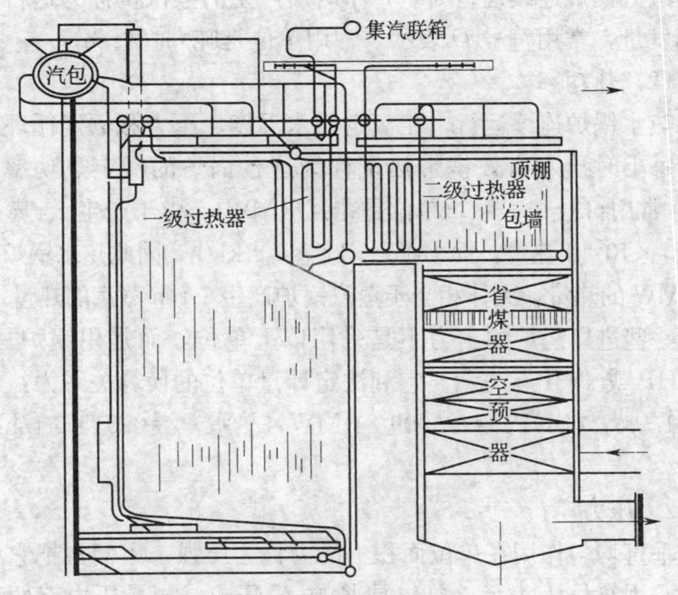

图 2—12 电站锅炉

炉前给水系统—省煤器—汽包—下降管—下联箱—水冷壁—上联箱—汽水引入管—经汽包内旋风分离器—蒸汽引出管—顶棚过热器—包墙过热器—低温过热器—减温器—高温过热器—集汽联箱—主蒸汽管道—汽轮机。

第二节 锅炉基本特性、水循环及燃烧传热与水处理的关系

一、锅炉的基本特性

1. 容量

锅炉的容量又称锅炉出力，是锅炉的基本特性参数，蒸汽锅炉用蒸发量表示，热水锅炉用热功率表示。

（1）蒸发量

蒸汽锅炉连续运行时，每小时所产生的蒸汽量称为这台锅炉的蒸发量，常用符号 D 表示，常用单位是吨/时（t/h）。

（2）热功率

热水锅炉连续运行，在额定回水温度、压力和额定循环水量下，每小时出水有效携带热量称为这台锅炉的额定热功率（出力），常用符号 Q 表示，单位是兆瓦（MW）。由于产生 1 t 蒸汽约需 257×10^4 kJ 热量，而 1MW≈360×10^4 kJ/h，因此热水锅炉产生 0.7 MW 的热量，大体相当于蒸汽锅炉产生 1 t/h 蒸汽的热量。

一些进口锅炉的出力不是采用以上单位，而是用锅炉马力，即 BHP 或“HP”表示。它和法定计量单位的换算关系为：

1 马力（BHP）＝0.009 81 MW（热水）＝0.015 6 t/h（蒸汽）

2. 压力

垂直均匀作用在单位面积上的力称为压强，人们常把它称为压力，用符号 p 表示，单位是兆帕（MPa）。测量压力有两种方法：一种是以压力等于零作为测量起点，称为绝对压力，用符号

"$p_{绝}$"表示；另一种是以当时当地的大气压力作为测量起点，也就是压力表测量出来的数值，称为表压力，或称相对压力，用符号"$p_{表}$"表示。在锅炉上所用的压力都是表压力。

过去的工程计量单位是千克力/厘米^2（kgf/cm^2），现在国际计量单位是兆帕（MPa）。两种计量单位换算关系是：

$$1\ kgf/cm^2 \approx 0.1\ MPa$$

一些进口锅炉的压力单位是巴，即 bar，它与 MPa 的换算关系是：

$$1\ bar \approx 0.1\ MPa$$

3. 温度

标志物体冷热程度的物理量，称为温度，常用符号 t 表示，单位是摄氏度（℃）。温度是物体内部所拥有能量的一种体现方式，温度越高能量越大。

有些国家温度用 t_F 表示，单位为℉，这就是华氏度，它与摄氏度的换算关系是：

$$t = \frac{t_F - 32}{1.8}$$

$$t_F = 1.8\,t + 32$$

式中　t——摄氏度，℃；

　　t_F——华氏度，℉。

例如，一般沸水的温度是 100℃，按华氏度计算，即 $1.8 \times 100 + 32 = 212$ ℉。

二、燃烧传热、水循环与水处理的关系

1. 锅炉的燃烧传热

锅炉工作过程包括燃料燃烧过程，烟气向水、汽的传热过程，水的汽化过程三个同时进行的过程。

燃料按形态可分为固体燃料、液体燃料和气体燃料三种。其主要化学成分有碳（C）、氢（H）、氧（O）、氮（N）、硫（S）、灰分（A）和水分（W）。碳（C）、氢（H）和硫（S）是燃料中

的可燃元素，碳是燃料中的主要可燃元素，氢发热量最高，燃料中硫含量一般不高，常以化合物形式存在。硫是燃料中的有害成分，燃烧生成二氧化硫（SO_2）或三氧化硫（SO_3）会污染大气。氧（O）和氮（N）是不可燃物质，在高温下会形成氮氧化合物 NO_X（NO 及 NO_2），对环境有害。燃料中灰分（A）和水分（W）含量也有较大差别，固体燃料中含量较高，灰分的存在不利于燃烧，还会造成大气污染。水分增加对燃烧不利，将降低燃烧室温度，还会造成锅炉尾部受热面腐蚀和烟道堵灰。

固体燃料以煤为主，不同煤种的成分含量差别较大，发热量不一样。标准煤应用基低位发热量，Q＝29 308 kJ/kg（7 000 kcal/kg）。标准煤这一概念是为了把不同燃料或能源按照统一标准进行计算、分析、比较而规定的。液体燃料主要是指原油（石油）及其制品和残留物。碳和氢的总量在 96％以上，发热值很高，一般在 41 000 kJ/kg 以上，易着火燃尽。气体燃料用于锅炉主要采用液化石油气、人工燃气（以城市煤气为主）及天然气。

传热的基本规律是：热总是由高温物体传向低温物体，或从物体高温部分传向低温部分，直到温度相同为止。通常将传热分为导热、对流和辐射三种基本形式。在实际的传热过程中，单独的传热形式很少存在，只是在锅炉的不同区段有一、两种传热方式起主导作用而已。燃料进入炉膛燃烧，燃烧放出的热量传给锅炉受热面，锅炉受热面再传给水或汽水混合物。锅炉炉膛内的受热面以辐射换热为主要方式；以对流换热为主要方式的有对流管束、对流式过热器、省煤器和空气预热器等。

锅炉输出的有效利用热量与同一时间内所输入的燃料热量的百分比称为锅炉的热效率。如果受热面上结垢，就会阻碍热量的传递，大量的热不被吸收利用就会从烟道散失，增加排烟热损失，降低锅炉效率。

汽水混合物被分离后产生蒸汽，当锅水含盐量高时会使蒸汽品质变坏，当蒸汽带水严重时，所带水滴会在过热器中蒸发，结垢烧坏过热器。或者由于蒸汽携带水分和盐类过多，难以满足生产上的要求，还会引起供热管网的水击和腐蚀。

2. 锅炉水循环

锅炉本体是由锅筒、下降管、水冷壁管、集箱、对流管束等受压部件组成的封闭式回路。锅炉中的水或汽水混合物在这个回路中循着一定的路线不断地流动，流动的路线构成的回路称为循环回路。锅炉中的水在循环回路中的流动称为水循环。锅炉的水循环有自然循环和强制循环两类。锅炉运行时，管壁吸热，水的密度变小，自然上升。不吸热或者吸热少的管子水的密度大，自然下降。这样，管路之间产生了密度差，也就是压力差。密度大的自然向密度小的方向流动，从而形成循环。这种依靠水的密度差产生的流动称为自然循环。由于锅炉结构不同，自然循环至少应有一条循环回路，也可以有多条循环回路。图 2—13 所示为单回路水循环示意图，图 2—14 所示为多回路水循环示意图。强制循环是依靠外力水泵的推动作用迫使水定向流动，如直流锅炉和大部分热水锅炉。

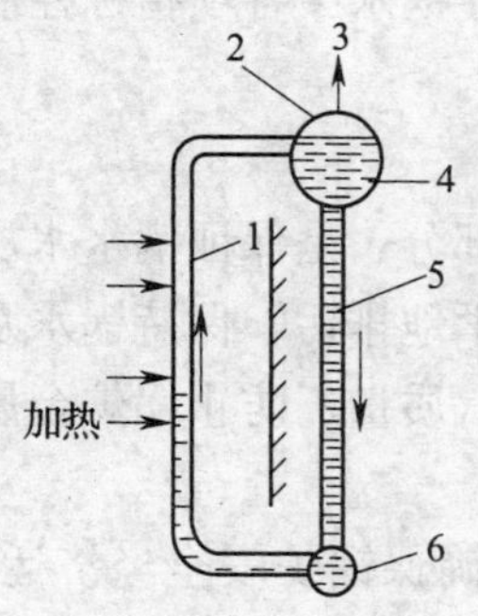

图 2—13　单回路水循环示意图

1—上升管　2—锅筒

3—蒸汽出口管　4—给水管

5—下降管　6—下集箱

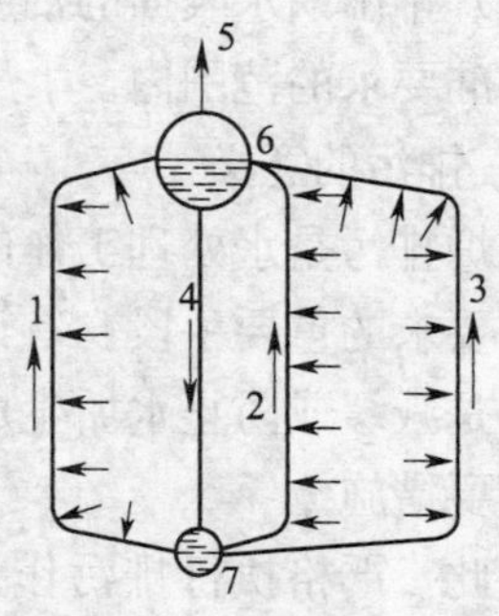

图 2—14　多回路水循环示意图

1—水冷壁管　2，3—对流管束

4—下降管　5—蒸汽出口管

6—锅筒　7—下集箱

水循环是锅炉受热面得到良好冷却的保证，对锅炉安全运行具有很重要的意义。锅炉金属受热面在高温条件下工作，只有使受热面所吸收的火焰及高温烟气的热量不断被水或蒸汽带走，从而使受热面金属得到一定的冷却，锅炉才能安全经济地运行。如果由于水质不良结垢等原因，锅炉的水循环遭到破坏，水的流速过低、甚至停滞，就可能造成金属过热变形、龟裂，发生爆管甚至爆炸等事故。

第三节 锅炉排污的目的、方式、要求和排污量的计算

一、锅炉排污的目的和意义

为了保持锅炉水质的各项指标控制在标准范围内，就需要从锅炉中不断地排出含盐量较高的锅水和沉积的泥垢，再补入含盐量较低的给水，以上作业过程称为锅炉的排污。

1. 排污的目的

(1) 排出锅水中过剩的盐量和碱量。

(2) 排出锅内沉积的泥垢。

(3) 排出锅水表面的油脂和泡沫，使锅水中各项指标控制在水质标准要求的范围内。

2. 排污的意义

锅炉排污是水处理工作的重要组成部分，是保证锅水水质达到标准要求的重要手段。有计划地、科学地排污，保持锅水水质良好，是减缓或防止水垢生成、保证蒸汽质量、防止锅炉金属腐蚀的重要措施。

因此，严格执行排污作业制度，对确保锅炉安全经济运行，节约能源，有着极为重要的意义。

二、排污的方式和要求

1. 连续排污

连续排污又称表面排污。表面排污装置（见图 2—15）一般

设在上锅筒正常水位下 80～100 mm 处，因此处接近蒸发表面，锅水浓缩程度较高，这种排污方式可以连续不断地将锅水表面盐量和碱量较高的锅水、油脂和泡沫排出，是降低锅水含盐量和碱度以及排除锅水表面的油脂和泡沫的重要方式。

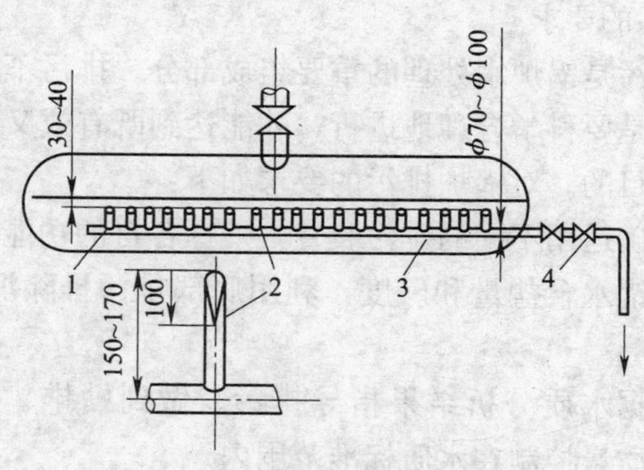

图 2—15　连续排污装置

1—排污管　2—短管

3—锅筒　4—针形排污阀

2. 定期排污

定期排污又称间断排污和底部排污。定期排污是在锅炉系统的最低点进行，是排除锅内沉积物的有效方式。热水锅炉和一般小型锅炉只有定期排污装置。定期排污装置一般由两只串联的排污阀和排污管组成，如图 2—16 所示。

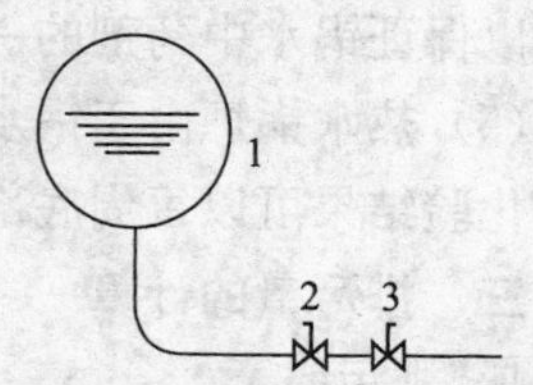

图 2—16　排污阀串联装置

1—锅筒　2—慢开阀　3—快开阀

3. 排污的操作

（1）定期排污操作方法

先开启慢开阀，再间断关、开快开阀，进行快速排污。排污结束，先关闭快开阀，再关闭慢开阀。排污后，稍开快开阀，放尽积水后再关闭。

(2) 表面排污的调节操作

这种操作是由排污阀的开度来实现的。锅炉表面排污也有不是连续进行的，而是根据锅水含盐量多少适量调节排污阀门大小或者间断进行。

4. 排污的要求

锅炉排污是锅炉水处理的重要组成部分。排污不是简单的随意排放，而是要科学合理地进行，才能达到既有效又能减少锅炉热能损失的目的。对锅炉排污的要求如下：

(1) 正确运用不同的排污装置，发挥各自的功能。如利用表面排污降低锅水含盐量和碱度，利用底部排污排除沉淀的泥垢、水渣。

(2) 根据水质分析结果指导排污。做到勤排、少排、均衡排，将锅水质量控制在水质标准范围内。

(3) 底部排污尽量在锅炉低负荷下进行，此时水循环速度低，泥垢、水渣易下沉，有利于排除。

(4) 采用锅内加药处理的小型锅炉，要注意先排污，后加药，以保证锅水中药剂的一定浓度。

(5) 热水锅炉由于锅水没有浓缩，锅炉的排污视运行情况和水质化验结果可以每周底部排污 1～2 次。

三、排污量的计算

1. 排污率

锅炉排污量的大小常以排污率来表示。排污率就是排污水量占锅炉蒸发量的质量分数，可用下式表示：

$$w=\frac{D_p}{D}\times 100\%$$

式中 w——排污率；

D_p——排污水量，t/h；

D——锅炉蒸发量，t/h。

在实际运行中，由于排污水量难以测定，因此常以水质分析结果来计算。

如果某物质较稳定，无论在给水或锅水中都既不析出也不分解，那么根据物质平衡规律，该物质随给水进入锅内的量应等于该物质随排污水排掉的量与饱和蒸汽中带走的量之和。即：

$$Q_{给}S_{给}=DS_{汽}+D_{P}S_{污}$$

式中 $Q_{给}$——锅炉给水量，t/h；

$S_{给}$——给水中某物质的含量，mg/L；

$S_{汽}$——饱和蒸汽中某物质的含量，mg/L；

$S_{污}$——排污水（即锅水）中某物质的含量，mg/L。

又因为进出锅炉的水、汽量是平衡的，即：

$$Q_{给}=D+D_{P}$$

由此可推出下式：

$$w=\frac{S_{给}-S_{汽}}{S_{污}-S_{给}}\times 100\%$$

对于用除盐水或蒸馏水为补给水的中、高压锅炉，一般可用水、汽中的硅含量分析结果代入上式来计算排污率。

对于工业锅炉来说，一般锅水中所含的各种物质中氯离子最为稳定，且测定方便，因此工业锅炉通常以测定氯离子含量来计算排污率，并指导锅炉的排污。由于锅水中排出的是锅水，故上式中 $S_{污}$ 可以用锅水中 Cl^- 含量来代替，又由于锅水中蒸汽带走的杂质含量很小，在计算中可以忽略不计，这样对于工业锅炉上式可改写成下式：

$$w=\frac{Cl^-_{给}}{Cl^-_{锅}-Cl^-_{给}}\times 100\%$$

在实际应用中，如果 $Cl^-_{锅}$ 以锅水要求的氯离子控制标准代入，则计算所得为需控制的排污率，可用以指导锅炉的排污量。如果 $Cl^-_{锅}$ 以实际测得的锅水氯离子含量代入，则计算所得为锅炉运行中实际的排污率，可用来检查排污率是否合适，或用于锅内水处理加药量的计算。

对于原水碱度较高的地区，当锅炉给水采用软化处理后，锅水碱度往往偏高，这时如果采用增加锅炉排污来降低锅水碱度，即消耗大量的热能，又造成燃料的浪费。因此可以通过排污率的计算，确定是否需要进行降碱处理。

排污量也可以由此计算：$D_P = D \times w$

式中各符号的含义与前公式相同。

2. 锅水中 Cl^-、RG、JD 之间的关系

原水进入锅炉内，随着锅水不断蒸发，氯离子、溶解固形物（RG）及碱度（JD）都是以相同的浓缩倍数 K 进行浓缩，所以只要原水水质稳定，三者的关系可用下式表示：

$$\frac{RG_{锅}}{RG_{给}} = \frac{Cl^-_{锅}}{Cl^-_{给}} = \frac{JD_{锅}}{JD_{给}}$$

$$或\frac{RG_{锅}}{Cl^-_{锅}} = \frac{RG_{给}}{Cl^-_{给}}, \frac{RG_{锅}}{JD_{锅}} = \frac{RG_{给}}{JD_{给}}$$

式中 $Cl^-_{给}$——给水中氯离子含量，mg/L；

$Cl^-_{锅}$——锅水中氯离子含量，mg/L；

$JD_{给}$——给水中碱度含量，mg/L；

$JD_{锅}$——锅水中碱度含量，mg/L；

$RG_{锅}$——锅水中溶解固形物含量，mg/L；

$RG_{给}$——给水中溶解固形物碱度含量，mg/L。

3. 蒸发倍数

含有溶解物质的水进入锅炉后，随着锅水的不断蒸发，锅水不断浓缩，当锅水溶解固形物达到最大允许值时，与给水溶解固形物的比值就是锅水的蒸发倍数，根据锅水水质平衡图得到：

$$Q_{给} S_{给} = DS_{汽} + D_p S_{污}$$

也可写成：

$$Q_{给} S_{给} - DS_{汽} = D_p S_{污}$$

由于排污水量相对锅炉蒸发量来说很少，所以锅炉给水量可近似看成蒸发量，即 $Q_{给} \approx D$。又由于蒸汽中的杂质含量极少可忽略

不计，而排污水中的杂质含量即为锅水中的杂质含量，因此上式可简写成 $Q_{给}S_{给}\approx D_{p}S_{锅}$，所以锅水蒸发倍数 K 为

$$K=\frac{S_{污}}{S_{给}}=\frac{D}{D_{p}}=\frac{1}{w}$$

即锅水蒸发倍数近似为锅炉排污率的倒数。

四、排污控制

1. 定期排污间隔时间计算

两次排污的间隔时间计算如下：

锅炉每小时应排的锅水容积为：

$$V=wD/\gamma$$

锅炉定期排污的锅水容积为：

$$V_{定排}=Vt/\gamma=wDt/\gamma$$

每次排污水容积若用锅筒尺寸计算即

$$V_{定排}=nRLh$$

所以

$$wDt/\gamma=nRLh$$

由此

$$t=\frac{nRLh\gamma}{wD}$$

式中 V——锅炉每小时应排的锅水容积，m^3/h；

$V_{定排}$——锅炉定期排污锅水容积，m^3；

w——锅炉计算排污率，%；

D——锅炉蒸发量，t/h；

γ——锅水密度，kg/mm^3；

R——锅筒内径，m；

L——锅筒长度，m；

h——水位计指示的排污前后锅筒水位高度差，m；

N——上锅筒只数；

T——两次定期排污间隔时间，h。

2. 排污量的确定

低压锅炉排污量可以简单地用容量法测定，即在正常运行中，从水位表处量好锅炉水位，然后满开排污阀，准确计时，排污结束后，测定出水位表水位的下降高度，即可以按下式计算出排污量。

$$D_p = nLR\gamma h$$

式中各符号的含义与前公式相同。

当通过水质分析后计算排污量时，可用上式求出水位下降高度 h，用 h 来控制排污量。

排污阀开启时间与排污量的关系见表 2—3。

表 2—3　　　　排污阀全开时每 10 s 排污量　　　　kg

工作压力（MPa） 排污阀管径（mm）	0.5	1.0	1.5	2.0	2.5
5	5.1	7.2	8.8	9.3	11.1
8	12.5	17.6	22.0	24.8	27.7
10	20.4	28.7	34.7	39.7	45.0
15	45.0	64.0	79.0	90.0	100
20	77.0	110	135	154	175
25	126	181	217	250	277
30	177	260	303	345	385
40	323	455	555	670	715
50	506	715	833	1 000	1 110

练　习　题

一、判断题

1. 水管锅炉的循环回路通常为：水从锅筒经下降管流入下

联箱，再经下联箱流入水冷壁管，在水冷壁管中受热后成为汽水混合物向上再流入锅筒。（　　）

2. 烟气在管内流动，汽水在管外流动的锅炉称为水管锅炉。（　　）

3. 火管锅炉是指烟气在受热面管子内流动，水或汽水混合物在管子外流动的锅炉。（　　）

4. 水管锅炉结构的共同特点是：锅炉本体都是由水冷壁管、锅筒、对流管束和下降管等组成。（　　）

5. 定期排污是为了降低锅水的碱度和含盐量，排除锅水表面的油脂和泡沫。（　　）

二、选择题

1. 下列不属于锅炉排污范围的是（　　）。

A. 降低锅水含盐量

B. 排掉在锅内形成的沉渣

C. 排掉锅水表面形成的油脂和泡沫

D. 除去水中的溶解氧

2. 下列是锅炉常见的受压部件，但直流锅炉没有（　　）。

A. 过热器　　B. 再热器

C. 蒸发管　　D. 汽包

3. 下列锅炉中，因其本体结构原因对水处理的要求相对较低的是（　　）。

A. 水管锅炉　　B. DZL 型锅炉

C. 直流锅炉　　D. 立式火管锅炉

4. 型号 SHL 表示（　　）。

A. 双锅筒横置式往复炉排锅炉

B. 双锅筒横置式链条炉排锅炉

C. 单锅筒横置式链条炉排锅炉

D. 双锅筒纵置式链条炉排锅炉

5. QXS1. 4—0. 7/95/70—Y 表示的是（　　）。

A. 工作压力为 1.4 MPa，蒸汽温为 95℃的强制循环室燃蒸汽锅炉

B. 额定功率为 1.4 MW，出水温度 95℃，回水温度 70℃的燃油热水锅炉

C. 蒸发量为 1.4t/h，工作压力为 0.7 MPa 的蒸汽锅炉

D. 工作压力为 1.4 MPa，过热蒸汽温为 95℃的蒸汽锅炉

6. 双锅筒水管锅炉主体主要由（　　）构成。

A. 上下锅筒、对流管束、水冷壁管、集箱

B. 封头、锅壳、炉胆、内弯水管

C. 主炉管、水冷壁管、锅筒

7. 卧式外燃锅炉的主要受热面是（　　）。

A. 筒体、水冷壁、下降管　B. 水冷壁、烟管、下降管

C. 管板、水冷壁、烟管　　D. 筒体、水冷壁、烟管

8. SZL20 - 2.5/400 - H 表示（　　）。

A. 工作压力为 2.5 MPa，出口水温度为 400℃的热水锅炉

B. 工作压力为 2.5 MPa，额外功率为 20 MW 的热水锅炉

C. 工作压力为 2.5 MPa，过热蒸汽温度为 400℃的蒸汽锅炉

D. 工作压力为 2.5 MPa，饱和蒸汽温度为 400℃的蒸汽锅炉

9. 直流锅炉与自然循环锅炉的主要区别是（　　）。

A. 直流锅炉没有水管

B. 直流锅炉没有过热器

C. 直流锅炉没有汽包

D. 直流锅炉对水处理要求高

10. 对于直流锅炉，下列说法正确的是（　　）。

A. 由于给水在管子内部全部蒸发，因此对水质处理的要求比较高

B. 锅炉由管列构成，仅适用于低压锅炉

C. 蒸发受热面不能自由布置

D. 当锅炉负荷变动时，压力不会发生大的变动

第三章

锅炉用水及水质标准

本章知识要点

1. 熟悉天然水中的杂质及其对锅炉的影响
2. 了解锅炉水处理的目的和要求
3. 掌握水质指标与标准

第一节　锅炉用水概述

水是地球上分布最广的自然资源，它以气、液、固三种状态存在，它们之间随着温度不同而相互转换。天然水主要指江河、海洋、地下水、冰川、积雪和大气水等水体。这些水体的主体是咸的海水和咸湖水，实际可供人们开发利用的淡水占的比例很小。我国总体来看淡水资源比较丰富，居世界第五位，但人均水资源却很少，只排在第 88 位，而且南北差异较大。缺水地区几乎遍及全国，节约用水、治理污水和开发新水源具有十分重要的意义。由于水在分子结构上的特点，使其具有热稳定性高、储存和放出热能力强的特性，因此工业生产上广泛将其作为冷却介质，通过换热设备传送和吸收工业介质的热量，从而使工业介质得到冷却。水还作为载热体而成为工业锅炉不可替代的传热媒介。锅炉用水的主要来源是天然水和自来水。

一、天然水的分类及特点

天然水为存在于自然界未经人工处理的水，具有较强的溶解能力和极易与各种物质混杂的特性，故天然水不是化学上的纯水，而是含有许多溶解性物质和非溶解性物质的复杂综合体，主要由大气水、地表水、地下水组成。

1. 大气水

大气水是由水蒸气凝结而成的水，一般指以雨、雪、冰雹等状态降落的水。由于水蒸气在蒸发和降落的过程中溶进了来自空气中的氧气、二氧化碳、尘埃、大气污染物质并吸附细菌使其含有一些杂质，大气水的硬度一般小于 0.1 mmol/L，含盐量一般不超过 50 mg/L，这种天然水体虽然纯度较高，适宜作为锅炉给水的水源，但是由于来源不固定又难以收集，所以不能用做锅炉给水水源。

2. 地表水

地表水主要指江、河、湖、海、水库的水，是由雨水、雪水和泉水汇聚而成，并存在于地壳表面的水。这类水受自然环境影响较大，其特点是水中悬浮物和溶解盐（包括硬度成分）随季节不同变化幅度较大。例如，在丰水季节由于雨水径流的冲刷，使水中悬浮物骤增；又因雨水的稀释作用，使水中含盐量降低。而在枯水季节由于水流稳定，水中微生物繁殖缓慢，水中悬浮物明显降低；但因水体的蒸发和浓缩含盐量升高，水的硬度也随之升高。

3. 地下水

地下水由雨水和地表水经过地层的渗流而形成。水在地层渗流过程中，通过土壤和砂砾的过滤作用，去除了大部分悬浮物和菌藻类。由于与大气和外界环境隔绝，水体不易受到污染。但因水流经各类矿物层，所以地下水的含盐量通常比地表水高。由于地下水与大气接触较少，水中溶解氧含量低，地下水中溶解的金属离子常以低价离子态存在，最常见的有 Fe^{2+}、Mn^{2+} 等。实际工作中发现，刚从地下打上来的水是清澈透明的，但在空气中暴露一段时间后，水会变得发红且混浊，这就是由于地下水中含量较高的 Fe^{2+} 在空气中被氧化后，生成了棕红色的 $Fe(OH)_3$ 沉淀所造成的。

4. 再生水

再生水是指对污水处理厂出水、工业排水、生活污水等非传统水源进行回收，经适当处理后达到一定水质标准，并在一定范围内重复利用的水资源。

再生水具有不受气候影响、不与临近地区争水、就地可取、稳定可靠、保证率高等优点。再生水即所谓中水，是沿用了日本的称呼，通常人们把自来水称为上水，把污水称为下水，而再生水的水质介于上水和下水之间，故称为中水。再生水虽不能饮用，但它可用于一些水质要求不高的场合，如冲洗厕所、冲洗汽车、喷洒道路和绿化等。再生水工程技术可以认为是一种介于建筑物生活给水系统与排水系统之间的杂用供水技术。再生水的水质指标低于城市给水中饮用水水质指标，但高于污染水允许排入地面水体的排放标准。

再生水是城市的第二水源。城市污水再生利用是提高水资源综合利用率，减轻水体污染的有效途径之一。再生水合理回用既能减少水环境污染，又可以缓解水资源紧缺的矛盾，是贯彻可持续发展的重要措施。污水的再生利用和资源化具有可观的社会效益、环境效益和经济效益，已经成为世界各国解决水问题的必选方法。

再生水水质标准分为基本标准和选择性标准。基本标准主要包括色度、浊度、嗅、pH 值、总硬度和总大肠菌群等基本控制指标。选择性标准根据再生水回用的用途分为五大类，即地下水回补用水选择性标准、工业用水选择性标准、农业用水选择性标准、城市用水选择性标准、景观环境用水选择性标准。表 3—1 为再生水回用于锅炉的用水选择性标准。

表 3—1　　回用于锅炉用水选择性标准

基本控制项目	锅炉用水（mg/L）
溶解氧≤	0.1
悬浮物（SS）≤	5
五日生化需氧量（BOD_5）≤	10
溶解性总固体≤	1 000
氨氮≤	5.0
总磷≤	0.4
铁≤	0.3
锰≤	0.1
钢材换热器循环水氨氮为 1 mg/L	

二、城市自来水的特点及管理

自来水是城市工业锅炉用水的主要水源，它是天然水经过自来水厂的净化处理后，经铁管或水泥管道输送到用户。由于自来水厂在净化处理过程中，投加混凝剂和杀菌剂等药剂，所以自来水中悬浮物、有机物和碱度都明显降低。为防止自来水中微生物的繁殖，通常向水中投加漂白粉或注入氯气，并维持一定量的游离性余氯，当这种成分超过限量（≥0.5 mg/L）时，就会使树脂结构遭到破坏，当温度较高或水中有重金属离子存在时，更是加速树脂变质。由于树脂变质是无法逆转的，因此游离性余氯对离子交换树脂具有较大的破坏作用。

天然水在太阳热能和地球重力等作用下，不断进行自然循环和社会循环。使它富集了很多杂质，不经处理不能直接作为锅炉给水使用。

自来水是天然水经自来水厂按饮用水标准净化的，其中含有很多溶解性杂质，不处理也不能直接作为锅炉给水使用。

三、天然水中的杂质及其对锅炉的危害

天然水在大自然循环过程中，无时不与大气、土壤和岩石接

触，由于水极容易与各种物质混杂，并且有较强的溶解能力，所以任何水体都不同程度地含有多种多样的杂质。另外，工业废水、生活污水以及农田化肥的流失，排入水体，使天然水中的杂质更趋复杂。天然水中的杂质按其粒径大小可分为三大类，即悬浮状杂质、胶体状杂质、溶解性杂质。

1. 悬浮状杂质

悬浮状杂质是指存在于水中但不溶解于水的粒径大于 100 nm 的杂质。其中包括泥土、砂砾、动植物的残留体及油类等水不溶解物。

（1）悬浮状杂质的特点

1）颗粒大小不均。大颗粒的肉眼可见，小颗粒的只有显微镜下才能看见。大颗粒的可直接用机械办法除去（例如过滤）。小颗粒不能直接用机械办法除去。

2）颗粒的密度有大有小。在静水中，密度比水大的颗粒自然下沉到水底，密度比水小的颗粒漂在水面上，密度和水近似的颗粒悬浮在水中。因此，用自然沉淀的办法只能除掉悬浮状杂质的一部分而不是全部。

（2）悬浮状杂质的危害

1）影响锅炉水处理效果。如果锅炉给水采用锅内加药水处理，悬浮状杂质可直接降低所投加阻垢药剂的阻垢效果，浪费了药剂。如果锅炉给水采用锅外化学水处理，交换器内的交换剂会遭到悬浮状杂质的污染，大量的悬浮状杂质覆盖在交换剂表面，包围交换剂颗粒，使之丧失或降低交换能力，造成出水量降低和出水水质不合格。

2）影响锅炉的安全运行。悬浮状杂质进入锅炉会沉积在锅筒的下联箱底部成为泥垢，影响传热甚至造成锅炉过热发生爆管等不安全事故。

如果水中存在这类杂质，锅炉水处理应该首先考虑除掉这类杂质。

2. 胶体状杂质

胶体状杂质就是存在于水中而不溶解于水，颗粒直径在 1～100 nm 的杂质。

（1）胶体状杂质的特点

1）胶体状杂质颗粒直径很小。这类杂质的颗粒用肉眼和显微镜都看不见，只有在电子显微镜下才能看到，滤纸的微小空隙也穿过。因此，任何过滤设备都不能将它过滤出来。

2）胶体状杂质颗粒能稳定地存在于水中。这类杂质虽然不溶解于水，但是能均匀地分布在水中，只要外界环境恒定，长期放置也不会起什么变化，既不能自然沉降也不能自行漂浮到水面上来，而是稳定地悬浮在水中，因此直接用沉降的方法也不能除掉这类杂质，要除掉这类杂质必须采用混凝—沉淀—过滤的综合办法。

（2）胶体状杂质的危害

1）如果采用树脂交换剂进行锅外化学水处理，胶体状杂质会进入树脂交换颗粒内部空隙，堵塞水流通过，使其丧失或降低交换能力，造成树脂交换剂中毒。

2）胶体状杂质如果直接进入锅炉，会使锅炉结上极坚硬的水垢。这种水垢很难清除，对锅炉的安全经济运行危害极大。

3）胶体状杂质直接进入锅炉，还会使锅水起沫，污染蒸汽，影响锅炉正常运行。如果水中有这类杂质，应该尽量除去。

3. 溶解性杂质

以溶质形式存在于水中与水形成真溶液的物质称为溶解性杂质。这种物质是指颗粒直径小于 1 nm 的微粒。溶解性杂质又分为离子状杂质和分子状杂质两种。

离子状杂质又分为阳离子杂质和阴离子杂质两种。阳离子杂质主要有 Na^+、Ca^{2+}、Mg^{2+}，还有极少量的 K^+、NH_4^+ 或 Fe^{3+}、Mn^{2+}。阴离子杂质主要有 Cl^-、SO_4^{2-}、HCO_3^-，还有极少量的 CO_3^{2-}、F^-、NO_3^-、NO_2^- 等。水中含量最多的阴、阳离

子通常只有 Na^{+}、Ca^{2+}、Mg^{2+}、Cl^{-}、$SO_4{}^{2-}$、HCO_3^{-} 六种，其他离子的含量都是少量的或极少量的。

（1）离子状杂质

1）钙离子（Ca^{2+}）和镁离子（Mg^{2+}）。钙离子和镁离子是天然水中主要的阳离子，几乎存在于所有的天然水中，通常人们将钙、镁离子在水中的含量称为硬度，是引起锅炉结水垢的最主要成分，是对锅炉安全经济运行危害性最大的两种离子。因此，锅炉水处理的首要任务是减小硬度，以防止结垢。减小硬度的方法有多种，常用的主要有离子交换法、沉淀软化法和锅内加药处理法。不同的锅炉应根据锅炉对给水的硬度要求，选择合适的处理方法。

2）铁离子（Fe^{2+}、Fe^{3+}）。铁是天然水中常见的杂质，地表水中由于溶解氧充足，铁主要以 Fe^{3+} 形态存在，并因形成难溶于水的 $Fe(OH)_3$ 胶体而沉淀出来；而地下水中的铁因为不接触空气，常以可溶性较好的 Fe^{2+} 形态存在，而 Fe^{2+} 接触空气后还会很快转化成 Fe^{3+}，Fe^{3+} 是一种较强的去极化剂，会加速锅炉的电化学腐蚀。而当锅水中含铁量较高时，还易在热负荷较高的受热面上产生氧化铁垢，影响锅炉的传热，此外，少量的铁离子进入离子交换器，极易使强酸性阳离子交换剂中毒，对锅炉水处理工作带来很大危害。

3）氯离子（Cl^{-}）。氯离子也称为氯根，几乎存在于所有的天然水中，但其含量却相差很大，一般的氯化物溶解度都很大，而且很稳定，所以在工业锅炉水质分析中常以测定 Cl^{-} 的含量来反映锅水的浓缩倍率，并指导锅炉的排污。少量的氯化物对锅炉没什么危害，但 Cl^{-} 是一种活化离子，在一定的条件下会破坏金属表面的保护膜，加速金属的腐蚀。尤其是对于不锈钢制品，易受到氯离子的侵蚀而发生点蚀。因此在锅炉运行中应适当控制 Cl^{-} 含量，以使锅水中的 Cl^{-} 含量不过高。

4）碳酸氢根（HCO_3^{-}）和碳酸根离子（CO_3^{2-}）。碳酸氢根和碳酸根都是水中碱度的主要组成部分，而碱度物质能促使锅水中的钙镁离子形成水渣，通过排污排掉，起到一定的防垢作用，因此，低压锅炉要求在锅水中保持一定的碱度。但如果锅水中碱度过高，不但会严重影响蒸汽品质，对压力较高的锅炉还易引起碱性腐蚀。因此，对于 HCO_3^- 含量较高的天然水作为锅炉原水时，还需进行降碱处理。

5）硫酸根离子（SO_4^{2-}）。天然水中大多含有 SO_4^{2-}，SO_4^{2-} 与 Ca^{2+} 生成 $CaSO_4$，在常温下为微溶物，它的溶解度是随着温度的升高而迅速下降的。所以，当锅炉给水中有硬度，锅水碱度又不足时，容易在热负荷较高的受热面上结成坚硬的硫酸盐水垢。硫酸盐水垢多为白色，坚硬、致密而滑腻。在稀盐酸中溶解极慢，因此，要尽量避免硫酸盐水垢的结成。

（2）分子状杂质

水中分子状杂质比离子状杂质少得多。常见的分子状杂质有溶解氧（O_2）、二氧化碳（CO_2）、氮气（N_2）、可溶性二氧化硅（SiO_2）、碳酸氢铁［$Fe(HCO_3)_2$］。

其中，氮气没有什么危害。溶解氧和二氧化碳对锅炉产生腐蚀，前者产生局部腐蚀，后者主要产生均匀腐蚀，因此溶解氧对锅炉腐蚀造成的危害要比二氧化碳大得多。

可溶性二氧化硅可形成极坚硬的水垢，难以清除。

碳酸氢铁在空气中很容易转变成褐色的不溶于水的氢氧化铁［$Fe(OH)_3$］絮状沉淀，可堵塞交换剂，严重时可堵塞管道。碳酸氢铁极容易使交换剂中毒，受铁污染的阳离子交换树脂不易再生。碳酸氢铁如直接进入锅炉，会产生坚硬的含铁水垢，并同时发生垢下腐蚀，其危害性更为严重。

第二节　锅炉水处理目的与要求

一、锅炉用水名称

根据汽水系统中的水质差异，常将锅炉用水分为以下几类：

1. 原水

又称生水，是未经过任何净化处理的天然水。

2. 补给水

原水经过各种方法净化处理后，用来补充锅炉排污和汽水损失的水，称为锅炉补给水。根据净化处理方法不同，补给水又有不同的名称：去除原水中悬浮状杂质的水称为清水（自来水属清水）。去除水中钙、镁离子的水，称为软化水；去除水中全部阴、阳离子的水，称为除盐水或纯水。对于采用锅内加药处理的低压锅炉，补给水为清水；而采用锅外化学处理时，补给水是软化水；高压以上的锅炉补给水采用除盐水。

3. 回水

锅炉产生的蒸汽热水做功后或热交换后返回给水中的水称为循环水。如果供热系统清洁，且没有外界杂质侵入污染时，凝结水的水质近似于蒸馏水。由于这部分水的水量大（几乎占锅炉给水量 90%以上），水质纯净，水温较高，所以应注意管理，避免污染，要最大限度地回收利用。这样，不仅可以提高锅炉给水水质，还可降低能耗。但凝结水（或循环水）被严重污染时，就不可回收利用了。

4. 给水

直接进入锅炉，供给锅炉蒸发或加热的水称为给水，给水通常由回水和补给水两部分组成。

5. 锅水

锅炉运行时，存在于锅炉中并吸收热量产生蒸汽或热水的水，正在运行锅炉的锅内（汽水系统）循环流动着的水即锅水。

6. 排污水

为了去除锅水蒸发浓缩的盐分、碱度和沉积物，以保证锅水质量，需从锅水中有意地排放一部分，即称排污水。

7. 循环水

循环水是指热水锅炉采暖系统来回循环的水。

8. 软化水

去除原水中钙、镁离子的水称为软化水。

9. 净化水

原水经过沉淀、混凝和过滤处理后的水称为净化水。

10. 冷却水

锅炉运行中用于冷却锅炉某一附属设备的水称为冷却水。

二、给水水质不良对锅炉的危害

给水水质不良是指给水中含有较多有害杂质，如果不经处理进入锅炉，在锅炉的运行过程中会生成导热性很差的水垢，并且腐蚀锅炉金属，严重危害锅炉的运行。工业锅炉水处理，就是为了去除给水中的这些有害杂质而防止这些杂质对运行锅炉造成的危害。水质不良对锅炉的主要危害如下：

1. 结垢

水在锅炉内受热沸腾和蒸发，为水中杂质提供了化学反应和不断浓缩的条件。当锅水中这些杂质的浓度达到饱和时，便有固体物质析出悬浮于锅水中，称为水渣。这些水渣牢固地附着在受热面上，则称为水垢。水垢的导热性极差，其导热仅为锅炉钢板的1%左右，影响锅炉的热传导，大幅降低锅炉的热效率，严重时会发生事故。

2. 腐蚀

由水质不良引起的腐蚀主要有以下三种：

（1）氧腐蚀

其特点是局部的点状腐蚀，穿孔性非常强，对锅炉的安全运行危害极大。如锅炉金属部件、锅炉的省煤器、水冷壁、对流管束及锅筒等金属部件会被氧腐蚀，使这些部件变薄、凹陷，甚至穿孔，严重危及锅炉的运行安全。

（2）苛性脆化

苛性脆化是由于锅水碱度过高，破坏了金属的内部结构，产生苛性脆化使锅炉金属的强度变低，缩短锅炉使用寿命。尤其是蒸汽炉，由于循环水量大，对锅炉的腐蚀更为严重。

（3）垢下腐蚀

锅水中的铁离子会在锅炉内形成高价铁质水垢，这种水垢能够加快其垢下金属铁的腐蚀，增加锅水结垢成分，形成铁腐蚀的恶性循环。因金属的腐蚀产物（主要是铁的氧化物）被锅水携带到锅炉受热面上后，容易与其他杂质结成水垢。当水垢含铁时，传热效果更差。例如含有80%铁并混有二氧化硅的1 mm厚的水垢所造成的热损失，相当于4 mm厚的其他成分的水垢。在水垢中含有铁的腐蚀产物会导致锅炉部件的迅速损坏，尤其对燃油锅炉的危害更大。

3. 汽水共腾

汽水共腾现象是由于锅水中的溶解固形物及油脂、有机物等成分过高引起的，在锅筒的水汽界面上，若蒸汽和水不能迅速分离，在锅水沸腾蒸发过程中，液面就会产生泡沫，泡沫薄膜破裂后分离出很多的水滴，这些含盐量很高的水滴不断被蒸汽带走，蒸汽携带泡沫一起进入蒸汽系统严重污染蒸汽，造成蒸汽不能使用。汽水共腾对锅炉的危害如下：

（1）蒸汽受到严重污染。

（2）过热器管和蒸汽流通管道内出现积盐，严重时能将管道堵塞。

（3）使过热蒸汽温度下降。

（4）水位计内充有气泡，造成液面分辨不清。

（5）在蒸汽流通系统中产生水锤作用，容易造成蒸汽管路连接部位损坏。

（6）容易引起蒸汽阀门、管路弯头及热交换器内腐蚀。

三、锅炉水处理的目的与工作任务

1. 锅炉水处理的目的

锅炉水处理的目的就是通过物理、化学或生物的方法，除去锅炉供水中的有害物质，以使锅炉用水达到工业锅炉水质的标准要求，防止不良水质对锅炉设备及系统结垢和腐蚀，保持蒸汽品质良好，以保证锅炉安全经济运行。

2. 锅炉水处理的任务

(1) 锅炉水处理的方法

锅炉水处理的方法包括锅外化学水处理和锅内加药水处理。

1) 锅外化学水处理。此法是原水在进入锅炉之前采用水处理设备去除水中的硬度、盐分、溶解氧等杂质，使给水达到国家水质标准。常见的水处理设备有钠离子交换软化设备、离子交换除盐设备、反渗透净水设备、除氧设备等，根据水源、水质和炉型的不同，应因地制宜地选用适当的水处理设备和系统。

2) 锅内加药水处理。此法是根据锅水的水质情况，向锅内定量投加化学水处理药剂，药剂在锅炉内与水中的杂质发生化学反应，以保证锅水的各项指标符合标准。不管采用了什么样的锅外水处理，如没有锅内的水处理，对锅炉安全运行而言只能是事倍功半。锅内加药水处理是锅外化学处理的延续和补充，是控制锅水指标达到国家水质标准要求，防止锅炉结垢、腐蚀，保证锅炉安全经济运行的重要手段。

(2) 汽水监督

锅炉运行时，根据国家规定的标准，对锅炉的给水、锅水以及蒸汽等进行化学分析，检查汽水品质是否符合要求，这项工作称为汽水监督（或称化学监督）。汽水监督对任何类型的锅炉都是十分必要的。行业中常说，汽水监督是工艺的眼睛、领导的参谋。由此可以看出，化学监督对工业锅炉的安全运行起着“哨兵”的作用。因此，要求汽水监督人员必须化验及时、数据准确。

(3) 锅炉的防护

锅炉的防护包括运行锅炉的防止腐蚀和停用锅炉保护两项工作。

1) 运行锅炉的防腐重点是防止氧腐蚀，对于设有除氧装置（如热力除氧器）的锅炉，主要是监督除氧装置的除氧效果；对没有除氧装置的锅炉，需视锅炉的腐蚀情况，向给水或锅水中投加防腐蚀药剂。尤其要重视热水锅炉的腐蚀情况。

2）停用锅炉的保护。锅炉在停用期间容易受到腐蚀。所以，应根据停炉时间的长短采取相应的保护措施。

（4）锅炉化学清洗

锅炉的化学清洗工作包括新炉投入运行前的煮炉和旧炉化学除垢两项任务。

1）煮炉。新安装的锅炉，由于在锅筒和炉管内积留尘土和油污，影响锅炉的传热和锅水水质，需用一定浓度的碱剂，在加热条件下将这些积留物质清洗掉。

2）除垢。根据水垢的种类，制定酸洗方案，进行酸洗除垢工作。

第三节 锅炉用水指标

无论普通蒸汽锅炉还是热水锅炉都是以水为介质，把燃料燃烧的化学能转变为热能的一种换热设备。水质直接影响锅炉的安全经济运行。在锅炉用水中不同程度地含有很多杂质，水中杂质的种类和多少决定了水的质量。水质是指水和其中杂质共同表现出来的综合特性。水质指标表示水中杂质的种类及含量，用来判断水质优劣的项目。

水质指标的表达方式是根据用水的要求和杂质的特性而定的，锅炉用水中水质指标的表达方式通常有两种：一种是客观反应水中所含有的离子或分子的含量，如溶解氧、磷酸根、氯离子、钙离子等；另一种则不代表某种单纯的物质，而是表示某些组合的化合物或水质某一方面的特性。这种指标是由于技术上的需要而专门拟定的技术指标，通常表示或反映某一类物质的总含量，如硬度、碱度、溶解固形物。低压锅炉的水质指标有 12 项，即浊度、硬度、碱度、pH 值、全铁、电导率、溶解氧、含油量、溶解固形物、亚硫酸根、磷酸根、相对碱度。其中，悬浮物、硬度、碱度、含油量、溶解固形物、全铁、电导率、相对碱度八项指标分别表示对锅炉具有危害作用的某几种杂质的总含量。pH 值、溶解氧分别表示水中对锅炉具有危害作用的一种杂质含量。亚硫酸根和磷酸根不是指天然水存在于水中的杂质，而是向锅内投加的药剂。水质指标亚硫酸根是添加亚硫酸盐消除水中溶解氧后的剩余量。水质指标磷酸根是添加磷酸盐消除软水残硬后锅水中的剩余量。对于锅炉来说，控制锅炉用水指标的目的是为了防止锅炉结垢和腐蚀，保持汽水品质良好，确保热力系统安全运行。而一项水质指标只能反映水质的一个侧面，各项水质指标综合起来，才能较完整地反映出锅炉用水的水质状况。为此，《工业锅炉水质》（GB/T 1576—2008）对工业锅炉水质制定了技术指标和标准，工业锅炉用水的主要指标介绍如下。

一、悬浮物和浊度

锅炉水质标准中的悬浮物（XG）是指经过滤后分离出来的不溶于水的固体混合物的含量。悬浮物的测定，通常采用某种过滤材料分离出水中较大颗粒不溶性物质，然后烘干，称重测得，单位以 mg/L 表示，是衡量水中悬浮状杂质多少的一项水质指标。它存在的越少越好。锅炉给水无论采用哪一种原水均要求测定悬浮物的含量。地下水中悬浮物含量较少，地表水中悬浮物含量较高。它直接影响锅炉的安全经济运行，采用锅外化学水处理时悬浮物还会覆盖在交换树脂上，堵塞水流通道，使交换树脂丧失交换能力。所以我国低压锅炉水质标准规定如下：

（1）采用锅内加药水处理时，锅炉给水悬浮物应小于或等于 20 mg/L。

（2）采用锅外化学水处理时，锅炉给水悬浮物应小于或等于 5 mg/L。

由于悬浮物的测定方法比较麻烦，现场不易测定，可请有关水质检验部门对地下水全年监测一次，地表水一季度监测一次。

发现超过国家标准要求的，要采取过滤的方法将其除去。如果需要经常监测，可以采用比较简单的测定浊度的方法来间接监测悬浮物含量。

浊度（ZD）是间接表示水中悬浮物和胶体含量的指标，因为悬浮物的测定操作比较烦琐且浪费时间，不宜用做现场的监督控制，因此，在实际工作中常用测定操作比较简便的浊度来衡量悬浮物及胶体物质的含量。浊度的单位是福马阱（FTU），可用特定的光学仪器（浊度仪）来测定。

二、含盐量

含盐量是锅水的一项重要控制指标。含盐量是表示水中各种可溶性盐类的总和，通常是根据水质全分析测得水中所有的阳离子和阴离子的含量，然后经计算求出。低压锅炉用水的含盐量可用溶解固形物（RG）和电导率（DD）两种方法来表示：

1. 溶解固形物（RG）

由于用水质全分析求得含盐量很麻烦，因此，低压锅炉用水的含盐量常以溶解固形物来表示，溶解固形物是指已分离了悬浮固形物之后的滤液，经蒸发、干燥所得到的蒸发残渣。它包含了水中的各种溶解性无机盐类和不易挥发的有机物等，单位为 mg/L。由于水中胶体物质及有机物在上述分离过程中能透过滤膜进入滤液，又因水中的重碳酸盐在蒸发过程中会发生分解以及有些物质的水分和结晶水不能除尽，所以溶解固形物只能近似地表示水中的含盐量。

锅水中溶解固形物指标主要是用来衡量锅水的浓缩程度，以便合理地控制锅炉的排污量。但溶解固形物的测定需配备水浴锅、烘箱和光电天平等，一般小型锅炉房不具备分析条件，并且测定方法较为麻烦费时，因此，工业锅炉水质标准允许采用测定氯化物的办法来间接控制溶解固形物。因为在水质稳定的情况下，水中的溶解固形物同氯化物一道在锅水中浓缩，浓缩倍数相同，水中的溶解固形物含量与氯化物的含量之比接近一个常数，

称为溶氯比常数（K）。即

$$K=\frac{RG}{[Cl^-]}$$

式中 RG——溶解固形物含量，单位为 mg/L；

$[Cl^-]$ ——氯化物含量，单位为 mg/L；

K——溶氯比常数。

而且氯化物测定方法比较简单，在高温下也比较稳定，只要根据溶解固形物与氯化物的对应关系，测定出氯离子的含量就可直接指导锅炉的排污。溶氯比常数应定期复试和修正比值关系，以保证测定的准确。

2. 电导率（DD）

要衡量水中含盐量的大小，最简便和快捷的方法就是测水的电导率。电导率为电阻率的倒数，是表示水的导电能力大小的指标。因为水中溶解的大部分盐类都是强电解质，它们在水中全部电离成了能够导电的离子，离子浓度越高，电导率越大，所以就可以利用离子的导电能力来判断水中含盐量的高低。通过测定的仪器电导仪测得电导率换算成含盐量。电导率的单位为 S/m。

三、硬度（YD）

硬度是表示水中高价金属离子的总浓度。在天然水中，形成硬度的物质主要是水溶液中的钙、镁离子。一般水溶液中其他重金属离子较少，钙、镁离子含量较高。所以低压锅炉水处理中把钙、镁离子的含量称为总硬度，用 YD 表示，它是衡量锅炉给水的一项重要技术指标。

1. 硬度的单位

根据我国法定计量单位，硬度单位为毫摩尔/升（mmol/L），在水指标中，硬度和碱度都用这一单位来表示其大小。采用以一价离子为基本单元，即 $1/2Ca^{2+}$，$1/2Mg^{2+}$ 表示，这便可与过去以毫克当量/升所表示的在数值上相一致。

在水质分析中，有的采用德国度为硬度单位，符号为°G。

德国度的定义是：当水样中硬度离子浓度相当于 10 mg/L 的 CaO 时，则称其为 1°G。因为 1/2CaO 的摩尔质量为 28，所以硬度单位 mmol/L 与°G 的关系为：

1°G=10×1/28 mmol/L =1/2.8 mmol/L 或 1 mmol/L=2.8°G

有的用碳酸钙来表示水的硬度。因一价基本单元 1/2 $CaCO_3$ 的摩尔质量为 50 克，所以，1 mmol/L 1/2 $CaCO_3$ 相当于50 mg/L。

它们之间的换算关系为：

$$1\ mmol/L=2.8°G=50\ mg/L\ CaCO_3$$

例：某水样水质分析结果为：Ca^{2+} = 30 mg/L，Mg^{2+} = 6 mg/L，试计算其硬度 mmol/L、°G 和 mg/L $CaCO_3$。

解：因 1/2 Ca^{2+} 和 Mg^{2+} 的摩尔质量分别为 20 和 12，

$$YD=30/20+6/12=2.0\ mmol/L$$

$$2.0\times2.8=5.6°G$$

$$2.0\times50=100\ mg/LCaCO_3$$

答：此水样的硬度为 2.0 mmol/L 或 5.6°G 或 100 mg/L $CaCO_3$。

2. 硬度的分类（根据硬度构成成分分）

（1）总硬度

表示水中钙、镁离子的总含量，代表符号为 YD，单位为毫摩尔/升（mmol/L）。

（2）钙硬度

表示水中钙离子含量，代表符号为 $YD_{Ca^{2+}}$，单位为毫克/升（mg/L）。

（3）镁硬度

表示水中镁离子的含量，代表符号为 $YD_{Mg^{2+}}$，单位为毫克/升（mg/L）。

（4）碳酸盐硬度

表示水中钙镁的重碳酸盐 Ca $(HCO_3)_2$，Mg $(HCO_3)_2$ 及溶

解的碳酸盐 $CaCO_3$，$MgCO_3$ 的含量，代表符号为 YD_T，单位为毫摩尔/升（mmol/L），又称暂时硬度。

（5）非碳酸盐硬度

表示水中钙、镁的硫酸盐和氯化物的含量，代表符号为 YD_F，单位为毫摩尔/升（mmol/L）。由于这种杂质在沸腾时不能以沉淀析出，所以又称为永久硬度。

它们之间的关系可用下式表示：

$$YD = [1/2Ca^{2+}] + [1/2Mg^{2+}] = YD_{Ca^{2+}} + YD_{Mg^{2+}}$$

$$YD = YD_T + YD_F$$

3. 硬度标准

硬度是评价锅炉给水水质的一项重要指标。

国家标准中对锅内加药处理的锅炉，限制给水硬度为不大于 4.0 mmol/L，这样可保证热强度最大的受热面上每年结生水垢厚度不超过 0.5 mm，并要求对锅炉进行定期清洗。

对采用锅外化学水处理（一般采用离子交换法）的锅炉，标准中限定给水硬度为不大于 0.03 mmol/L。这是目前使用的国产的离子交换树脂和软化设备完全可以达到的指标要求。在保证锅炉定期清洗的情况下，可保证热强度最大的受热面上每年结垢不超过 0.1 mm。

四、碱度（JD）

碱度表示水中能与强酸（HCl 或 H_2SO_4）发生中和作用的所有碱性物质的含量，在锅炉用水中，主要指 OH^-、CO_3^{2-}、HCO_3^- 的含量，代表符号为 JD，计量单位为毫摩尔/升（mmol/L）。

碱度可分为氢氧根碱度、碳酸根碱度、重碳酸根碱度，即 JD_{OH^-}、$JD_{CO_3^{2-}}$、$JD_{HCO_3^-}$。

1. 碱度的存在形式

JD_{OH^-}、$JD_{CO_3^{2-}}$、$JD_{HCO_3^-}$ 不能同时存在，因为当水中同时含有重碳酸根和氢氧根两种碱度时会发生如下反应。

$$HCO_3^- + OH^- = CO_3^{2-} + H_2O$$

所以同一水样中只能存在以下五种形式中的一种。

（1）水中单独存在氢氧根碱度。

（2）水中单独存在碳酸根碱度。

（3）水中单独存在碳酸氢根碱度。

（4）氢氧根碱度与碳酸根碱度同时存在于水中。

（5）碳酸根碱度与碳酸氢根碱度同时存在于水中。

2. 碱度的分类

测定碱度时按使用的指示剂不同可将碱度分为甲基橙碱度和酚酞碱度。用甲基橙测定的碱度，其指示滴定终点的 pH 值较低，为 4.3～4.5，测得的碱度是水中各种碱性物质总和，所以又称总碱度。酚酞碱度是用酚酞作为指示剂所测得的碱度。因指示剂的滴定终点的 pH 值为 8.2～8.4，所以只能测定部分碱度（即 OH^- 全部和 $1/2CO_3^{2-}$）。

天然水中一般不含有 OH^-，CO_3^{2-} 含量也较少，故天然水中的碱度主要是 HCO_3^- 的含量。

锅水的碱度主要由 OH^- 和 CO_3^{2-} 构成。在锅水中加磷酸盐处理时，锅水中有 PO_4^{3-} 碱度。

3. 碱度标准

锅水必须保持一定数值的碱度，锅水碱度对锅炉设备的结垢、腐蚀和蒸汽品质均有重大的影响，碱度过高则易引起锅炉设备的碱性腐蚀和苛性脆化，并且易使锅水起泡及汽水共腾，使蒸汽品质恶化。碱度太低，OH^- 少，pH 值低会造成锅炉酸性腐蚀。同时 CO_3^{2-} 少，会结 $CaSO_4$ 水垢。所以，锅水碱度过高或过低都不能达到防腐阻垢的目的。《工业锅炉水质》（GB/T 1576—2008）中，对锅内加药处理的锅炉，锅水碱度的上、下限值制定了明确标准。采用炉外钠离子交换作补给水的锅炉，其锅水碱度标准根据锅炉压力的不同而不同。对于额定蒸发量小于等于 4 t/h，并且额定蒸汽压力小于等于 1.0 MPa 的蒸汽锅炉和汽水两用锅炉，同时采用锅外水处理和锅内水处理时，其锅水全碱度为 6.0～26.0 mmol/L。这对锅炉防结垢非常有利，同时对蒸汽品质又无不良影响，有利于减少排污和节约能源。

4. 相对碱度

指锅水中游离 NaOH 的量与锅水溶解固形物含量的比值。相对碱度是锅水的一项重要技术指标。尤其对铆接、胀接锅炉更为重要。控制锅水的相对碱度的目的是防止发生晶间腐蚀（又称苛性脆化），这种腐蚀指碱性物质进入金属晶粒间隙后对金属产生的腐蚀。国家标准中规定，蒸汽锅炉锅水相对碱度应小于 0.2，对于全焊接结构锅炉可不控制此项指标。

五、pH 值

pH 值是溶液中氢离子浓度的负对数，用于表示溶液酸碱性的强弱。pH 值是锅炉用水中一项重要的指标。pH 值无论在锅内和锅外水处理过程中变化都较大，因此，在锅炉运行中必须注意监测。

规定锅水 pH 值指标有两个目的：一是防结垢，二是防腐蚀。若 pH 值过低，酸性水进入锅炉，会对金属产生酸性腐蚀；若 pH 值过高，碱性水中有过量的 NaOH 存在，不仅会使蒸汽品质恶化，还可能使锅水的相对碱度增高，成为苛性脆化的一个条件。

进入锅炉的生水在不加任何碱的情况下，锅水的 pH 值会自动升高。这主要是生水中含有负硬度造成的，它属于重碳酸盐类，热稳定性很差，进入锅炉会发生下列分解反应：

$$2NaHCO_3 \rightarrow Na_2CO_3 + H_2O + CO_2\uparrow$$

生成的碳酸钠属于碱性物质，它在有压力和加热的条件下，又能部分水解成碱性更强的氢氧化钠：

$$Na_2CO_3 + H_2O \rightarrow 2NaOH + CO_2\uparrow$$

所以生水进入锅炉后 pH 值会自动升高。总之为了防止锅水对锅炉金属的腐蚀，使锅水中易结垢的物质不结为水垢而变成水渣，随排污水排掉，就要维持锅水的 pH 值和碱度，以达到防腐阻垢的效果。《工业锅炉水质》GB/T 1576—2008 规定锅水 pH

值标准为10～12。

六、溶解氧（O_2）

溶解氧是指溶解于水中氧气的含量，是锅炉给水的一项重要腐蚀指标。用 O_2 表示，计量单位是毫克/升（mg/L）或微克/升（μg/L）。

氧气能溶于水中，水的温度越高，其溶解度越小。因为水中溶解氧能腐蚀锅炉设备及给水管路，所以为了防止氧腐蚀，必须控制给水含氧量。氧腐蚀随锅炉参数的升高而加剧。特别是给水硬度控制好时，氧腐蚀问题更加突出，所以对于工作压力不小于1.0 MPa的蒸汽锅炉、贯流锅炉、直流锅炉，以及额定功率大于等于7 MW的热水锅炉，给水溶解氧标准为不大于0.1 mg/L。一般采用热力除氧和化学除氧即可达到这个要求。

锅炉蒸发量越大，单位水容积越小。在相同的时间内，金属表面接触溶解氧越多，溶解氧对锅炉本体危害越大。所以标准中规定蒸发量不小于10 t/h的蒸汽锅炉必须除氧，给水溶解氧标准为不大于0.1 mg/L。为达到此标准，可采用设备除氧也可采用化学药剂除氧。对于热水锅炉虽然锅炉参数较低，但因补水量大，带入锅内的溶氧量也大。对于额定功率大的高温热水锅炉，会引起严重的氧腐蚀。所以对于这种锅炉也限制给水溶解氧不大于0.1 mg/L。

七、含油量（Y）

水中油类杂质的含量称为含油量，代表符号为Y，单位为mg/L。

给水含油量高，不仅会使锅水产生泡沫，影响蒸汽品质，同时会使锅内形成导热系数很小的带油质的水垢。另外在温度较高的受热面上，由于油质分解，而转变成导热性差的碳质水垢，所以必须控制给水的含油量。给水含油量应不大于2 mg/L。

八、亚硫酸盐

锅水中亚硫酸盐含量是由于对给水进行加亚硫酸钠除氧维持

锅水中亚硫酸根的过剩量，单位用mg/L。符号为SO_3^{2-}。其反应如下：

$$2Na_2SO_3+O_2=2Na_2SO_4$$

其反应速度与水的温度和亚硫酸钠的剩余量有关。所以水质标准规定，额定蒸汽压力为1.6～2.5 MPa，锅水中SO_3^{2-}控制在10～30 mg/L。值得注意的是亚硫酸钠投加后的给水不能再与空气接触，否则药剂的有效成分将损失很多。

九、磷酸盐

磷酸盐含量也是一项锅内加药的控制指标，单位用mg/L表示，代表符号为PO_4^{3-}。投加磷酸盐进行水处理的目的是使水中残留的Ca^{2+}、Mg^{2+}形成磷酸盐水渣，并使锅炉金属表面生成磷酸铁保护膜，以达到防腐的目的。

锅炉压力越高，锅水中纯碱的水解率越大。因此，锅水碱性也越强。所以，对于工作压力较高的锅炉，不宜采用纯碱处理，而应采用磷酸盐处理。水质标准规定，工作压力在1.6～2.5 MPa的锅炉，采用磷酸盐处理时，应控制锅水中PO_4^{3-}为10～30 mg/L。工作压力在2.5～3.8 MPa的锅炉，应控制锅水中PO_4^{3-}为5～20 mg/L。

第四节　水质指标间的关系

在某些水质指标之间存在一定的制约关系，相互影响。分析这些关系有助于对水质指标的全面了解和掌握。

一、阴离子与阳离子之间的关系

水中的阳离子和阴离子是由各种盐类溶解于水中电离而形成的。根据任何物质电中性的原则，正负电荷的总数相等。因此，水中各种阳离子与各种阴离子根据一价基本单元相等的原则，其有如下关系式：

$$\sum C_{阳}=\sum C_{阴}$$

式中　$\sum C_{阳}$——一价基本单元各种阳离子浓度的总和，mmol/L；

$\sum C_{阴}$——一价基本单元各种阴离子浓度的总和，mmol/L。

二、硬度与碱度关系

硬度表示水中某些阳离子（Ca^{2+}、Mg^{2+}）成分的含量，碱度表示水中某些阴离子（HCO_3^-、CO_3^{2-}）成分的含量。虽然阴离子、阳离子在水中单独存在，但出于判断水质的需要，可将它们组合成假想化合物。其组合原则是，水在蒸发浓缩时，阴、阳离子优先组合成溶解度小的化合物，依次组合成溶解度大的化合物。阳离子的组合顺序为 Ca^{2+} 优先，Mg^{2+} 次之，Na^+ 最后组合；阴离子组合顺序为 HCO_3^- 优先，SO_4^{2-} 次之，Cl^- 最后组合。由此可以推断，由阴、阳离子组合成假想化合物的顺序是：

1. Ca^{2+} 和 HCO_3^- 首先组合成化合物 $Ca(HCO_3)_2$，之后多余的 HCO_3^- 才与 Mg^{2+} 离子组合成 $Mg(HCO_3)_2$，这类化合物属于碳酸盐硬度 YD_T。

2. 若 Ca^{2+} 和 Mg^{2+} 与 HCO_3^- 组成化合物之后，Ca^{2+} 和 Mg^{2+} 还有剩余时，则 Ca^{2+} 首先与 SO_4^{2-} 组合成 $CaSO_4$，其次 Mg^{2+} 和 SO_4^{2-} 组合成 $MgSO_4$。当 Ca^{2+} 和 Mg^{2+} 还有剩余时，才组合成 $CaCl_2$ 和 $MgCl_2$，这些化合物都属于非碳酸盐硬度，即永久硬度 YD_F。

3. 如果 Ca^{2+} 和 Mg^{2+} 与 HCO_3^- 组成化合物之后，HCO_3^- 有剩余时，则它与 Na^+ 组合成 $NaHCO_3$，即为负硬度（YD_F），也称钠碱度（JD_{Na}）。

4. 最后 Na^+ 和 SO_4^{2-} 或 Cl^- 组合成溶解度很大的中性盐。

由此推断，天然水硬度成分首先与碱度成分组合成碳酸盐硬度，其次才组合成非碳酸盐硬度，从而得出硬度与碱度关系见表3—2。

表 3—2　　硬度与碱度关系

分析结果	YD_T（$YD_{暂}$）	YD_F（$YD_{永}$）	$YD_{负}$
YD>JD	JD	YD−JD	O
YD<JD	YD	O	JD−YD
YD=JD	YD 或 JD	O	O

例：某天然水的分析结果如下：

HCO_3^- =152.5 mg/L　Na^+ =6.9 mg/L　Ca^{2+} =40 mg/L

Mg^{2+} =9.6 mg/L　$1/2SO_4^{2-}$ =33.60 mg/L　Cl^- =7.1 mg/L

试①计算各种离子的物质的量浓度。

②计算各种硬度的数值。

解：①

$$[HCO_3^-]=\frac{152.5}{61}=2.5\ mmol/L$$

$$[1/2SO_4^{2-}]=\frac{33.6}{48}=0.7\ mmol/L$$

$$[Cl^-]=\frac{7.1}{35.5}=0.2\ mmol/L$$

$$[1/2Ca^{2+}]=\frac{40}{20}=2.0\ mmol/L$$

$$[1/2Mg^{2+}]=\frac{9.6}{12}=0.8\ mmol/L$$

$$[Na^+]=\frac{6.9}{23}=0.3\ mmol/L$$

②总硬度 $YD_{总}=1/2Ca^{2+}+1/2Mg^{2+}=2.0+0.8=2.8$ mmol/L

$JD=2.5$ mmol/L

$YD_T=JD=2.5$ mmol/L

$YD_F=2.8-2.5=0.3$ mmol/L

三、碱度与相对碱度的关系

锅水中的碱性物质主要是 OH^- 和 CO_3^{2-}，当采用锅内加药处理时，还可能有 PO_4^{3-} 和腐殖酸盐，当对给水采用了化学除氧时则还有 SO_3^{2-} 等。水中的碱度是用硫酸中和的方法来测定的，采用的指示剂不同，碱度值的大小不同。

1. 酚酞碱度（$JD_{酚}$）

用酚酞作指示剂来测定水中的碱度，通过滴定到终点（pH 值为 8.2～8.4），此时水中的 OH^- 全部反应生成 H_2O，而 CO_3^{2-} 只能中和成 HCO_3^-。在测定碱度时滴定反应式为：

$$OH^- + H^+ = H_2O$$

$$CO_3^{2-} + H^+ = HCO_3^-$$

当锅水中有 OH^- 和 CO_3^{2-} 时，用酚酞作指示剂所测得的碱度 $JD_{酚}$ 是 OH^- 全部含量和 CO_3^{2-} 含量的 1/2。根据所消耗的酸量计算的碱度为 $JD_{酚}$，单位为 mmol/L。

$$JD_{酚} = [OH^-] + 1/2\ [1/2CO_3^{2-}]$$

2. 甲基橙碱度（$JD_{甲}$）

用甲基橙作指示剂来测定水中的碱度，通过滴定到终点（pH 值为 4.3～4.5），此时，水中的 OH^- 几乎完全中和成 H_2O，CO_3^{2-} 和 HCO_3^- 几乎全部中和成 H_2O 和 CO_2。测得的结果是水中全部碳酸盐和氢氧化物，所以甲基橙碱度又称为全碱度。反应式为：

$$OH^- + H^+ = H_2O$$

$$HCO_3^- + H^+ = H_2O + CO_2$$

$$CO_3^{2-} + 2\ H^+ = H_2O + CO_2$$

在用酚酞作指示剂测定完酚酞碱度后，继续加入甲基橙指示剂，用标准酸滴定到终点，此时，溶液中由 CO_3^{2-} 而转化的 HCO_3^-，和溶液中原有的 HCO_3^- 都得到中和。

$$HCO_3^- + H^+ = H_2O + CO_2$$

根据继续消耗的酸量计算的碱度值为 M 碱度，因 JD_M 表示，单位为 mmol/L。

$$JD_M = 1/2\ [1/2CO_3^{2-}] + [HCO_3^-]$$

JD_M 虽然是以甲基橙为指示剂滴定至终点时的碱度，但 JD_M 不包含酚酞碱度，所以 JD_M 并不代表甲基橙碱度。甲基橙碱度也是全碱度，它包含了酚酞碱度和 M 碱度，所以全碱度为：

$$JD_{全} = JD_{酚} + JD_M$$

3. 相对碱度

为了防止锅炉发生苛性脆化腐蚀，对锅水制定了相对碱度的指标。它表示锅水中游离 NaOH 含量与溶解固形物的比值。

$$相对碱度 = \frac{[游离\ NaOH]}{[溶解固形物]} = \frac{[OH^-] \times 40}{[溶解固形物]} = \frac{(2JD_{酚} - JD_{全}) \times 40}{[溶解固形物]}$$

四、碱度与 pH 值的关系

1. 分析过程

锅水的碱度（JD）是指 OH^- 和 CO_3^{2-} 的浓度，锅水 pH 值主要是指 OH^- 的浓度。在低压锅炉中，既然锅水的碱度是由 OH^-、CO_3^{2-} 共同组成的，则锅水的 OH^- 浓度只为锅水全碱度的一部分，且所占比例随锅炉工作压力的变化而变化。由此可计算出锅水 pH 值与全碱度（JD）的关系。

2. 分析结果

(1) 碱度与 pH 值的相同点

两者都含有 OH^-。在压力相同时，两者的变化成正比关系且碱度的变化幅度很大。pH 值增加 1，碱度增加 10 倍；碱度增加 10 倍，pH 值增加 1。在压力大于 1 MPa 又小于等于 2.5 MPa 的情况下，pH 值在合格范围内（10～12），碱度也大体合格（12.5 mmol/L≤碱度<25 mmol/L）。

(2) 碱度与 pH 值的不同点

OH^- 是 pH 值的主体，而只是碱度成分的一部分，碱度的变化不仅仅取决于 OH^- 的变化，还有 CO_3^{2-}。就标准而言，锅水 pH 值合格时，锅水碱度不一定合格，如锅水碱度合格，则 pH 值也不一定合格。

五、溶解固形物与氯离子的关系

溶解固形物的分析不但操作烦琐而且费时。在原水水质稳定的情况下，锅水的溶解固形物含量与氯离子浓度的比值接近一个常数。在锅水碱度合格时，通过分析测得的溶解固形物和氯离子含量，求出它们的比值。

$$K=\frac{[RG]}{[Cl^-]}$$

式中 $[Cl^-]$ ——锅水中氯离子含量，mg/L；

K——溶氯比常数；

[RG] ——锅水溶解固形物含量，mg/L。

通过这个关系，可以把难以及时测定的锅水溶解固形物的控制指标转化为易于测定的氯离子控制指标，以便及时指导锅炉排污，把锅水浓度限制在一定范围内，从而保证锅炉的安全经济运行。

例：某台锅炉的工作压力为 1.3 MPa，其锅水分析结果如下：

$$[RG]=2\ 800\ \text{mg/L}$$

$$[Cl^-]=400\ \text{mg/L}$$

则 $$K=\frac{2\ 800}{400}=7.0$$

这就是说，锅水中每 1 mg/L 的氯离子相当于 7.0 mg/L 的溶解固形物。

从水质标准中查出该工作压力下，无过热器的锅炉，锅水溶解固形物标准控制在小于 3 500 mg/L。

$$Cl^-\ \text{浓度控制标准}<\frac{RG}{K}=\frac{3\ 500}{7}=500(\text{mg/L})$$

具体地说，对这台锅炉，只要在运行中控制锅水氯离子浓度小于 500 mg/L，就等于控制溶解固形物小于 3 500 mg/L。但考虑到排污率不能过高，往往按上限控制标准的 80%作为下限控制标准。所以上例中，锅水氯离子浓度应控制在 400～500 mg/L。

溶氯比常数需定期复试和修正比例关系。

第五节　工业锅炉水质标准

根据锅炉结构的特点和运行参数的要求，确定合理的锅炉给水和锅炉水质标准，是防止锅炉结垢、腐蚀和保证蒸汽品质的主要措施，对保证锅炉安全运行有着重要的意义。《工业锅炉水质》（GB/T 1576—2008）是锅炉水处理工作的准则和依据。

一、自然循环蒸汽锅炉和汽水两用锅炉水质

1. 采用锅外水处理的自然循环蒸汽锅炉和汽水两用锅炉，给水和锅水水质应符合表 3—3 规定。

表 3—3　采用锅外水处理的自然循环蒸汽锅炉和汽水两用锅炉水质

项目	额定蒸汽压力（MPa）	$P\leqslant1.0$		$1.0<P\leqslant1.6$		$1.6<P\leqslant2.5$		$2.5<P<3.8$	
	补给水类型	软化水	除盐水	软化水	除盐水	软化水	除盐水	软化水	除盐水
给水	浊度 FTU	≤5.0	≤2.0	≤5.0	≤2.0	≤5.0	≤2.0	≤5.0	≤2.0
	硬度（mmol/L）	≤0.030	≤0.030	≤0.030	≤0.030	≤0.030	≤0.030	$\leqslant5.0\times10^{-3}$	$\leqslant5.0\times10^{-3}$
	pH 值（25℃）	7.0～9.0	8.0～9.5	7.0～9.0	8.0～9.5	7.0～9.0	8.0～9.5	7.5～9.0	8.0～9.5
	溶解氧[a]（mg/L）	≤0.10	≤0.10	≤0.10	≤0.050	≤0.050	≤0.050	≤0.050	≤0.050
	油（mg/L）	≤2.0	≤2.0	≤2.0	≤2.0	≤2.0	≤2.0	≤2.0	≤2.0
	全铁（mg/L）	≤0.30	≤0.30	≤0.30	≤0.30	≤0.30	≤0.10	≤0.10	≤0.10
	电导率（25℃）（μS/cm）	——	——	$\leqslant5.5\times10^{2}$	$\leqslant1.1\times10^{2}$	$\leqslant5.0\times10^{2}$	$\leqslant1.0\times10^{2}$	$\leqslant3.5\times10^{2}$	≤80.0

续表

项目	额定蒸汽压力（MPa）		P≤1.0		1.0＜P≤1.6		1.6＜P≤2.5		2.5＜P＜3.8	
	补给水类型		软化水	除盐水	软化水	除盐水	软化水	除盐水	软化水	除盐水
锅水	全碱度[b]（mmol/L）	无过热器	6.0～26.0	≤10.0	6.0～24.0	≤10.0	6.0～16.0	≤8.0	≤12.0	≤4.0
		有过热器	——	——	≤14.0	≤10.0	≤12.0	≤8.0	≤12.0	≤4.0
	酚酞碱度（mmol/L）	无过热器	4.0～18.0	≤6.0	4.0～16.0	≤6.0	4.0～12.0	≤5.0	≤10.0	≤3.0
		有过热器	——	——	≤10.0	≤6.0	≤8.0	≤5.0	≤10.0	≤3.0
	pH 值（25℃）		10.0～12.0	10.0～12.0	10.0～12.0	10.0～12.0	10.0～12.0	10.0～12.0	9.0～12.0	9.0～11.0
	溶解固形物（mg/L）	无过热器	≤4.0×10^3	≤4.0×10^3	≤3.5×10^3	≤3.5×10^3	≤3.0×10^3	≤3.0×10^3	≤2.5×10^3	≤2.5×10^3
		有过热器	——	——	≤3.0×10^3	≤3.0×10^3	≤2.5×10^3	≤2.5×10^3	≤2.0×10^3	≤2.0×10^3
	磷酸根[c]（mg/L）		——	——	10.0～30.0	10.0～30.0	10.0～30.0	10.0～30.0	5.0～20.0	5.0～20.0
	亚硫酸根[d]（mg/L）		——	——	10.0～30.0	10.0～30.0	10.0～30.0	10.0～30.0	5.0～10.0	5.0～10.0
	相对碱度[e]		＜0.20	＜0.20	＜0.20	＜0.20	＜0.20	＜0.20	＜0.20	＜0.20

注 1：对于供汽轮机用汽的锅炉，蒸汽质量应按照《火力发电机组及蒸汽动力设备水汽质量》GB/T 12145 规定的额定蒸汽压力 3.8～5.8 MPa 汽包炉标准执行。

注 2：硬度、碱度的计量单位为一价基本单元物质的量的浓度。

注 3：停（备）用锅炉启动时，锅水的浓缩倍率达到正常后，锅水的水质应达到本标准的要求。

续表

a 溶解氧控制值适用于经过除氧装置处理后的给水。额定蒸发量大于或等于10 t/h的锅炉，给水应除氧。额定蒸发量小于 10 t/h 的锅炉如果发现局部氧腐蚀，也应采取除氧措施。对于供汽轮机用汽的锅炉给水含氧量应小于或等于 0.050 mg/L。

b 对蒸汽质量要求不高，并且无过热器的锅炉，锅水全碱度上限值可适当放宽，但放宽后锅水的 pH 值（25℃）不应超过上限。

c 适用于锅内加磷酸盐阻垢剂。采用其他阻垢剂时，阻垢剂残余量应符合药剂生产厂规定的指标。

d 适用于给水加亚硫酸盐除氧剂。采用其他除氧剂时，除氧剂残余量应符合药剂生产厂规定的指标。

e 全焊接结构锅炉，可不控制相对碱度。

2. 单纯采用锅内加药处理的自然循环蒸汽锅炉和汽水两用锅炉水质

额定蒸发量小于或等于 4 t/h，并且额定蒸汽压力小于或等于1.3 MPa的自然循环蒸汽锅炉和汽水两用锅炉可以单纯采用锅内加药处理，但加药后的汽、水质量不得影响生产和生活，其给水和锅水水质应符合表 3—4 的规定。

表 3—4　单纯采用锅内加药处理的自然循环蒸汽锅炉和汽水两用锅炉水质

水样	项目	标准值
给水	浊度 FTU	≤20.0
	硬度（mmol/L）	≤4.0
	pH 值（25℃）	7.0～10.0
	油（mg/L）	≤2.0
锅水	全碱度（mmol/L）	8.0～26.0
	酚酞碱度（mmol/L）	6.0～18.0
	pH 值（25℃）	10.0～12.0
	溶解固形物（mg/L）	$\leqslant 5.0\times10^3$
	磷酸根[a]（mg/L）	10.0～50.0

续表

注 1：单纯采用锅内加药处理，锅炉受热面平均结垢速度不得大于每年 0.5 mm。

注 2：额定蒸发量小于或等于 4 t/h，并且额定蒸汽压力小于或等于 1.3 MPa 的蒸汽锅炉和汽水两用锅炉同时采用锅外水处理和锅内加药处理时，给水和锅水水质可参照本表的规定。

注 3：硬度、碱度的计量单位为一价基本单元物质的量的浓度。

a 适用于锅内加磷酸盐阻垢剂。采用其他阻垢剂时，阻垢剂残余量应符合药剂生产厂规定的指标。

二、热水锅炉水质

1. 采用锅外水处理的热水锅炉，给水和锅水水质应符合表 3—5 的规定。

表 3—5　　采用锅外水处理的热水锅炉水质

水样	项目	标准值
给水	浊度 FTU	≤5.0
	硬度（mmol/L）	≤0.60
	pH 值（25℃）	7.0～11.0
	溶解氧[a]（mg/L）	≤0.10
	油（mg/L）	≤2.0
	全铁（mg/L）	≤0.30
锅水	pH 值（25℃）[b]	9.0～11.0
	磷酸根[c]（mg/L）	5.0～50.0

注：硬度的计量单位为一价基本单元物质的量的浓度。

a 溶解氧控制值适用于经过除氧装置处理后的给水。额定功率大于的等于 7.0 MW 的承压热水锅炉给水应除氧，额定功率小于 7.0 MW 的承压热水锅炉如果发现局部氧腐蚀，也应采取除氧措施。

b 通过补加药剂使锅水 pH 值（25℃）控制在 9.0～11.0。

c 适用于锅内加磷酸盐阻垢剂。采用其他阻垢剂时，阻垢剂残余量应符合药剂生产厂规定的指标。

2. 单纯采用锅内加药处理的热水锅炉水质

对于额定功率小于等于 4.2 MW 承压热水锅炉和常压热水锅炉（管架式热水锅炉除外），可单纯采用锅内加药处理，但加药后的汽、水质量不得影响生产和生活，其给水和锅水水质应符合表 3—6 的规定。

表 3—6　　单纯采用锅内加药处理的热水锅炉水质

水样	项目	标准值
给水	浊度 FTU	≤20.0
	硬度[a]（mmol/L）	≤6.0
	pH 值（25℃）	7.0～11.0
	油（mg/L）	≤2.0
锅水	pH 值（25℃）	9.0～11.0
	磷酸根[b]（mg/L）	10.0～50.0

注 1：对于额定功率小于或等于 4.2 MW 水管式和锅壳式承压的承压热水锅炉和常压热水锅炉，同时采用锅外水处理和锅内加药处理时，给水和锅水水质也可参照本表的规定。

注 2：硬度的计量单位为一价基本单元物质的量的浓度。

a 使用与结垢物质作用后不生成固体不溶物的阻垢剂，给水硬度可放宽至小于或等于 8.0 mmol/L。

b 适用于锅内加磷酸盐阻垢剂。加其他阻垢剂时，阻垢剂残余量应符合药剂生产厂规定的指标。

三、贯流和直流蒸汽锅炉水质

贯流和直流蒸汽锅炉应采用锅外水处理，其给水和锅水水质应符合表 3—7 的规定。

表 3—7　　　　贯流锅炉和直流蒸汽锅炉水质

项目	锅炉类型	贯流蒸汽锅炉			直流蒸汽锅炉		
	额定蒸汽压力（MPa）	$P\leqslant 1.0$	$1.0<P\leqslant 2.5$	$2.5<P<3.8$	$P\leqslant 1.0$	$1.0<P\leqslant 2.5$	$2.5<P<3.8$
给水	浊度 FTU	≤5.0	≤5.0	≤5.0	—	—	—
	硬度（mmol/L）	≤0.030	≤0.030	$\leqslant 5.0\times 10^{-3}$	≤0.030	≤0.030	$\leqslant 5.0\times 10^{-3}$
	pH 值（25℃）	7.0～9.0	7.0～9.0	7.0～9.0	10.0～12.0	10.0～12.0	10.0～12.0
	溶解氧（mg/L）	≤0.10	≤0.050	≤0.050	≤0.10	≤0.050	≤0.050
	油（mg/L）	≤2.0	≤2.0	≤2.0	≤2.0	≤2.0	≤2.0
	全铁（mg/L）	≤0.30	≤0.30	≤0.10	—	—	—
	全碱度[a]（mmol/L）	—	—	—	6.0～16.0	6.0～12.0	≤12.0
	酚酞碱度（mmol/L）	—	—	—	4.0～12.0	4.0～10.0	≤10.0
	溶解固形物（mg/L）	—	—	—	$\leqslant 3.5\times 10^{3}$	$\leqslant 3.0\times 10^{3}$	$\leqslant 2.5\times 10^{3}$
	磷酸根（mg/L）	—	—	—	10.0～50.0	10.0～50.0	5.0～30.0
	亚硫酸根（mg/L）	—	—	—	10.0～50.0	10.0～30.0	10.0～20.0

续表

项目	锅炉类型	贯流蒸汽锅炉			直流蒸汽锅炉		
	额定蒸汽压力（MPa）	$P\leqslant1.0$	$1.0<P\leqslant2.5$	$2.5<P<3.8$	$P\leqslant1.0$	$1.0<P\leqslant2.5$	$2.5<P<3.8$
锅水	全碱度[a]（mmol/L）	2.0～16.0	2.0～12.0	≤12.0	——	——	——
	酚酞碱度（mmol/L）	1.6～12.0	1.6～10.0	≤10.0	——	——	——
	pH 值（25℃）	10.0～12.0	10.0～12.0	10.0～12.0	——	——	——
	溶解固形物（mg/L）	$\leqslant3.0\times10^{3}$	$\leqslant2.5\times10^{3}$	$\leqslant2.0\times10^{3}$	——	——	——
	磷酸根[b]（mg/L）	10.0～50.0	10.0～50.0	10.0～20.0	——	——	——
	亚硫酸根[c]（mg/L）	10.0～50.0	10.0～30.0	10.0～20.0	——	——	——

注 1：贯流锅炉汽水分离器中返回到下集箱的疏水量，应保证锅水符合本标准。

注 2：直流锅炉汽水分离器中返回到除氧热水箱的疏水量，应保证给水符合本标准。

注 3：直流锅炉给水取样点可设定在除氧热水箱出口处。

注 4：硬度、碱度的计量单位为一价基本单元物质的量浓度。

a 对蒸汽质量要求不高，并且无过热器的锅炉，锅水全碱度上限值可适当放宽，但放宽后锅水的 pH 值（25℃）不应超过上限。

b 适用于锅内加磷酸盐阻垢剂。采用其他阻垢剂时，阻垢剂残余量应符合药剂生产厂规定的指标。

c 适用于给水加亚硫酸盐除氧剂。采用其他除氧剂时，除氧剂残余量应符合药剂生产厂规定的指标。

四、余热锅炉的水质

余热锅炉的水质指标应符合同类型、同参数锅炉的要求。

五、补给水水质

1. 应当根据锅炉的类型、参数，回水回收率、排污率、原水水质和锅水、给水水质标准，选择补给水处理方式。

2. 补给水处理方式应保证给水水质符合本标准。

3. 软水器再生后出水氯离子含量不得大于进水氯离子含量的1.1倍。

4. 以软化水为补给水或单纯采用锅内加药处理的锅炉正常排污率不应超过10.0%；以除盐水为补给水的锅炉正常排污率不应超过2.0%。

六、回水水质

回水质量应当保证给水水质符合标准，并尽可能地提高回水利用率。回水水质应符合表3—8的规定，并应根据回水可能受到的污染介质，增加必要的检测项目。

表3—8　回水水质

硬度（mmol/L）		全铁（mg/L）		油（mg/L）
标准值	期望值	标准值	期望值	标准值
≤0.060	≤0.030	≤0.60	≤0.30	≤2.0

练　习　题

一、判断题

1. 天然水中的各种盐类物质都会对锅炉产生危害，所以必须除去。（　）

2. 天然水中碱度主要以重碳酸盐形式存在。（　）

3. 溶解在天然水中的 CO_2 也是水中碱度的组成部分。（　）

4. 碱度大于硬度时，水中没有碳酸盐硬度。（　）

5. 在水质分析中，常用浊度作为衡量悬浮物的指标。（　）

6. 澄清的天然水不会对锅炉有危害，可以直接作为锅炉用水进入锅炉。（　）

7. 水质不良将会造成锅炉结垢、腐蚀与汽水共腾等危害。（　）

8. 碱度表示水中 OH^-、CO_3^{2-}、HCO_3^- 及其他弱酸盐类的总含量。（　）

9. 为了防止锅炉受腐蚀控制锅水 pH 值，pH 值越高越好。（　）

二、选择题

1. 下列物质中易使锅炉结生水垢的是（　）。

A. Na^+　　B. Ca^{2+}

C. Mg^{2+}　　D. Cl^-

E. CO_3^{2-}　　F. PO_4^{3-}

2. 下列物质中能抑制锅炉产生水垢的是（　）。

A. Na^+　　B. Ca^{2+}

C. Mg^{2+}　　D. Cl^-

E. CO_3^{2-}　　F. PO_4^{3-}

3. 控制锅水溶解固形物含量的主要目的是（　）。

A. 防止结垢　　B. 防止腐蚀

C. 除去氯根　　D. 防止蒸汽品质恶化

4. GB/T 1576—2008 要求控制锅水中的 pH 值为 10～12，这样 OH^- 浓度变化了（　）倍。

A. 2　　B. 10

C. 12　　D. 100

5. 保持锅水碱度在一定的范围内主要是为了（　）。

A. 防止结垢　　B. 防止腐蚀

C. 降低含盐量　　　　　　D. 防止蒸汽品质恶化

6. 控制相对碱度的目的是为了（　　）。

A. 防止结垢　　　　　　B. 控制 pH 值

C. 防止苛性脆化　　　　D. 防止氧腐蚀

7. 测出某一锅水的含盐量为 2 500 mg/L，氯离子浓度为 500 mg/L。要求锅水中含盐量小于 4 000 mg/L，则锅水中 Cl^- 的最高含量应控制为（　　）mg/L。

A. 850　　　　　　B. 800

C. 750　　　　　　D. 700

8. 天然水中对锅炉有影响的溶解气体主要有（　　）。

A. 氧　　　　　　B. 氢

C. 氮　　　　　　D. 二氧化碳

第四章

水的预处理

本章知识要点

1. 熟悉水的预处理基本方法
2. 了解水的预处理基本知识
3. 掌握过滤的基本操作

天然水中常含有大量的泥沙、黏土、腐殖质等悬浮物和胶体杂质，它们在水中具有一定的稳定性，是造成水体混浊的主要原因。这些杂质如不除去，会直接影响后续水处理设备的正常运行。因此，在水处理中，应先去除水中的悬浮物和胶体杂质。

把除去悬浮物和胶态杂质的过程称为水的预处理。预处理的方法很多，主要有预沉降、混凝处理、沉淀软化、过滤处理等。经过预处理之后，可以使水的悬浮物、胶体杂质、有机物、暂时硬度等杂质降低到一定的程度。

第一节　水的混凝处理

混凝处理主要是去除水中的悬浮物和胶体杂质。一般粒径较大的悬浮物，可利用重力作用自然沉降，容易从水中分离，而粒径较小的悬浮物和胶态杂质，由于其沉降速度小，难以在短时间内彻底将其去除，因此，在水处理中，通常是采用加入混凝剂，使它们相互吸附黏结成较大的絮状物进而沉降去除。

一、胶体化学基础

1. 胶体的稳定性

把天然水中粒径在 10^{-6}～10^{-4} mm 的各种微小粒子都划为胶体范围。由于胶体颗粒较小，在水溶液中受到来自各个方向水分子撞击的次数相对来说较少，各撞击力相互抵消的可能性也较小，因此它们在水中有不规则的运动，称为布朗运动，它们在水溶液中不会发生明显的沉淀现象。水中胶体具有稳定性的原因有以下三种：

（1）胶体表面带电。

（2）胶体表面有水化层。

（3）胶体表面吸附了某些促使胶体稳定的物质。

2. 胶体的脱稳

在水处理中，为了要去除水中胶体，必须使胶体脱稳。使胶体脱稳通常有以下几种途径。

（1）吸附与电中和

如在水溶液中加入带相反电荷的胶体，水溶液中的胶体颗粒与加入的胶体颗粒之间发生电性吸附和电中和作用，使两种胶体颗粒的电位都降低，结果斥力减小，吸引力增大，发生脱稳凝聚作用。

（2）吸附架桥作用

如在水中投加可以吸附胶体的链状大分子，则因在一个大分子上可以吸附多个胶体，大分子在胶体之间起了架桥作用，其结果是许多胶体连同投加的药品一起聚集成大颗粒而一起沉降下来。

（3）网捕作用

在进行水的混凝处理时，有些胶体的去除是因混凝产生的沉淀物像一个滤网，它们沉降时将胶体夹带着一起沉降，称为网捕作用。

二、水的混凝处理

1. 混凝原理

混凝作用的基本原理是通过向水中投加混凝剂，使分散的胶体颗粒与溶解态的混凝剂之间产生固相与液相之间的化学吸附、电中和脱稳以及黏结架桥的作用，经过脱稳颗粒间的碰撞结合，形成较大的絮凝体颗粒而迅速沉降，从而达到加速混浊水澄清净化的目的。

2. 影响混凝处理效果的因素

因为混凝处理的目的是去除水中的悬浮物，同时使水中的胶体及有机物等减少。由于混凝是一个复杂的过程，所以影响混凝处理效果的因素也很多。以铝盐为例，介绍影响混凝处理效果的主要因素。

(1) pH 值的影响

pH 值对铝盐处理效果的影响很大，主要表现在两个方面。

1) pH 值对 $Al(OH)_3$ 溶解度的影响。$Al(OH)_3$ 是典型的两性物质，pH 值太高（>7.5）或太低（<5.5）都会增大 $Al(OH)_3$ 的溶解度，使水中残留铝量增加而不利于混凝。用铝盐作混凝剂时，最优的 pH 值一般为 6.5～7.5。

2) pH 值对氢氧化铝胶粒电荷的影响。胶粒在水溶液中所带的电荷与水中离子的组成有关，特别是氢离子浓度，在 5<pH 值<8 时，它带正电，在 pH 值<5 时，它带负电；当 pH 值在 8 左右时，它以中性氢氧化铝的形态存在，因而最容易沉淀下来。

(2) 混凝剂投加量的影响

混凝剂的投加量是影响混凝效果的重要因素。最优投药量与水中胶体含量有关。对一定水质，如果投药量太小，胶体不能脱稳；投药量过大，过剩药品的吸附量增加，使胶体电荷符号改变，出现再稳现象；如果再增大投药量，由于大量絮凝生成，也可以除去胶体，但处理成本将大大提高。

(3) 水温的影响

水温对混凝处理效果有明显影响。无机混凝剂通常为高价金属盐类，其水解反应是吸热反应，水温影响混凝剂水解速率，当水温低于5℃时，混凝剂水解速率极其缓慢，所形成的絮凝物结构疏松，含水量多，颗粒细小、松散。

（4）水中悬浮物含量

水中悬浮物含量，会影响颗粒碰撞速率。悬浮物浓度较低时，颗粒碰撞速率大大下降，混凝效果差。为提高混凝效果通常要投加高分子助凝剂或投加矿物颗粒以增加混凝剂水解产物的凝结中心。

水中悬浮物含量很多时，为达到吸附电中和脱稳作用，需增大混凝剂投加量，同时投加高分子助凝剂，或使用无机高分子絮凝剂。

3. 常用的混凝剂

目前，根据混凝剂的组成，广泛应用的混凝剂主要有无机混凝剂和有机混凝剂两类。

无机混凝剂主要指传统的铝盐、铁盐以及在铝盐和铁盐基础上发展起来的复合型高分子混凝剂。传统的铝盐、铁盐絮凝剂由于混凝效果差，逐渐被无机高分子混凝剂取代。

（1）铝盐

用做混凝剂的铝盐有硫酸铝、明矾、偏铝酸钠和聚合铝等，以聚合铝使用最多。

聚合铝（简称PAC）是一类新型无机高分子混凝剂，是在一定温度和压力下，用碱和氯化铝制取的。聚合物中的 $[OH^-]$ 与 $[1/3Al^{3+}]$ 的比值可在一定程度上反映它的成分，这个比值称为碱化度，用 B 表示。

$$B = ([OH^-]/[1/3Al^{3+}]) \times 100\%$$

碱化度越高，越有利于吸附架桥凝聚，但碱化度越高越容易沉淀。聚合铝与硫酸铝相比具有下列优点：

1）投药量少，只相当于硫酸铝的1/3左右，过量投加时也不会像硫酸铝那样造成出水混浊。

2）形成絮凝物的速度快，而且密实、沉降性能好。

3）适用范围广，对低浊度水、高浊度水，低温度及高色度水均有较好的效果。

4）适用的 pH 值范围较宽（5～9），且处理后水的 pH 值和碱度下降较小。

5）受水温影响小，水温低时，仍可保持稳定的混凝效果。

6）其碱化度比其他铝盐、铁盐高，因此药液对设备的侵蚀作用小。

聚合铝与其他混凝剂相比具有沉降速度快、混凝性能好、适应性好、成本低、pH 值适用范围广、高效无毒性等优点，常用于水处理中的混凝剂。

（2）铁盐

用做混凝剂的铁盐有硫酸亚铁、三氯化铁、硫酸铁和聚合硫酸铁等。聚合硫酸铁最常用。

聚合硫酸铁是 20 世纪 70 年代末研制成功的一种新型高效无机高分子混凝剂，是以硫酸铁和硫酸为原料，以亚硝酸钠为催化剂，用纯氧做氧化剂，在高压反应釜中缩合制成。它是一种外观呈红褐色或棕褐色的黏稠液体，或为淡黄色无定型固体粉末。

铁盐和铝盐相比，铁盐产生的絮凝密度大、沉降快、最优 pH 范围较宽、受温度影响较小。但残留铁量有可能使水带色，特别是与腐殖质作用，可以生成不易沉降的颜色更深的溶解性物质。

第二节　水的沉淀澄清处理

一、水的沉淀软化

水的沉淀软化方法有两种：一种为热力软化法，另一种为化学软化法。

热力软化法是将欲处理的水加热到 100℃，使水中钙、镁离子的碳酸氢盐转化为 $CaCO_3$ 和 Mg（$OH)_2$ 沉淀除去。此法不能去除非碳酸盐硬度，而且水温太高不利于再进行离子交换除盐，因此锅炉水处理一般不采用此方法。

化学软化法是向水中投加某种化学物质，使它和水中某些溶解物质产生反应，生成难溶于水的盐类沉淀下来，从而降低水中这些溶解物质的含量。这种方法在水处理中称为化学沉淀法。在锅炉水处理中，化学沉淀法经常用于处理碳酸盐硬度含量高的水，常用的沉淀处理方法为石灰软化法。

生石灰（CaO）与水反应称为消化反应，生成的 $Ca(OH)_2$ 称为熟石灰或消石灰，$Ca(OH)_2$ 可以和水中各种形式的碳酸化合物反应生成沉淀除去。

$$Ca(OH)_2 + CO_2 = CaCO_3\downarrow + 2H_2O$$

$$Ca(OH)_2 + Ca(HCO_3)_2 = 2CaCO_3\downarrow + 2H_2O$$

$$Ca(OH)_2 + Mg(HCO_3)_2 = 2CaCO_3\downarrow + Mg(OH)_2\downarrow + 2H_2O$$

石灰软化法主要除去了水的碱度和碳酸盐硬度，但不能除去非碳酸盐硬度和碱性水的过剩碱度。

$$Ca(OH)_2 + MgSO_4 = 2CaSO_4 + Mg(OH)_2\downarrow$$

$$Ca(OH)_2 + NaHCO_3 = CaCO_3\downarrow + Na_2CO_3 + 2H_2O$$

反应前后非碳酸盐硬度和过剩碱度不变。

二、沉降原理

利用颗粒物质的重力沉降过程实现颗粒物与水分离的过程称为沉降处理，又称沉淀过程。水中可沉淀的颗粒物从水中沉降分离有四种基本方式，简单概述如下：

1．自由沉淀

水中颗粒物质浓度不高，颗粒物之间没有凝聚作用，悬浮物颗粒在静水中沉降时，只受到颗粒本身在水中的重量和水的阻力作用，而不受容器壁和周围环境的影响，沉淀过程不改变颗粒物的大小，独立完成。一般原水初沉池和沉砂池内进行的多为自由沉淀。

2. 絮凝沉淀

一般经过混凝处理后脱稳的胶体颗粒彼此之间具有聚集长大的特性，在沉淀过程中颗粒越聚越大，所以沉淀过程是变速的。

3. 成层沉淀

水中颗粒物的浓度较大，在沉降过程中彼此互相干扰，使颗粒物之间保持相对不变的位置，共同沉降，形成一个比较明确的高浓度颗粒物的沉降分界面。沉降过程实际是分界面不断下降的过程。

4. 压缩沉淀

水中颗粒物的浓度极高，颗粒物互相接触并相互支撑，上层颗粒物的重力压缩作用使下层颗粒物被浓缩。

当天然水中悬浮物浓度大于 5 000 mg/L，以及在混凝处理过程中形成的絮凝物浓度很高时，颗粒之间的相互碰撞以及由于相互作用所产生的作用力影响很大。这时颗粒的沉降就不是简单的自由沉降，而是拥挤沉降。

在水处理中所遇到的悬浮颗粒大都具有絮凝性，在沉降过程中，颗粒的大小、形状及密度都在不断地发生变化，即随着沉降深度和时间的增长，沉降速度越来越快。

三、沉淀处理系统及设备

沉淀处理通常是和混凝处理配合进行的，混凝处理过程通常包括混凝剂配制和计量设备、混合设备、絮凝设备等三部分设备。

1. 混凝剂的投配

混凝剂的投配流程通常为：药剂→溶解池→溶液池→计量设备→投加设备→混合设备。所用设备的配制如图 4—1 所示。

混凝剂的投加方式有两种：一种是干投法，另一种是湿投法。目前大多采用湿投法。它是先将混凝剂在溶解池内溶解，然后在溶解箱内配制成一定的浓度，由计量设备进行投加。

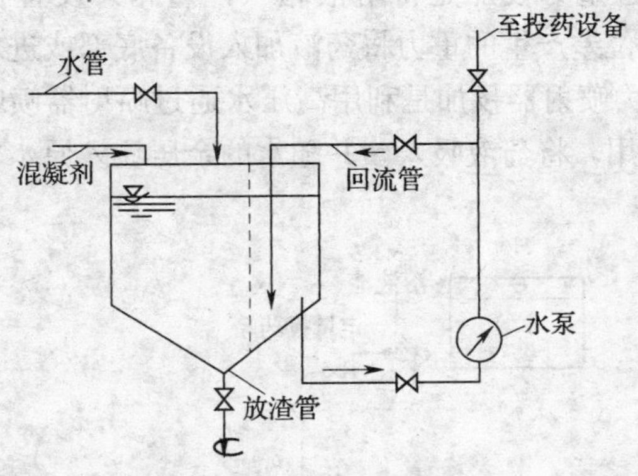

图 4—1　混凝剂的溶解与配制

在溶解池内将固体药剂溶解成浓溶液，为了加速溶解，在溶解池上配制搅拌装置。将溶解完的浓溶液用泵打入溶液池，并在此配制成所需要的浓度。现场常将溶解池和溶液池合并成一个溶液计量箱，即在剂量箱内同时完成药剂溶解和配制两个过程。

2. 投加方式

(1) 药液通过计量设备投加，而且应随时调节加药量。目前现场多采用计量泵，可通过调节计量泵行程或调节药液浓度调节投药量。它不仅计量准确，运行可靠，而且调节也很方便。这种计量设备的加药量根据处理水量和水质条件确定。如图 4—2 所示。

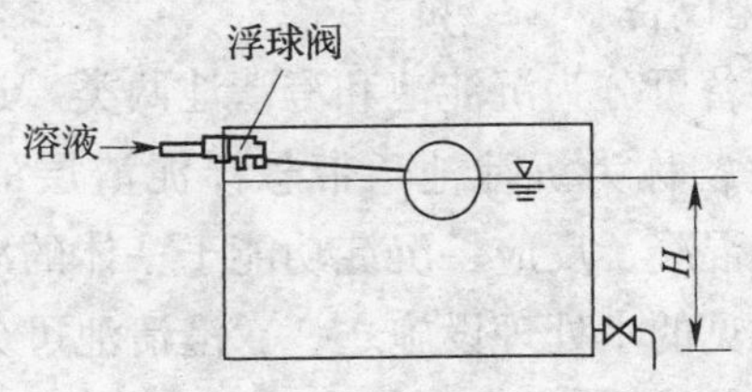

图 4—2　浮球阀定量投药设备

(2) 高位重力投加是将溶液箱（计量箱）设置在澄清池上部，利用液位差产生的重力将药液加入设备底部或进水管中。

(3) 水力喷射器投加是利用高压水通过喷射器喷嘴时产生的真空抽吸作用，将药液吸入，并随水的余压注入原水管中。如图 4—3 所示。

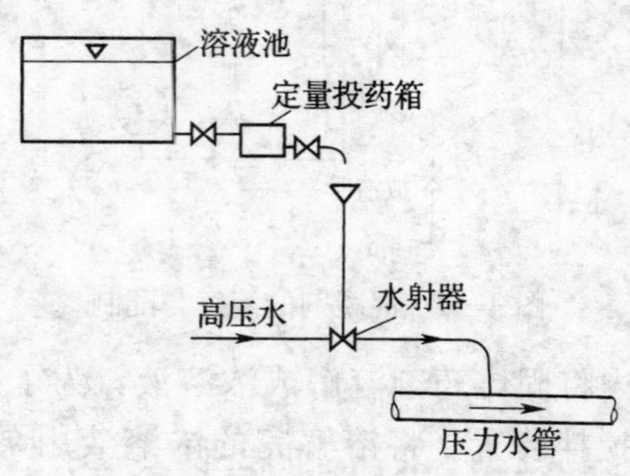

图 4—3　水力喷射器投药

3. 混合设备

混合设备的作用是让药剂迅速而且均匀地扩散到水流中，充分接触，尽快与水混合，形成许多微小的絮凝物。这一过程要求水流产生激烈的湍流，所需要的时间很短，一般在 2 min 以内，即需要短时间高强度搅拌。为使水流产生湍流可利用水利或机械设备来完成。混凝设备种类很多，可分为管道混合、水泵混合、水利混合和机械混合等。

4. 沉淀处理设备

沉淀处理设备可分为沉淀池和澄清池两类。运行时池中不带悬浮泥渣层的设备称为沉淀池，带悬浮泥渣层的设备称为澄清池。澄清池是集混凝、反应、沉淀功能于一体的净水构筑物，是给水处理中最常见的水处理设施之一。澄清池可分为泥渣悬浮式和泥渣循环式两种类型。

泥渣循环式澄清池除有悬浮泥渣层外，还有相当一部分泥渣从分离区回流到进水区，与加有混凝剂的原水混合，进行接触絮凝过程，然后再返回分离区。这类澄清池中常见的有机械搅拌澄清池和水力循环澄清池。

(1) 机械搅拌澄清池

1) 设备结构。机械搅拌澄清池的结构如图 4—4 所示，主要包括进水装置、搅拌器、反应室、分离室、集水管、集水槽、取样点、排泥管等。

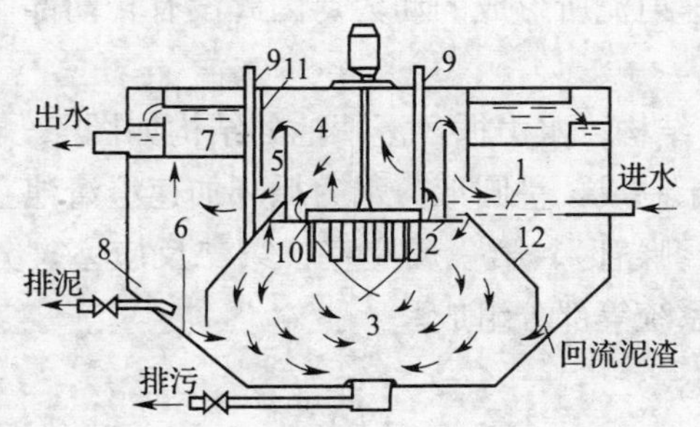

图 4—4 机械搅拌澄清池

1—进水管 2—进水槽 3—第一反应室（混合室） 4—第二反应室 5—导流室 6—分离室 7—集水槽 8—泥渣浓缩室 9—加药管 10—机械搅拌器 11—导流板 12—伞形板

2) 工作原理。机械搅拌澄清池借助机械提升作用，使泥渣在垂直方向不断循环，捕捉原水中形成的絮凝体，并在分离区加以分离。其特点是充分利用已形成泥渣的活性，增加碰撞机会，强化碰撞概率，提高处理设备的性能。在机械搅拌澄清池中心安装有机械搅拌设备，上部为提升叶轮，下部为搅拌浆，两者安装在同一根轴上。提升叶轮将混合泥水提升至第二反应室，而搅拌浆使第一反应室的泥渣循环流动与拟处理原水进行混合反应。

加入混凝剂后的原水，由进水管流经环形配水槽至第一反应室，在此，受提升叶轮桨搅拌，与数倍于进水量的回流活性泥渣混合，完成初步反应，然后，被提升至第二反应室继续反应，反应后的水经导流室进入分离室，在分离室内，泥渣下沉，清水经集水管流出。下沉的泥渣，大部分经回流缝流入第一反应室，少部分进入泥渣浓缩器，浓缩至一定浓度后排出池外。

机械搅拌澄清池的优点是效率高，对原水水质（如浊度、温度）和处理水量变化的适应性强，运行操作方便。缺点是设备维修的工作量大，机电设备的配备较困难。

（2）水力循环澄清池

水力循环澄清池是泥渣循环式，不是靠机械搅拌，而是依靠喷射器的高速射流所形成的动力，因此没有转动部件是这种澄清池的特征。

1）设备结构。水力循环澄清池的结构如图 4—5 所示。池体用钢筋混凝土制成，呈圆形。水力循环加速澄清池主要由进水混合室（喷嘴、喉管）、第一反应室、第二反应室、分离室、排泥系统、出水系统等部分组成。

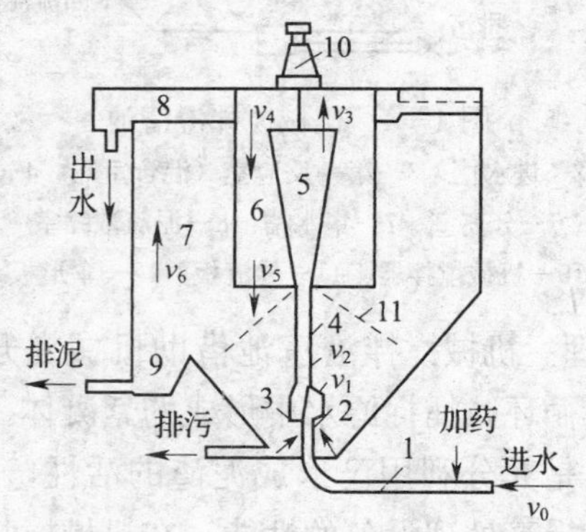

图 4—5 水力循环澄清池

1—进水管 2—喷嘴 3—混合室 4—喉管 5—第一反应室 6—第二反应室 7—分离室 8—集水槽 9—泥渣浓缩室 10—调节板 11—伞形挡板

原水和混凝剂由泵打入，经喷嘴高速喷出并形成负压，把数倍于进水量的泥渣卷吸入混合室。在喉管中，水、混凝剂、泥渣快速而充分混合，然后在第一反应室形成凝絮。澄清池中喷嘴是关键部件，它决定了回流泥渣量的大小，可以用调节喷嘴和混合室上部喇叭的间距进行调整。由于第二反应室截面扩大，水速减慢，凝絮长大，基本完成混凝过程。分离室截面急剧增大，水流速度急剧下降，使水和泥渣分离。清水进入集水槽，小部分泥渣浓缩后排出，大部分泥渣用于再循环。

2）工作原理。水力循环澄清池的基本原理和结构与机械搅拌澄清池相似，只是泥渣循环的动力不是采用专用的搅拌机，而是靠进水本身的动能。

原水由池底进入，经喷嘴高速喷入喉管内，此时在喉管下部喇叭口处造成一个负压区，使高速水流将数倍于进水量的泥渣吸入混合室。水、混凝剂和回流的泥渣在混合室和喉管内快速、充分混合与反应。混合后的水的流程与机械搅拌加速澄清池相似。

喷嘴是水力循环澄清池的关键部件，它关系到泥渣回流量的大小。泥渣的回流量除与原水浊度、泥渣浓度有关外，还与进水压力、喷嘴内水的流速、喉管的大小等因素有关。运行中可调节喷嘴与喉管下部喇叭口的间距来调整回流量。

水力循环澄清池有结构简单、容易建造、投资低、占地小和运行管理方便等优点；缺点是单台设备出力不宜过大、稳定性差、流量或水温变动易使悬浮泥渣层扰动出现翻池现象而影响出水质量。

第三节 过滤处理

一、水的过滤过程

水经过混凝处理后，虽然已经将大部分悬浮物除掉，从外观上看是清澈透明的，但实际上水中免不了残留少量细小的悬浮颗粒，这种水还不能直接进入后续水处理系统，否则会影响设备后续水处理系统运行的安全稳定性，降低处理效率。

过滤是进一步降低水中悬浮物的方法。依据过滤材料的不同，过滤有多种形式，粒状滤料过滤是最基本的过滤方法。

1. 过滤原理

当含有悬浮物的水自上而下进入滤层时，由于表层小颗粒滤料的吸附和机械截留作用，悬浮物被机械筛滤去除，同时悬浮物本身的表面相互重叠、架桥，在滤层表面逐渐形成一层附加的滤膜，以后的过滤主要依靠这层滤膜的作用，因此称为薄膜过滤。

随着过滤的进行，水中的悬浮物将移向滤料的中下层。这时细小的悬浮物粒子，在滤料的间隙中由于相互接触絮凝、碰撞及滤料的吸附作用，使水变得更清。就好像在滤层中发生混凝作用，因此称为接触混凝过滤。

滤床表面截留的过滤称为表面过滤，而在滤床内部截留的过滤称为深层过滤或滤床过滤。粒状滤料过滤是表面薄膜过滤和深层接触混凝过滤的综合过程。

2. 过滤过程中的水头损失

水头损失是指水流通过滤层时由于阻力所形成的压力降，是表征过滤设备运行状况及堵塞程度的重要指标。

影响水头损失的因素，除了滤料被污染的程度外，还有滤料的粒径、滤速和温度。滤料的粒径越小，水头损失越大；滤速与水头损失成正比；温度升高，水的黏度降低，水头损失减小。

二、过滤和过滤器

1. 过滤

过滤的工艺过程基本上由两个过程组成，即过滤与冲洗。过滤为生产清水的过程；冲洗是从滤料表面冲洗掉污物，使之恢复过滤能力的过程。多数情况下，过滤和冲洗的水流方向相反，因而一般把冲洗称为反冲或反洗。

当过滤进行到一定阶段以后，由于滤料层中所含污泥的数量大大增加，这时，过滤设备可能出现两种情况：一是由于滤层中所含的污泥已经逐渐饱和，水中悬浮杂质开始穿透滤层，随水流出滤层，使出水质量下降；二是由于滤层中所含的污泥逐渐增加，使滤层孔隙逐渐变小，水头损失随之增加，达到最大允许水头损失。冲洗是用一定强度的水流由下而上地通过滤层，使滤层在上升的水流中逐渐膨胀到一定高度，由滤料间高速水流所产生的剪切力使滤料上吸附的悬浮物脱落下来，并随反冲水排出滤层。

过滤和冲洗两个过程交错进行，从过滤开始到反冲洗结束的一段时间称为过滤器的一个工作周期。过滤设备在运行中效果的好坏，可以通过测定出水的浊度和水通过滤层时的压力降来监督。

2. 影响过滤的因素

在滤料和滤层厚度确定之后，影响过滤的因素主要是滤速、反洗强度和水流的均匀性。过滤设备的过滤效果通常用出水水质和截污能力表示。截污能力即单位过滤面积或单位体积滤料能除去悬浮物的量。当进水水质一定时，截污能力实际反映了一个运行周期过滤设备处理的水量。

(1) 滤速

滤速是假定滤料不占有空间时水通过的速度，即空塔速度。

$$V = Q/F$$

式中 V——滤速，m/h。

Q——过滤设备出力，m^3/h。

F——过滤截面积，m^2。

滤速太小，设备出力低，运行不经济；滤速太大，会使已截留的悬浮物剥落，出水水质变坏。一般经混凝、澄清的水，滤速取 10～12 m/h。

(2) 反洗强度

反洗强度是指每秒每平方米滤层面积通过的反洗水量。为保证反洗效果，要控制好滤层的反洗强度。反洗强度不足，滤料不能充分松动，滤料层中的污物将逐渐积累，使过滤工况恶化，反洗强度太大，可能产生滤料流失、过滤设备出水装置损坏等问题，因此，反洗强度应控制在既使污物和滤料碎末清除又不使正常滤料被水带走的程度。过滤设备适宜的反洗强度一般通过调整试验确定。

(3) 水流的均匀性

不论过滤还是反洗，都要求沿过滤截面各部分的水流分布均匀，以保证设备的充分利用。因此，在过滤设备的底部装有配水系统，以保证过滤和反洗进水尽可能均匀地通过滤层。

3. 过滤器

过滤器种类很多，很难归纳分类。按工作压力可分为压力式和重力式，按滤层组织可分为单层和多层。习惯上，把密闭容器式过滤设备称为过滤器。工业常用的过滤器通常由圆柱形钢制容器组成，在压力下运行，属于压力式过滤器。

(1) 普通过滤器

最简单的压力式过滤器是用单层滤料、向下流式。这种过滤器的结构和运行方式都较简单，所以称其为普通过滤器。

1) 结构。普通过滤器的结构如图 4—6 所示，是一个钢制的圆筒，体内安装有进水、配水装置，有时还有空气擦洗装置，内装滤料，本体外部设有必要的管道、阀门和仪表等。

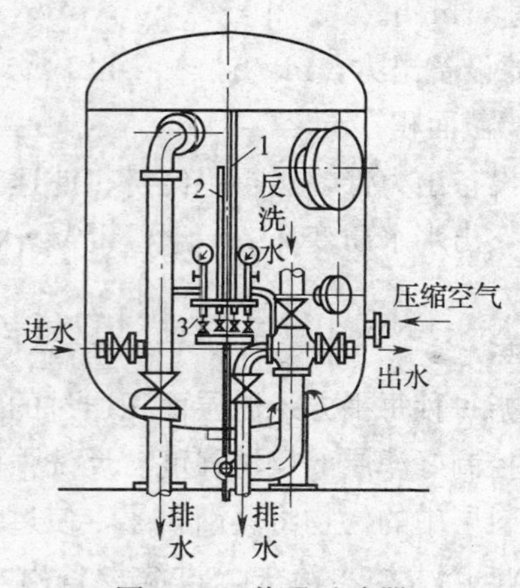

图 4—6　普通过滤器

1—空气管　2—监督管　3—取样门

①进水装置。进水装置用来送入需要过滤的水，有时兼起反洗排水的作用。在普通过滤器中，进水装置与滤层之间有一定空间，是为了反洗时滤层膨胀的需要而设置的。在过滤设备运行时，此空间一直充满水，称为水垫层。水垫层可以起到促进水流均匀的作用。所以在普通过滤器中，进水装置的结构形式不是影响滤层水流分布的主要因素。

②配水系统。配水装置的作用是均匀地收集过滤水和分配反洗水，其作用除了保证水流在滤层中分布均匀外，还可防止滤料被带走。配水系统的种类很多，常使用的有配水帽式、支管开缝式和支管钻小孔式等。

2）运行。普通过滤器的运行流速为 8～10 m/h，当它运行至滤层压差达到规定值时，停止过滤运行，开始反洗。此时，将过滤器内的水排到滤层的上缘位置，然后送入强度为 18～25 L/（s・m^2）的压缩空气，吹洗 3～5 min 后，在继续供给空气的情况下，向过滤器内送入反洗水，其强度应使滤层膨胀率为 10%～15%。反洗水送入 2～3 min 后，停止送空气，继续用水反洗1～2 min，此时反洗水的强度应使滤层膨胀率达 40%～50%，最后用水正洗至出水合格，可开始投入运行。

普通过滤器中填充的滤料颗粒（石英砂）的粒径一般为 0.5～1.2 mm，滤层高度约为 0.7 m。其允许压降约为 49 kPa。过滤器的失效点是过滤器运行的停止点，过滤器是否失效从以下三个方面来判断。

①过滤器的出水浊度。

②过滤器的进出口压差。

③过滤时间是否超过允许值。

（2）双流式过滤器

普通过滤器中虽然有机械筛分和接触凝聚两种作用，但由于水流是先通过小颗粒滤料，后通过大颗粒滤料，所以起主要作用的是表层滤料的截留作用，滤层中的颗粒接触凝聚能力并不能充分发挥出来。为此，出现了双流式过滤器，如图 4—7 所示。在此过滤器中，进水分为两路：一路由上部进，另一路由下部进，经过过滤的出水，都由中间流出。这样，由上部进入的水的过滤作用和普通过滤器相同，主要是表面滤层的过滤作用；由下部进入的水，由于先遇到大颗粒滤料，主要起接触凝聚作用。

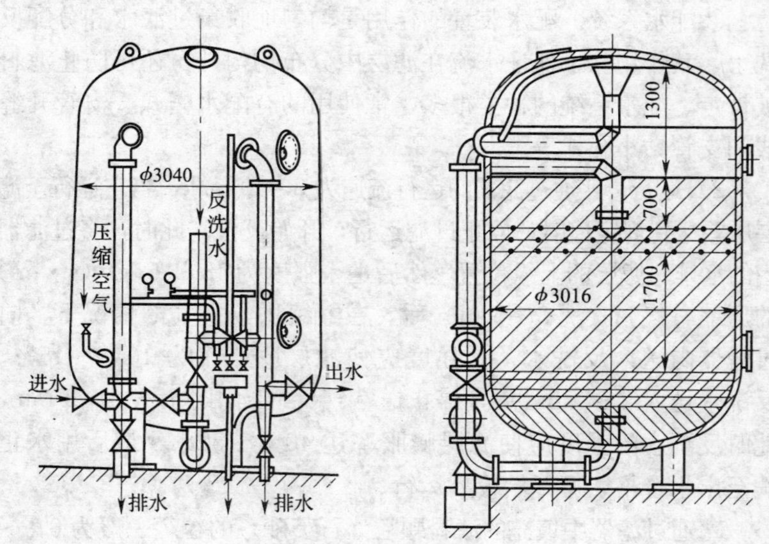

图 4—7　双流式过滤器

双流式过滤器的内部结构和普通过滤器的不同之处在于中间设有配水系统；滤层较高，在中间配水系统上部滤层高为 0.6～0.7 m，下部滤层高为 1.5～1.7 m。

双流式过滤器的运行情况是：开始运行时，上部和下部的进水各占 50%，运行一段时间后，由于上层阻力增加快，其通过水量比下层通过水量要少。其滤速按 12～18 m/h 设计。反洗时先用压缩空气擦洗 5～10 min，再用清水从中间引入，自上部排出，先反洗上部，然后停止空气擦洗，由中间和下部同时进水，上部排出，整体进行反洗。此反洗强度控制在 16～18 L/(s·m^2)，反洗时间为 10～15 min，最后停止反洗，进行运行清洗，待水质变清时开始过滤运行。双流式过滤器与普通过滤器相比，出力较大，但对滤料的要求较高，运行和维护等较复杂。

(3) 多层滤料过滤器

为了改变普通过滤器中滤料“上细下粗”的不利排列方式，办法之一是采用双层或三层滤料过滤器。

1）双层滤料过滤器。双层滤料过滤器的结构和普通过滤器结构相同，只是在滤床上分别填充两种不同的滤料。上层为相对密度小、粒径大的滤料，下层为相对密度大、粒径小的滤料，通常采用的是上层为无烟煤，下层是石英砂。由于无烟煤密度为 1.5～1.8 g/cm^3，而石英砂为 2.65 g/cm^3 左右，所以，即使无烟煤颗粒的粒径大，在反洗后，无烟煤仍能处于颗粒较小的石英砂上面。

滤料颗粒呈上大下小的状态对过滤过程很有利。因为进水由上部送入时，先遇到的是较大颗粒的无烟煤滤料，过滤作用可以深入滤层中，发生渗透过滤作用，下层较小的颗粒也能截取一部分悬浮物，起到保证出水质量的作用。

双层滤料过滤器的结构和普通过滤器相比，其截污能力较大，水头损失增加比较缓慢，滤速可以提高，工作周期可以延长。

2）三层滤料过滤器。三层滤料过滤器的原理和结构与双层滤料过滤器相似，它相当于在双层滤料过滤器下面增加了一层相对密度更大、颗粒更小的滤料。在三层滤料过滤器中，由于滤层按滤料的大小分成了三级，所以上层滤料可以采用颗粒较大的滤料，以发挥滤料的接触凝聚过滤作用；下层可以采用较小颗粒的滤料，以去除水中残留悬浮物。

三层滤料过滤器的下层可以采用石榴石、磁铁矿或钛铁矿等矿砂作为滤料，其滤速可达 30 m/h 以上。

此种过滤器的优点为滤速高、截污能力大，对流量突然变动的适应性好，出水质量好等。

（4）滤池

滤池是一种用来过滤水的构筑物，有关它的结构和运行基本原理与前面所讲的相同，只是它不是采用钢制的密闭容器，而大都是用钢筋混凝土制成的池子。所以滤池的造价比压力式过滤器低，而且宜做成较大的过滤设备。滤池的种类很多，常用的有无阀滤池、单阀和双阀滤池、虹吸滤池等。在此不一一列举。

三、滤料

滤料是过滤设备的重要组成部分。一般过滤设备滤料为粒状形式，如石英砂、无烟煤、活性炭、磁铁矿等。

为保证过滤设备的过滤效果，滤料应满足过滤工艺要求。一般要求滤料具有适当的粒度组成、良好的化学稳定性、足够的机械强度、价格便宜、货源充足等。

1. 粒度

滤料的颗粒大小不一，通常用粒径表示，用不均匀系数表示滤料中大小不一颗粒的分布情况，而粒度则是这两个指标的总称，实际工作中粒度常常表示颗粒由最大到最小的范围。

2. 化学稳定性

化学稳定性是指滤料在过滤过程中应不污染水质。通常在一定条件下，用中性、酸性、碱性水溶液浸泡滤料，观察水质被污染的情况。实践证明，石英砂不能用于过滤碱性水，因此经过石灰处理过的水，不能用石英砂过滤，以防止水中 SiO_2 含量增加。

3. 机械强度

滤料应具有足够的机械强度，以减少由于颗粒间的摩擦引起的破碎和磨损。

四、其他过滤方式

1. 混凝过滤

一般情况下，为去除天然水中的悬浮杂质，需要利用澄清池或沉淀池系统进行混凝处理，然后用滤池（过滤器）进行过滤，所用设备系统比较庞大，对于悬浮物含量不是很大的原水，采用这样的系统很不经济。此时，可以不设沉淀设备，直接在滤池（过滤器）中进行混凝和过滤，称为混凝过滤。

2. 变孔径过滤

变孔径过滤器是一种特殊设计的过滤器。在此种过滤器中，滤料由两种粒径大小不同的石英砂组成，使少量的石英砂混合于粒径较大的石英砂所形成的空隙内，一般情况下，粗砂粒径为1.2～2.8 mm，细砂粒径为0.5～1.0 mm且所占比例为4%左右，滤层高度为1.5～2.0 m。这种特殊结构的滤层利于水中细小的悬浮物和胶体与混凝剂碰撞、絮凝、长大，被滤层容易截留下来。

3. 活性炭吸附过滤

由于活性炭具有不规则的结晶或无定型结构，活性炭粒中具有发达的孔隙，比表面积很大，达500～1 500 m^2/kg，所以具有很强的吸附能力，可吸附去除水中的有机物、胶体、余氯等。

影响活性炭吸附性能的因素较多，如活性炭的性质（比表面积大小、孔径分布等）、吸附质的性质（相对分子质量大小、溶解度等）、水的pH值（影响水中有机物形态）、水中无机离子（影响腐殖质类化合物吸附能力）、温度等。

活性碳吸附以物理吸附为主，一般是可逆的，因此，活性炭吸附性能消失后，可通过蒸汽吹洗、高温焙烧、氢氧化钠或氯化钠溶液清洗、有机溶剂萃取等方法恢复吸附能力。

4. 高效过滤器（LLY）

高效过滤器采用纤维做滤料，其纤维滤料加工成松散长纤维束后，将上端挂在过滤器上部的一个多孔板上，下端再挂一重坠，如此若干束构成滤芯，在纤维束的内部安装一定数量的胶囊，此囊将滤层空间分隔成可通水的过滤室及能压缩纤维的加压室。过滤时，向胶囊内充入一定体积的水，纤维即处于一定的压实状态。过滤过程中，胶囊会自动形成沿水流方向体积逐渐增大，同时纤维密度也逐渐增大的状态，从而保证过滤效率。清洗时，挤出加压室内的水，纤维即处于完全松散的状态，可保证清洗效果。因此，胶囊是过滤器的核心部件，通过其充水量的调节，即可随意控制过滤效率、截污容量、过滤阻力等。

高效过滤器的滤速可达 30 m/h，为传统过滤器的 3～5 倍，具有截污容量大、过滤精度高的特点，经混凝处理的天然水通过高效过滤器过滤后，出水浊度可达 1NTU 以下。

5. 多功能铁锰过滤器

多功能铁锰过滤器是利用锰砂的催化作用，使水中的三价铁离子在其表面形成含有结晶水的活性氧化膜，以达到降低水中铁离子含量的目的。多功能铁锰过滤器可去除锰及多种有害金属离子，去除率高达 90%，可防止铁锰等有害金属离子对后续除盐设备造成的危害。

练 习 题

一、判断题

1. 当水中的悬浮物颗粒很细小时，可通过自然沉降而沉淀出去。（ ）

2. 水的预处理工艺流程主要包括混凝、沉淀、澄清和过滤。（ ）

3. 用铝盐混凝处理时，水中的 pH 值越高，越有利于提高混凝效果。（ ）

二、选择题

1. 采用石灰沉淀软化处理时，常加入（ ）混凝剂同时进行混凝处理。

A. 铝盐　　B. 铁盐

C. 聚合铝　　D. 铁铝盐

2. 用铁盐作为混凝剂时，pH 值控制在（　　），水中残留的铁离子含量较小。

A. 4.0～5.5　　B. 6.0～8.0

C. 9.0～10.5　　D. 10.0～12.0

3. 用石灰—氯化钙沉淀预处理法，可降低水中的（　　）。

A. 碳酸盐硬度　　B. 非碳酸盐硬度

C. 负硬度　　D. 永久硬度

第五章

锅外化学水处理

本章知识要点

1. 了解锅外水处理的各种方法
2. 熟悉离子交换的原理、平衡及速度
3. 掌握离子交换树脂的性能、保管及离子交换设备的操作及故障排除

锅外化学水处理是原水在进入锅炉之前采用水处理设备去除水中的硬度、盐分、溶解氧等杂质，使给水达到国家水质标准。常见的水处理设备有钠离子交换软化设备、离子交换除盐设备、反渗透净水设备、除氧设备等，根据水源、水质和炉型的不同，应因地制宜地选用适当的水处理设备和系统。

对于工业锅炉而言，应用最为普遍的水处理方法是钠离子交换处理法。实践证明只要选用的方法合理，操作运行得当，可以收到防垢、防腐蚀、提高锅炉热效率、延长锅炉寿命的效果。

第一节　离子交换树脂的简介

一、离子交换剂

离子交换是离子交换剂上可交换的离子与溶液中带有同性电荷的离子发生交换反应的过程。此时溶液中的某些离子取代了交换剂上可交换的离子而吸着在其上，交换剂上可交换离子则进入

溶液，交换剂本身是不溶于水的。这种含有可交换离子，具有交换同性电荷离子能力的物质称为离子交换剂。

离子交换剂的分类一般根据离子交换剂上所带的交换功能基团的特性进行分类。带酸性功能基团，能与阳离子进行交换的物质称为阳离子交换剂；带碱性功能基团，能与阴离子交换的物质称为阴离子交换剂。再按功能基团上的酸碱强弱程度，可进一步划分为强、弱交换剂。此外离子交换剂还有天然和人造、有机和无机、大孔和凝胶之分，如图 5—1 所示。

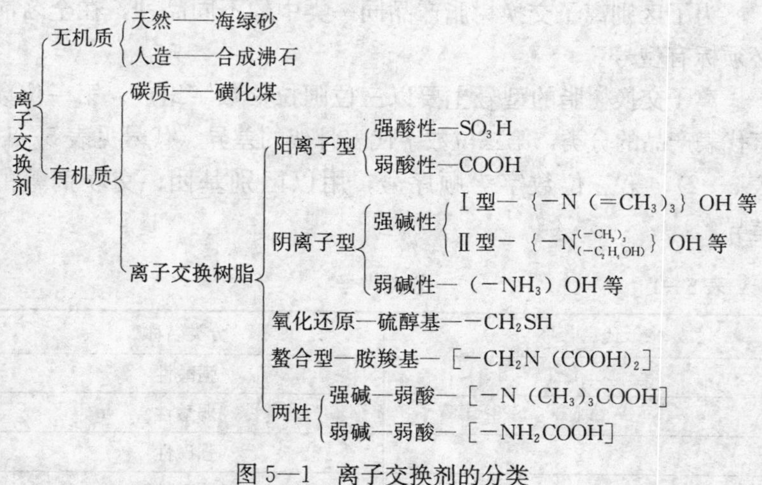

图 5—1　离子交换剂的分类

最早使用的离子交换剂是无机质的天然海绿砂和天然沸石，后来又采用合成的人造沸石。目前该类离子交换剂在锅炉水处理中已不用，而现在应用最广泛的是有机质的离子交换树脂。

1. 离子交换树脂的命名

《离子交换树脂命名系统和基本规范》（GB/T 1631—2008）对离子交换树脂的命名作如下规定：

（1）命名原则

离子交换树脂的名称由分类名称、骨架（或基团）名称、基本名称排列组成。

离子交换树脂分为凝胶型和大孔型两种。凡具有物理孔结构的称为大孔树脂，在全称前加“大孔”两字以示区别。

因氧化还原树脂与离子交换树脂的特性不同，故在命名的排列上也有不同。其命名规则由基团名称、骨架名称、分类名称和“树脂”两字排列组成。

(2) 基本名称

凡分类属于酸性的，应在基本名称前加一个“阳”字；凡分类属于碱性的，应在基本名称前加一个“阴”字。

为了区别离子交换树脂产品同一类中的不同品种，在全名前必须标有型号。

离子交换树脂的型号主要以三位阿拉伯数字组成。第一位数字代表产品的分类，第二位数字代表骨架的差异（代号见表 5—1、表 5—2)，第三位数字为顺序号，用以区别基团、交联剂等的差异。

表 5—1　　分类代号

代　号	分类名称
0	强酸性
1	弱酸性
2	强碱性
3	弱碱性
4	螯合型
5	两性
6	氧化还原性

表 5—2　　骨架代号

代　号	分类名称
0	苯乙烯系
1	丙烯酸系
2	酚醛系

续表

代　　号	分类名称
3	环氧系
4	乙烯吡啶系
5	脲醛系
6	氯乙烯系

凡大孔型离子交换树脂，在型号前加“大”字的汉语拼音的首位字母“D”表示。

凝胶型离子交换树脂的交联度值，可在型号后用“×”号连接阿拉伯数字表示。如遇到二次聚合或交联度不清楚情况时，可采用近似值表示或不予表示。型号图解如图 5—2、图 5—3 所示。

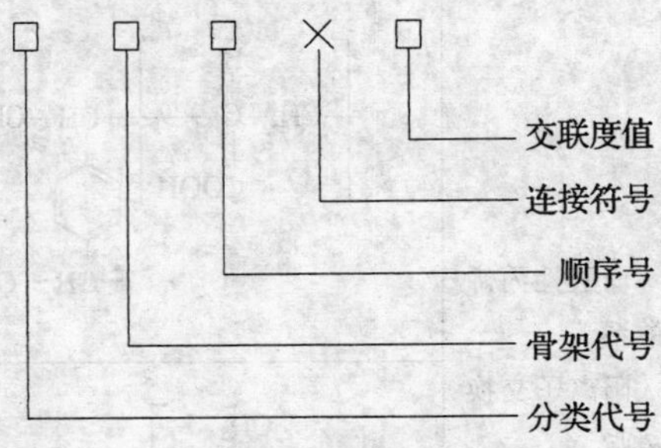

图 5—2　凝胶型离子交换树脂型号图

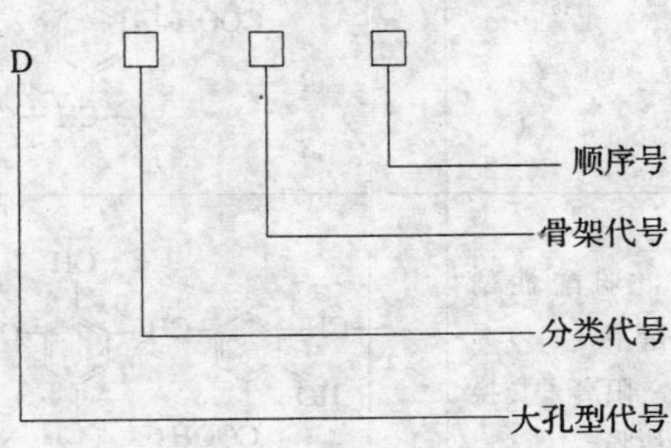

图 5—3　大孔型离子交换树脂型号图

例如：001×7 即为凝胶型强酸性苯乙烯系阳离子交换树脂，交联度为 7%；D111 即为大孔型弱酸性丙烯酸系阳离子交换树脂。

目前常用的离子交换树脂的形态、分类、全名称、结构和型号见表 5—3。

表 5—3　离子交换树脂形态、分类、全名称、结构与型号

形态	分类	全名称	结构	型号
凝胶型	强酸性	强酸性苯乙烯系阳离子交换树脂	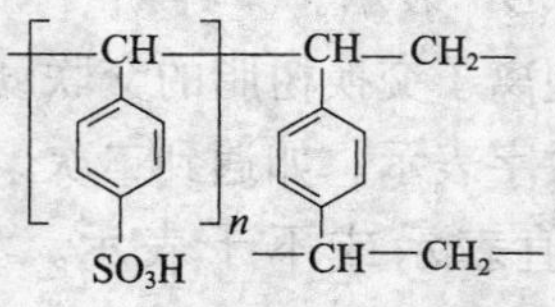 $[—CH(C_6H_4SO_3H)—]_n—CH—CH_2—$（苯环）$—CH—CH_2—$；$SO_3H$	001
	弱酸性	弱酸性丙烯酸系阳离子交换树脂	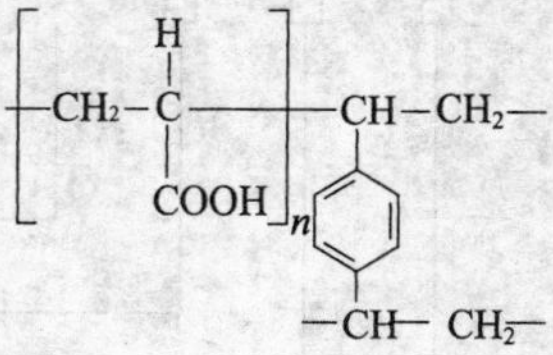 $[—CH_2—CH(COOH)—]_n—CH—CH_2—$（苯环）$—CH—CH_2—$	111
			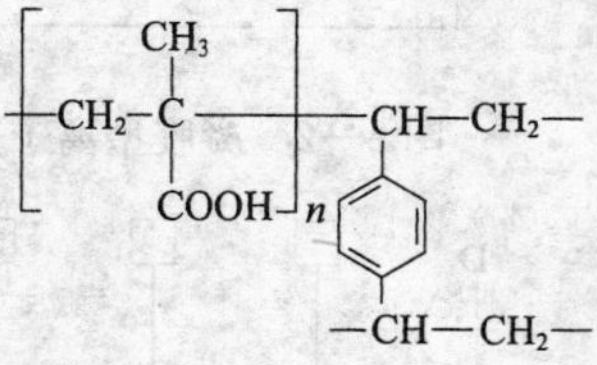 $[—CH_2—C(CH_3)(COOH)—]_n—CH—CH_2—$（苯环）$—CH—CH_2—$	112
	弱酸性	弱酸性酚醛系阳离子交换树脂	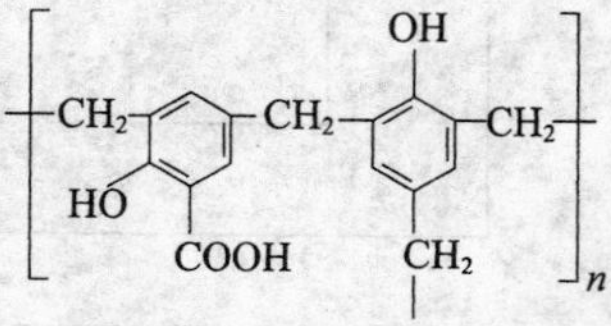 $[—CH_2—$（苯环，HO，COOH）$—CH_2—$（苯环，OH，CH_2）$—CH_2—]_n$	122

续表

形态	分类	全名称	结构	型号
凝胶型	强碱性	强碱性季胺Ⅰ型阴离子交换树脂	$\left[-CH(C_6H_4CH_2\overset{+}{N}(CH_3)_3Cl^-)-CH_2-\right]_n-CH(C_6H_4-CH-CH_2-)-CH_2-$	201
	弱碱性	弱碱性苯乙烯系阴离子交换树脂	$\left[-CH(C_6H_4CH_2-N(CH_3)_2)-CH_2-\right]_n-CH(C_6H_4-CH-CH_2-)-CH_2-$	301
			$\left[-CH(C_6H_4CH_2-N(CH_3)_2)-CH_2-\right]_n-CH(C_6H_4-CH-CH_2-)-CH_2-$	303
		弱碱性环氧系阴离子交换树脂	$\left[-NH_2-C_2H_4-N(CH_2-CH(OH)-CH_2-\overset{+}{N}(CH_2-)(Cl^-)(-C_2H_4-)-C_2H_4-)-C_2H_4-NH-C_2H_4-\right]_n$	331
	螯合型	螯合型胺羧基离子交换树脂	$\left[-CH(C_6H_4CH_2-N(CH_2COOH)_2)-CH_2-\right]_n-CH(C_6H_4-CH-CH_2-)-CH_2-$	401
大孔型	大孔型离子交换树脂的分类与凝胶型相同，结构相同时，在全名称前冠以“大孔”两字，型号前冠以“D”字母			

2. 离子交换树脂的性能

表征离子交换树脂性能的指标有外观、粒度分布、含水量、密度、溶胀性及转型膨胀率、交换容量、化学稳定性、强度、孔度、孔径、比表面积、交联度等。这些性能指标与离子交换树脂的应用密切相关。各树脂厂家都提供所生产各类树脂的性能指标供用户应用参考。而这些性能指标应符合标准中相应类别树脂规定的技术要求。

（1）外观

离子交换树脂的外观包括颜色、形状、颗粒完整性以及树脂中异样颗粒和杂质等。

质量优良产品的外观应该是圆球形完整型的，碎粒较少。凝胶型树脂颗粒应光滑透亮，颜色均一。

1）颜色。凝胶型树脂一般呈透明或半透明状，而大孔树脂则是不透明或微透明的，有时也含少量致孔不够充分的半透明状颗粒。

聚丙烯酸系树脂的颜色为白色或乳白色，凝胶型聚乙烯树脂的颜色则为淡黄色至棕褐色，大孔聚乙烯型阳树脂的颜色一般为淡灰褐色，大孔聚苯乙烯型阴树脂的颜色可为白色至各种淡黄褐色。

交联度高或原材料杂质多，树脂颜色就略深。树脂受铁污染或有机物污染时颜色也会变深。受到氧化剂破坏发生解联时，随着交联度的下降树脂颜色变浅。

新购树脂时，通过观察树脂颜色可初步了解树脂纯正程度等一般情况。在树脂使用中，定期观察树脂颜色的变化，可以辅助了解树脂性能的变化情况。

2）形状。除了为特殊应用而制造的离子交换棒、带、片、膜、粉及纤维外，常用树脂都制成 0.3～1.2 mm 的球形颗粒。

圆球率的测定方法可采用显微镜观察计数法。通常是取几百颗树脂，在20倍的显微镜下数出破球数，然后再算出圆球率。这种方法可在保持树脂湿态下进行，对已发生裂纹而仍保持球形的未破碎的树脂颗粒，也可以观察到。该方法的缺点是误差大，且测定结果也不是以质量为基础计算的。

（2）水分

一定离子型的离子交换树脂颗粒内部所含的平衡水量是产品树脂固有的性质。它用单位质量、经一定方法除去外部水分后的湿树脂颗粒内所含水分的百分数表示，一般在50%左右。树脂的含水量主要由树脂的骨架结构和功能基团的数量以及离子形态所决定。因此，同种树脂离子形态不同，含水量也不同。对于非纯型树脂，在测定其含水量时，应在测定结果上注明各种离子型所占的比例。

（3）密度

离子交换树脂的密度是在水处理工艺中的常用数据。由于在水处理中，树脂都是在湿态下使用，所以，最常用到的是湿真密度和湿视密度两项指标。

上述这两项指标中的“湿”字，是指在水中充分溶胀，吸收了平衡水分，并采用适当方法除去了树脂颗粒外表水分的湿态树脂。

1）湿真密度。湿真密度是指单位真体积湿态离子交换树脂的质量，单位是g/mL。

这里所说的真体积，是指离子交换树脂颗粒本身的固有体积，不包含颗粒间空隙的体积。

计算树脂湿真密度（g/mL）的基本公式是：

$$湿真密度=\frac{湿树脂质量}{湿树脂真体积}$$

对任何已知树脂来说，其湿真密度随交换基团的离子形式不同而改变，因此，对任一湿真密度测定结果，都应说明其所处的离子形式。

2）湿视密度。湿视密度是指单位视体积湿态离子交换树脂的质量，其单位为 g/mL。

视体积又称堆积体积或表观体积，是指离子交换树脂以紧密的无规则排列方式在量筒中占有的体积，它包括树脂颗粒固有体积及颗粒间的空隙体积。

$$湿视密度=\frac{湿树脂质量}{湿树脂的堆体积}$$

湿视密度是计算离子交换剂填装量的计算依据。计算公式如下：

$$G=\frac{\pi}{4}d^2h\rho\cdot 1\ 000$$

式中 G——1 台离子交换器所需交换剂的用量，kg；

ρ——交换剂的湿视密度（一般阳树脂按 0.8 进行计算）；

d——交换器直径，m；

h——交换器内可装交换剂的高度，m；

π——圆周率（取 3.14）。

（4）交换容量

交换容量是离子交换树脂的重要性能指标，是表示单位数量离子交换树脂可交换多少离子的一项技术指标。常用的计量单位有两种：一是质量单位表示法，通常指单位质量的干离子交换树脂能够交换离子的量，常用 mmol/g 表示；二是体积表示法，通常是指单位体积的湿态离子交换树脂能够交换离子的量，常用 mol/m^3 表示。

由于交换剂的交换容量常随离子交换条件的不同而改变，因此交换容量又分为以下两种：

1）全交换容量。离子交换树脂的活性基团全部起交换作用反应时的交换能力。它反应交换树脂中活性基团的总数。对于同一种离子交换树脂来说交联度一定时即为常数，可以用化学分析方法测定。一般树脂出厂质量证明书中，大都用质量单位来表示全交换容量。国产 001×7 强酸性阳离子交换树脂的全交换容量一般大于 4.2 mmol/g。

2）工作交换容量。离子交换树脂在一定工作条件下具有的交换能力，称为工作交换容量。工作交换容量通常用体积单位的湿树脂所能交换的离子的量（mol/m^3）来表示。工作交换容量除受交换剂结构的影响外，还受溶液的组成、流速、温度、交换终点的控制，以及再生剂和再生条件等因素的影响。所以工作交换容量是离子交换树脂实际交换能力的量度，是衡量交换树脂的一项重要指标。

（5）化学稳定性及热稳定性

离子交换树脂的使用寿命取决于该树脂的化学稳定性和机械强度。化学稳定性包括树脂的 pH 值使用范围、热稳定性、溶解性、抗氧化性、耐有机溶剂、耐辐射、抗有机物污染和微生物侵袭等许多方面。离子交换树脂在酸、碱、盐溶液和氧化剂等反复作用下，应保持必要的化学稳定性，因为在水质处理过程中离子交换树脂不但接触中性溶液，而且还接触酸、碱、盐溶液，所以一定要经受住不同溶液的侵蚀。阳离子交换树脂在酸性介质中性能稳定，所以它们既可作为钠离子交换剂使用，又可以作为氢离子交换剂使用。

离子交换树脂的热稳定性，也就是其耐热性。各种离子交换树脂所能承受的温度都是有限度的，超过此温度，树脂会发生热分解，这对于树脂的强度和交换容量都会有很大的影响。通常阳离子交换树脂比阴离子交换树脂的耐热性能好，盐性树脂比酸性和碱性树脂耐热性能好。一般阳离子交换树脂可耐温度在 100℃以下，强碱性树脂可耐温度在 60℃，弱碱性树脂的可耐温度在 80℃以上。

（6）离子交换树脂的选择性

离子交换树脂对溶液中各种离子的交换能力并不相同。如对同一种阳离子交换树脂来说，有些离子（Fe^{3+}）易被树脂交换吸附，但吸附后置换下来很困难，而另一种离子（Na^+）较难被吸附，但置换下来较容易。树脂的这种性能称为离子交换的选择性。离子交换树脂在还原和再生过程中受选择性的影响很大，因此它在实际应用中有很重要的意义。

影响离子交换树脂选择性的因素很多，如离子交换树脂的种类、树脂本身的性质和选择性系数、溶液的浓度等。

1）阳离子交换的选择性顺序。阳离子交换的选择性规律比较明显。

在稀溶液中，强酸性阳离子交换树脂选择性遵循两个规律：离子带电荷量越大，越容易被吸取；当离子带电荷量相同时，离子水合半径较小的易被吸取。

在稀溶液中，强酸性阳离子树脂对常见阳离子选择性的顺序如下：

$$Fe^{3+} > Al^{3+} > Ca^{2+} > Mg^{2+} > K^+ \approx NH_4^+ > Na^+ > H^+$$

在稀溶液中，弱酸性阳离子树脂对常见阳离子选择性的顺序如下：

$$H^+ > Fe^{3+} > Al^{3+} > Ca^{2+} > Mg^{2+} > K^+ \approx NH_4^+ > Na^+$$

2）阴离子交换选择顺序。阴离子交换选择性顺序比较复杂。

在稀酸溶液中（淡水经阳床处理），强碱性 OH 型树脂对常见阴离子的选择顺序为：

$$SO_4^{2-} > NO_3^- > Cl^- > OH^- > HCO_3^- > HSiO_3^-$$

（7）机械强度

机械强度是指离子交换树脂的耐磨程度，是影响使用寿命的重要指标，可间接用磨损率来表示。离子交换树脂的年磨损率一般在 3%～7%。因此，离子交换器每年需要补充一定数量的离子交换树脂，以维护离子交换器的正常生产能力。

国产树脂常用技术参数见表 5—4。

表 5—4　　　　国产树脂常用技术参数

形态	凝胶型				大孔型			
型号	001×7	111	201×7	301	D001	D111	D201	D301
颜色	淡黄至金黄色透明	乳白色透明	淡黄至金黄色透明	透明淡黄色	灰褐或深褐色不透明	白色不透明	白色至淡黄色不透明	乳白色不透明
全交换容量(mmol/g)	4.2～4.5	9.0～10.0	3.0～4.0	5～9	4.0	9.0	3.0	≥4.0
工作交换容量(mmol/g)	1.5～2.0	2.0～3.5	0.3～0.35	0.3～1.2	1.0～1.4	2.0	0.5	0.9～1.1
湿真密度(g/cm^3)	1.2～1.4	1.1～1.2	1.06～1.11	1.05～1.07	1.23～1.27	1.17～1.27	1.05～1.10	1.05～1.07
含水率(%)	45～55	40～60	40～50	55～65	50～55	40～45	50～60	55～65
溶胀率(%)	Na→H +1.8～7.5	H→Na +100～190	Cl→OH +5～15	OH→Cl +12～20	Na→H +5		Cl→OH +15	OH→Cl +45
允许pH值	0～14	6～14	0～12	0～7	0～14	6～14	0～14	0～7
允许温度(℃)	120	120	60～100	80～100	150	100	60～80	100

二、离子交换树脂的预处理与储存

1. 离子交换树脂的预处理

离子交换树脂的产品通常含有未参加反应的聚合物或缩聚物，有时还含有铁、铜等无机物。树脂在使用过程中，与水溶液包括酸、碱、盐接触时，这些有机物和无机物就会进入溶液中，影响出水的水质。因此，树脂在使用前必须经过适当的预处理，去除树脂中可溶性的杂质。

新树脂在用药剂处理前，必须先用水或食盐水浸泡使树脂充分膨胀。如果树脂在储存或运输过程中没有脱水，则可以直接将树脂投入水中浸泡，使其充分膨胀；如果树脂在储存或运输过程中脱水，则不能投放到水中，以防止因树脂急剧膨胀而破裂，在这种情况下，应先把树脂放在饱和浓食盐水中浸泡一定时间后，再逐步稀释食盐水，使树脂慢慢膨胀到最大体积；对于阴树脂，由于其密度较小，投放在浓食盐溶液中会上浮，达不到浸泡的效果，因此用10%的食盐水浸泡较为适宜。

对于阴树脂，经以上处理后转变为OH型，可以直接使用；对于阳树脂，经上述处理转变成Na型，用化学除盐时，需用5%盐酸处理，将树脂转变成H型。

2. 离子交换树脂的储存

在新树脂使用前和旧树脂停用时，均需要采取适当的措施进行储存，否则会影响树脂的使用寿命及树脂的交换容量。

（1）新树脂的储存

1）保持树脂的水分。树脂在出厂时，其含水量是饱和的，在储存和保管过程中，必须防止水分消失；树脂的储存时间不宜过长，最好不超过一年；尤其是阴树脂，可能因交换基团的分解而显著降低树脂的交换容量。

2）防止树脂受冻和受热。一般储存树脂的温度为5～40℃。决不允许在0℃以下储存，以防树脂结冰崩裂。当无保温的条件时，可根据食盐溶液的浓度与冰点之间的关系，选用一定浓度的食盐溶液，将其浸泡，便可达到防冻目的。表 5—5 是食盐溶液浓度与冰点之间的关系。树脂长期处在高温条件下，容易引起树脂变形、交换基团分解和微生物污染。

表 5—5　　食盐溶液浓度与冰点之间的关系

食盐溶液浓度/%	相对密度(d_4^{20})	冰点/℃	食盐溶液浓度/%	相对密度(d_4^{20})	冰点/℃
5	1.034 0	−3.05	12	1.085 7	−8.18
7	1.048 6	−4.38	15	1.108 5	−10.89
8	1.055 9	−5.08	20	1.147 8	−16.46
10	1.070 7	−6.56	23.3	1.175 0	−21.13

3）防止树脂劣化。树脂储存时，一定要避免与铁容器、氧化剂和油类物质直接接触，以防止树脂被污染或被氧化降解，而造成树脂劣化。

（2）旧树脂的储存

若离子交换树脂在使用过程中有较长时间的停用，则其保管应采取以下措施：

1）树脂转型。阳树脂不宜以 Ca 型或 H 型长期储存，阴树脂不宜以 OH 型长期储存，通常将阴阳树脂用食盐溶液转型为 Cl 型或 Na 型长期储存。

2）湿法存放。在交换器内停用的树脂必须浸没在水中储存。

3）防止霉变。交换器内长期存放的树脂，其表面容易滋生微生物，发生霉变，尤其在温度较高的情况下，因此，必须定期进行换水和用水反洗，同时可以采用 1.5% 的甲醛溶液浸泡消毒。

三、树脂的变质、污染和复苏

1. 变质

树脂的变质是指树脂在离子交换水处理系统运行过程中，

受到氧化或降解，使树脂的化学性质改变，此过程是不可逆过程。

阳离子交换树脂劣化的主要原因是由于水中含有氧化剂，如游离氯、硝酸根等；水温对树脂受氧化剂的侵蚀有一定的促进作用，水温越高，树脂受氧化剂的侵蚀越严重；水中的重金属离子的存在，可以起到催化剂的作用，加快树脂受氧化剂的氧化破坏作用。

由于交换器的运行方式不同，交换器内各部位的树脂受到侵害的程度不同，当交换器由上部进水时，交换器内部上层树脂受到侵害的程度明显比下层树脂受到的侵害程度要严重。

阳离子交换树脂受到氧化剂侵害后的特征是颜色变淡、体积变大，因此更易碎且体积交换容量降低。

防止阳树脂劣化的方法主要是去除水中所含的氧化剂，具体方法如下：

（1）投加药剂

利用氧化还原的原理，向水中投加还原剂（如 SO_2 或 Na_2SO_3），与水中的氧化剂反应。如水中含有余氯，经与还原剂进行反应，余氯便被脱除。

（2）活性炭过滤

用活性炭过滤进行脱氯是防止树脂被氧化的常用方法，其原理是基于活性炭的吸附作用，使被吸附的余氯在活性炭表面上进行化学反应，从而使余氯脱除。活性炭脱氯是一种最简单、经济、行之有效的方法。

（3）使用质量较高的盐酸

质量差的盐酸中含有大量的氧化剂，对树脂造成危害。

（4）使用大孔树脂

近年来制造的交联度高的大孔树脂，其机械强度和抗氧化性能较强。

2. 树脂的污染和复苏

在离子交换水处理系统中，由于水中杂质侵入，致使树脂性能下降，但树脂的结构没有被破坏，故这种劣化现象称为树脂的污染。树脂的污染是一个可逆的过程，也就是当树脂被某种物质污染时，通过适当的方法进行处理，可以恢复树脂的交换性能，此过程称为树脂的复苏。

（1）铁污染

树脂的铁污染主要原因有以下几种：

1）当原水为地下水时，原水中含有的铁大部分以 Fe^{2+} 形式存在。当含有 Fe^{2+} 离子的水进入离子交换器内，Fe^{2+} 离子被树脂表面吸附，在氧化剂存在的条件下，Fe^{2+} 离子部分被氧化成 Fe^{3+}，而再生时高价铁离子不能被 H^{+} 完全交换出来。这是由于高价铁化合物牢固地沉淀在树脂内部和表面，堵塞了树脂的微孔，从而阻塞了被交换离子的扩散孔道，造成树脂的铁污染。

2）原水经过混凝预处理时，一般采用铁盐作为混凝剂。当水的预处理进入后序处理工艺，沉淀和过滤不能完全去除混凝所形成的絮体时，部分矾花被带入阳床，由于树脂层的吸附和过滤作用，矾花被积聚在树脂表面，用酸再生阳树脂时，酸液会溶解矾花，使之成为 Fe^{3+}，部分沉积在阳树脂内部和表面，造成阳树脂污染。

3）树脂再生时所采用的再生液为酸或盐溶液，再生液含有部分 Fe^{3+}，这部分 Fe^{3+} 被离子交换树脂所吸附，造成树脂的铁污染。

4）由于输送管道大部分是由金属材料构成的，管道内形成的腐蚀产物被酸、碱、盐或溶剂带入到离子交换器内，使之与交换树脂接触，造成树脂的铁污染。

阴阳树脂都可能被铁污染。一旦树脂被铁污染，树脂的颜色明显变深，甚至变成黑色；铁污染会使树脂床层的运行压力明显增加，并可能产生偏流现象；降低离子交换容量和再生效率；会使树脂的含水量增加等。

对于树脂表面的铁污染，可用4%的 $Na_2S_2O_4$ 溶液浸泡4～12 h，同时还可配以EDTA等络合物同时进行处理；对于树脂内部的铁污染，可采用10%～15%盐酸浸泡，或配以络合物同时进行处理。

防止铁污染的方法主要有：通过适当的预处理工艺，降低阳床进水中铁的含量；对输送管道采用防腐措施；使用高质量的再生用酸、碱、盐。

（2）硅污染

硅在水体中存在的形态有可溶性硅和胶体硅两大类，前者在水中呈离子态，可以被离子交换树脂去除，而胶体硅在水中以胶体形态存在，离子交换法不能去除，且胶体硅的颗粒直径大于离子交换树脂的孔径，致使胶体硅污染树脂，使交换容量下降。硅污染的另一个原因是由于再生时阴树脂中胶体硅污染物未完全除去，致使强碱性阴树脂表面吸附的可溶性硅酸盐水解成硅酸，并在树脂表面逐渐聚合成胶体状态的多硅酸析出，覆盖在树脂表面上，使交换容量下降，水中 SiO_2 含量增加。

树脂被硅污染后，可采用温度为40～50℃的4%～8%苛性钠溶液再生、清洗，可以使强碱性阴树脂的硅污染降到最低。

防止硅对树脂污染的方法主要有：阴床失效后应及时再生，而不是等失效后备用；再生时碱液应加热，再生液流速不应小于5 m/h，保持再生时间不小于0.5 h。

（3）油污染

地表水中存在的油、水处理系统渗入或漏入水中的油，可被吸附在树脂的骨架上或覆盖在树脂颗粒的表面，而造成对树脂的污染。

被油污染的树脂，其外观颜色由棕变黑，在树脂表面形成一层油膜，使树脂粘在一起，导致交换容量下降、树脂层水流不均，周期制水量减少。

树脂一旦被油污染，其复苏方法如下：

1）采用温度为38～40℃、浓度为8%～9%NaOH溶液循环清洗。

2）使用石油醚或200号溶剂汽油对树脂进行清洗。

3）使用树脂体积20%的200号溶剂汽油和一定量的非离子型表面活性剂，保持温度在45～50℃，用无油压缩空气进行擦洗。

4）采用水冲洗离子交换树脂，直至冲洗干净。

（4）有机物污染

有机物对阳树脂的污染主要表现是有机物在阳树脂表面沉积，此沉积物可以通过空气擦洗或用水冲洗就可去除；有机物对阴树脂极易造成污染。

强碱性阴树脂被污染后，颜色变深，从淡黄色变为深棕色，直至变黑；树脂工作交换容量降低，周期制水量下降；出水的pH值降低，电导率升高；出水的SiO_2含量增大；阴床清洗时间增加，清洗水量也增加。

四、离子交换树脂的有关计算

1. 交换器内交换树脂的装填体积、高度

（1）交换器装填树脂体积V_R（m^3）

$$V_R = \frac{C_0}{q_{工}}$$

式中　C_0——进水中需除去离子的总量，mmol；

$q_{工}$——树脂工作交换容量，mol/m^3。

（2）交换器内树脂装填高度h_R（m）

$$h_R = \frac{V_R}{f}$$

式中　f——交换器的工作面积，m^2。

2. 树脂的工作交换容量以及再生剂用量

（1）工作交换容量的计算

$$q_{工} = \frac{(B_{进} + A_{出})V_{水}}{V_{RH}}$$

式中 $B_{进}$——进水平均碱度，mmol/L；

$A_{出}$——出水平均酸度，mmol/L；

$V_{水}$——周期内制水量，m^3；

V_{RH}——交换器内树脂体积（不包括压脂层树脂），m^3。

（2）再生剂用量

$$Q_{酸耗} = \frac{G_{酸} \times 1\,000}{q_{工} \cdot V_{R_i}}$$

式中 $Q_{酸耗}$——再生剂耗量，g/mol；

$G_{酸}$——交换中再生时所需酸的量，kg；

V_{R_i}——交换器内树脂体积，m^3；

$q_{工}$——工作交换容量，mol/ m^3。

对流再生设备的比耗一般在 1.1～1.5，顺流再生的比耗一般在 1.5～2.5，硫酸再生的比耗高于盐酸再生的比耗。强酸性树脂所用再生剂的用量一般高于弱酸性树脂，强酸性树脂的再生度一般低于弱酸性树脂。

（3）由盐耗计算再生剂用量

$$G_{再} = \frac{V_{R} q_{工} \cdot K}{1\,000}$$

式中 $G_{再}$——交换器再生时所需盐的量，kg；

K——再生剂盐的比耗，g/mol。

例：某交换器直径为 1 m，树脂层高 2 m，工作交换容量为 1 000 mol/m^3，盐耗为 90 g/mol，如果自来水硬度为 5.0 mmol/L，试求该交换器再生一次的用盐量及周期产水量。

解：

①树脂的体积

$$V = 0.785\ R^2 h = 0.785 \times 1 \times 2 = 1.57\ \text{m}^3$$

②再生一次用盐量

$$G_{再} = \frac{V_R q_{工} \cdot K}{1\ 000} = \frac{1.57 \times 1\ 000 \times 90}{1\ 000} = 141.3\ \text{kg}$$

③周期产水量

$$Q_{周} = \frac{V_R q_{工}}{YD} = \frac{1.57 \times 1\ 000}{5.0} = 314\ \text{m}^3$$

答：该交换器再生一次的用盐量为 141.3 kg，周期产水量为 314 m^3。

第二节 Na 离子交换软化处理的基本原理

一、Na 离子交换运行原理

1. Na 离子交换的基本反应

Na 离子交换软化处理，是水处理中最常用的去除水中硬度的方法。基本反应方程式如下：

$$2RNa + Ca(HCO_3)_2 \rightarrow R_2Ca + 2NaHCO_3$$

$$2RNa + CaCl_2 \rightarrow R_2Ca + 2NaCl$$

$$2RNa + CaSO_4 \rightarrow R_2Ca + Na_2SO_4$$

$$2RNa + Mg(HCO_3)_2 \rightarrow R_2Mg + 2NaHCO_3$$

$$2RNa + MgCl_2 \rightarrow R_2Mg + 2NaCl$$

$$2RNa + MgSO_4 \rightarrow R_2Mg + Na_2SO_4$$

2. Na 离子交换树脂的层内过程

现以固定床离子交换柱为例，含硬度的原水从固定床上部进水，下部出水，描述钠型树脂的层内交换过程的一般规律。

含 Ca^{2+} 的水由交换器的上部进入，即与交换器内的树脂进行反应。随着水流从上而下流出，交换器内的树脂形态发生改变，由上至下 Na 型树脂逐渐减少，Ca 型树脂逐渐增多，该过程可以用图 5—4 形象地表示。

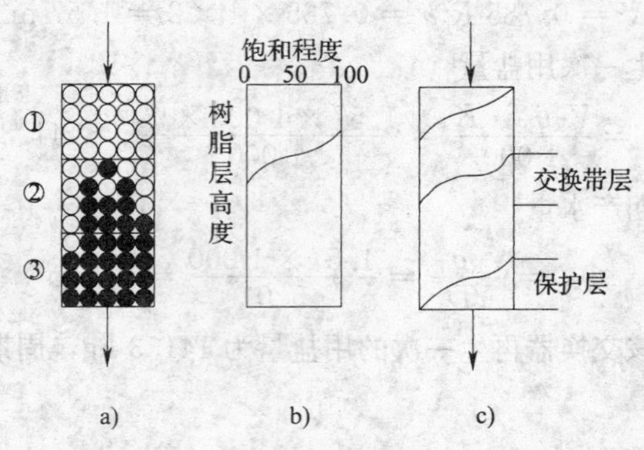

图 5—4 交换器内树脂状态示意图

图 a 中空心圆表示 Ca 型树脂、黑色圆表示 Na 型树脂，树脂层由上而下分为①、②、③层，①层表示失效层、②层表示工作层、③层表示未交换层。图 b 表示树脂饱和曲线，饱和程度即为 Ca 型树脂占总树脂量的百分数。若饱和度为 50%，则表示 Ca 型树脂占树脂总量的 50%；若饱和度为 100%，则表明 Na 型树脂全部转化为 Ca 型树脂。图 c 表示树脂层的交换层的移动过程。

离子交换器的顶部树脂在进水初期，由于水中含有钙镁离子，将全部 Na 型树脂转变成钙镁型树脂；当水流连续经过此层树脂时，水质将不发生变化，因此，此层称为失效层，也称饱和层。

失效层下面是工作层，在该层内，Na 型树脂与水中的钙离子进行交换，从上到下，钙型树脂逐渐减少，Na 型树脂逐渐增加到 100%；水流经过此层时，水中的钙离子全部被 Na 型树脂交换，出水的钙离子接近零；这个工作层的厚度在水流均匀时，通常为 100～200 mm。树脂的运行过程即为树脂的工作层逐渐下移的过程。

在工作层下面是未工作层，在该层中树脂全为 Na 型树脂，水流经过此层时，出水的钙离子为零。

二、Na 离子交换再生原理

当树脂层失效时，可以采用饱和氯化钠溶液进行再生，反应方程式如下：

$$R_2Ca + 2NaCl \rightarrow 2RNa + CaCl_2$$

$$R_2Mg + 2NaCl \rightarrow 2RNa + MgCl_2$$

生产中多采用食盐溶液作为再生剂。离子交换剂再生时，一般用经过澄清的 8%～10%的食盐溶液，以 5 m/h 的流速通过交换树脂层。要求总的接触时间随离子交换树脂交联度的不同而改变，对于一般交联度为 7%的强酸性苯乙烯系阳离子交换树脂，再生剂与树脂总的接触时间应保证在 45 min 以上。

第三节　软化和降碱处理的常用方法

原水经过混凝、沉淀以及过滤等预处理工艺之后，水中的溶解性物质如硬度、碱度和盐等没有被去除。而锅炉的给水水质对硬度、碱度和盐的含量都有严格的要求。因此，锅炉的给水经过预处理后，必须要进行软化、降碱和除盐的处理。除了采用加药法可以降低给水的硬度和碱度外，在锅炉给水软化和降碱处理中，最常用的是离子交换软化和降碱处理方法。

离子交换水处理是指采用离子交换剂（常用离子交换树脂），使交换剂中和水溶液中可交换的离子间发生符合等物质的量规则的可逆性交换，改善水质，离子交换剂的结构不发生实质性变化的水处理方式。离子交换剂中参与交换反应的离子是钠离子时，此法称为钠型离子交换法，与此类似的还有氢型离子交换法和铵型离子交换法等。

一、部分钠离子交换法

该方法让一部分水经过钠离子交换器进行软化处理，这部分水除硬度发生变化外，碱度不变；另一部分水不经过处理，直接进入锅炉，这部分水中的非碳酸盐硬度与第一部分水的碱度作用在锅内进行软化处理。

采用此方法时，必须控制好给水中软水量和原水量之比，保证混合水的碱度略大于硬度。根据碱度平衡，两种水量之比应使进入锅炉中的碱度 X_{Na}（$JD-YD_c$）减去排污的碱度 $p \cdot JD_g$，等于进入锅炉中的非碳酸盐碱度（$1-X_{Na}$）·($YD-JD$)。即

$$X_{Na}(JD-YD_c)-p \cdot JD_g=(1-X_{Na}) \cdot (YD-JD)$$

得到：

$$X_{Na}=\frac{YD-JD+p \cdot JD_g}{YD-YD_c} \times 100\%$$

式中 X_{Na}——软水量占给水量的百分数；

$1-X_{Na}$——原水量占给水量的百分数；

JD——原水碱度，mmol/L；

YD——原水硬度，mmol/L；

YD_c——软水残留硬度，mmol/L；

JD_g——锅水碱度，mmol/L；

p——锅炉排污率。

在以上计算中没有把蒸汽带走的碱度和因锅炉泄漏带走的碱度计算在内，因此实际采用的 X_{Na} 值可略高于计算值，且应根据水质变化情况随时加以调整。

该法是一种锅内外结合的水处理方法。其优点是既可减少软水量，又可以降低锅炉水碱度而减少锅炉排污量和热量损失。

二、氢一钠型离子交换法

1. 氢型离子交换法

氢型离子交换法是与水中的阳离子进行交换，除去水中的阳离子，水质得到软化。氢型离子交换过程可用下列方程式表示。

碳酸盐硬度软化过程：

$$Ca(HCO_3)_2+2RH \rightarrow CaR_2+2H_2O+2CO_2\uparrow$$

$$Mg(HCO_3)_2+2RH \rightarrow MgR_2+2H_2O+2CO_2\uparrow$$

非碳酸盐硬度软化过程：

$$CaSO_4 + 2RH \rightarrow CaR_2 + H_2SO_4$$

$$MgSO_4 + 2RH \rightarrow MgR_2 + H_2SO_4$$

$$CaCl_2 + 2RH \rightarrow CaR_2 + 2HCl$$

$$MgCl_2 + 2RH \rightarrow MgR_2 + 2HCl$$

钠盐交换过程：

$$Na_2SO_4 + 2RH \rightarrow 2RNa + H_2SO_4$$

$$Na_2SiO_3 + 2RH \rightarrow 2RNa + H_2SiO_3$$

$$NaCl + RH \rightarrow RNa + HCl$$

$$NaHCO_3 + RH \rightarrow RNa + H_2O + CO_2 \uparrow$$

可综合表示成：

$$Ca^{2+} + 2RH \rightarrow CaR_2 + 2H^+$$

$$Mg^{2+} + 2RH \rightarrow MgR_2 + 2H^+$$

$$Na^+ + RH \rightarrow RNa + H^+$$

由以上反应可以看出，原水经过氢型离子交换树脂后，水质有以下变化：

（1）硬度降低

经氢离子交换后的水质，按对出水水质的要求不同，分为两种情况：一是以钠离子泄漏为控制终点，此过程去除水中全部的阳离子，在水的软化降碱和除盐处理系统中，则要求以漏钠作为运行控制的终点；二是以硬度出现点为控制终点，此过程只交换水中的钙、镁离子，使水得到软化，因此在水的软化系统中，以控制漏硬度作为运行终点。不管是以哪种物质的泄漏作为控制终点，原水经过氢离子交换器，出水的硬度都会降低，可控制出水的硬度小于0.03 mmol/L或为0。

（2）酸碱度

根据原水的水质，出水的酸碱度有以下规律：

1）当原水碱度大于硬度，即原水中含有$NaHCO_3$时，则氢型强酸性阳离子交换出水的周期平均水质呈碱性，其平均碱度等于原碱度和硬度的差值。可用下式表示：

$$Ca(HCO_3)_2 \rightarrow H_2CO_3 \rightarrow H_2O + CO_2$$
$$NaHCO_3 \rightarrow NaHCO_3$$
$$Na_2SO_4 \rightarrow Na_2SO_4$$
$$NaCl \rightarrow NaCl$$

2）当原水硬度等于碳酸盐硬度时，则氢型强酸性阳离子交换出水的周期平均水质呈中性，其平均酸度 0。可用下式表示：

$$Ca(HCO_3)_2 \rightarrow H_2CO_3 \rightarrow H_2O + CO_2$$
$$Na_2SO_4 \rightarrow Na_2SO_4$$
$$NaCl \rightarrow NaCl$$

3）当原水硬度大于碳酸盐硬度，即原水存在非碳酸盐硬度的物质，则氢型强酸性阳离子交换出水的周期平均水质呈酸性，其平均酸度等于与原水非碳酸盐硬度相当量。可用下式表示：

$$Ca(HCO_3)_2 \rightarrow H_2CO_3 \rightarrow H_2O + CO_2$$
$$CaSO_4 \rightarrow H_2SO_4$$
$$CaCl_2 \rightarrow 2HCl$$
$$Na_2SO_4 \rightarrow Na_2SO_4$$
$$NaCl \rightarrow NaCl$$

2. 氢离子交换树脂再生

当氢型强酸性阳离子交换树脂在运行过程中出现钠离子泄漏时，树脂出水的硬度增加，酸度增加，可以认为树脂已失效。树脂失效后，必须采取酸对氢型树脂进行再生。一般采用盐酸、硫酸作为氢型树脂的再生药剂。

（1）盐酸再生

盐酸再生氢型树脂的反应方程式如下：

$$R_2Ca + 2HCl \rightarrow 2RH + CaCl_2$$
$$R_2Mg + 2HCl \rightarrow 2RH + MgCl_2$$
$$RNa + HCl \rightarrow RH + NaCl$$

用盐酸再生操作简单，配制一定浓度的盐酸溶液，直接将盐酸以一定流速流过失效的树脂层，即可再生失效的树脂，使其恢复原有的交换性能。一般情况下，盐酸再生后氢型树脂的交换容量较高，可以达到树脂全交换容量的 50%～60%。但是，利用盐酸再生有一定的缺点：一是工业盐酸浓度较低，再生时所使用的盐酸量相对较大；二是盐酸对设备的腐蚀较严重，特别是对不锈钢设备。

（2）硫酸再生

硫酸再生氢型树脂的反应方程式如下：

$$R_2Ca + H_2SO_4 \rightarrow 2RH + CaSO_4 \downarrow$$

$$R_2Mg + H_2SO_4 \rightarrow 2RH + MgSO_4$$

$$2RNa + H_2SO_4 \rightarrow 2RH + Na_2SO_4$$

从上面的反应式可知，利用硫酸再生氢型树脂时，有可能在再生过程中生成硫酸钙沉淀，为了避免再生过程中生成的沉淀物沉积在树脂表面，硫酸再生必须采用分步法。第一步采用低浓度的硫酸，在较高流速的条件下进行再生。在这种情况下，低浓度的硫酸根与钙离子接触时，没有达到硫酸钙的浓度积，不会产生硫酸钙沉淀，即使产生硫酸钙沉淀，在高速的再生过程中，形成的沉淀物也可以被再生液冲出离子交换系统。第二步采用逐渐增加硫酸的浓度，在较低的流速下进行再生。在这种情况下，由于第一步的再生作用，使钙离子浓度降低，不会生成硫酸钙沉淀。采用高硫酸浓度和低再生流速，使硫酸与树脂达到充分的反应，提高树脂再生后的交换容量，降低硫酸的用量。

3. 氢钠型离子交换法

（1）强酸性 H—Na 型离子交换软化降碱法

1）原理。由于强酸性氢型树脂的出水呈酸性，而钠离子交换出水含有碱，若将酸性水与含碱度的水混合，则发生如下反应，

$$NaHCO_3 + HCl \rightarrow NaCl + H_2O + CO_2 \uparrow$$

$$2NaHCO_3 + H_2SO_4 \rightarrow Na_2SO_4 + H_2O + CO_2 \uparrow$$

由上式可知，当氢型离子交换法的出水与钠型离子交换法的出水进行混合时，发生中和反应，生成二氧化碳气体，生成的二

氧化碳气体通过除碳器去除，使给水的碱度降低。

2）系统。根据氢型离子交换法和钠型离子交换法的出水水质，通过串联或并联成为氢—钠离子交换工艺，都可以达到软化和降低碱度的目的。

串联氢—钠离子交换系统如图 5—5 所示。

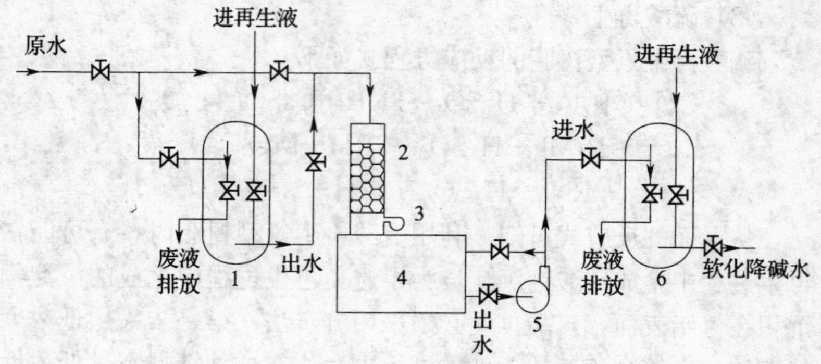

图 5—5　H－Na 串联离子交换软化降碱系统

1—氢型离子交换器　2—除 CO_2 器　3—罗茨风机

4—水箱　5—水泵　6—钠型离子交换器

该系统中原水分为两部分，一部分水进入 H 型离子交换器，H 型离子交换器的出水直接与另一部分原水混合，这样经过 H 型离子交换器的酸性水与原水中的碱度发生中和反应，生成 CO_2 气体，生成的 CO_2 气体由除碳器去除，再经过 Na 型离子交换器，去除水中的硬度物质。使其出水达到除硬降碱的效果。串联氢—钠离子交换系统，一定要将生成的 CO_2 气体由除碳器去除，再经过 Na 型离子交换器，否则，含有大量碳酸的水经过 Na 型离子交换器，使出水又重新出现碱度，其反应方程式如下：

$$2RNa + H_2CO_3 \rightarrow RH + NaHCO_3$$

为了保证出水有一定的残余碱度，必须根据进水的水质调控两部分的进水的流量的比例。若以 X 表示未经 H 型离子交换器的水量占总进水量的百分数，则残余碱度可表示为：

$$JD_c = \frac{X \cdot JD}{1} - \frac{(1-X) \cdot SD}{1}$$

$$X = \frac{SD + JD_c}{SD + JD} \times 100\%$$

式中　X——未经 H 型离子交换器的水量占总进水量的百分数；

JD_c——中和后水的残余碱度，mmol/L；

JD——原水的碱度，mmol/L；

SD——H 型离子交换器的出水酸度，mmol/L。

并联氢—钠离子交换系统如图 5—6 所示。

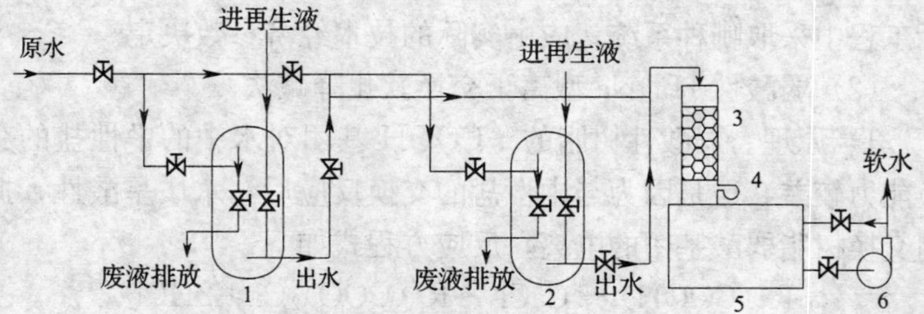

图 5—6　H—Na 并联离子交换软化降碱系统

1—氢型离子交换器　2—钠型离子交换器　3—除 CO_2 器

4—罗茨风机　5—水箱　6—水泵

该系统原水也分为两部分，一部分原水进入 H 型离子交换器，出水呈酸性；一部分水进入 Na 型离子交换器，出水呈碱性；两部分水汇流反应生成二氧化碳气体，进入除碳器去除二氧化碳。同样，该系统也要调控两部分水的水量比例，使出水保留一定的残留碱度。进入 Na 型离子交换器的水量占总进水量的百分比可用下式表示：

$$X_{Na} = \frac{SD + JD_c}{SD + JD} \times 100\%$$

式中　X_{Na}——进入 Na 型离子交换器的水量占总进水量的百分数；

JD_c——出水的残余碱度，mmol/L；

JD——原水的碱度，mmol/L；

SD——原水的酸度，mmol/L。

3）特点

①并联和串联 H－Na 离子交换系统的最主要的区别是，串联离子交换系统相当于二级软化水处理，所有的出水都要进入 Na 型离子交换器，这样就使得串联的离子交换系统的 Na 离子交换器的容量比并联 Na 型离子交换器的要大得多，增加了投资费用。

②从 H 型离子交换器运行终点的控制来看，并联系统只允许硬度开始泄漏即需要再生，而串联系统则允许 Na 泄漏。在实际工程中采取哪种系统，应由实际的技术经济参数决定。

（2）弱酸性 H－Na 型离子交换软化降碱法

1）原理。弱酸性树脂的－COOH 基团对水中的中性盐的交换能力较差，这是因为与中性盐的交换反应后，水质呈酸性，抑制交换树脂弱酸基团的电离，反应方程式如下：

$$R(COOH)_2+CaCl_2 \rightarrow R(COO)_2Ca+2HCl$$

$$R(COOH)_2+MgSO_4 \rightarrow R(COO)_2Mg+H_2SO_4$$

弱酸性树脂的－COOH 基团对水中的碳酸盐硬度的交换能力较好，但出水的水质与进水中的碳酸盐硬度和碱度有关。

当进水的碱度大于硬度，即原水中含有 $NaHCO_3$，反应方程式如下：

$$R(COOH)_2+Ca(HCO_3)_2 \rightarrow R(COO)_2Ca+2H_2CO_3$$

$$R(COOH)_2+Mg(HCO_3)_2 \rightarrow R(COO)_2Mg+2H_2CO_3$$

而弱酸性离子交换树脂对 $NaHCO_3$ 的交换程度较差，这是由于钠离子的选择性系数小于钙、镁离子，所以，原来吸附的大量钠离子，在运行后期又被钙、镁离子置换到水中。反应方程式如下：

$$RCOOH+NaHCO_3 \rightarrow RCOONa+H_2CO_3$$

$$2RCOONa+Ca^{2+} \rightarrow R(COO)_2Ca+2Na^{2+}$$

$$2RCOONa+Mg^{2+} \rightarrow R(COO)_2Mg+2Na^{2+}$$

当进水的碱度小于硬度时，反应方程式如下：

$$R(COOH)_2+Ca(HCO_3)_2 \rightarrow R(COO)_2Ca+2H_2CO_3$$

$$R(COOH)_2+Mg(HCO_3)_2 \rightarrow R(COO)_2Mg+2H_2CO_3$$

2）系统。串联氢—钠离子交换系统如图 5—7 所示。该系统中原水分为两部分，一部分水进入 H 型离子交换器，H 型离子交换器的出水直接与另一部分原水混合，这样经过 H 型离子交换器的酸性水与原水中的碱度发生中和反应，生成 CO_2 气体，生成的 CO_2 气体由除碳器去除，再经过 Na 型离子交换器，去除水中的硬度物质，使其出水达到除硬降碱的效果。

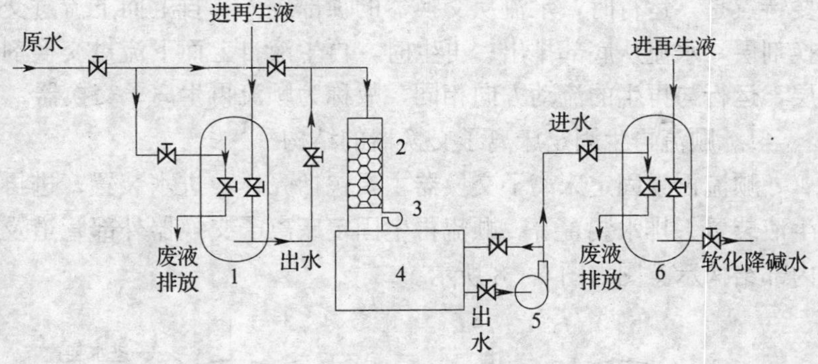

图 5—7　H－Na 串联离子交换软化降碱系统

1—氢型离子交换器　2—除 CO_2 器　3—罗茨风机
4—水箱　5—水泵　6—钠型离子交换器

3）特点

①H 型弱酸树脂价格较贵，致使初期投资费用较大。

②H 型弱酸树脂交换容量大且出水不呈酸性，系统易于控制。

③ H 型弱酸树脂易于再生，再生度高。

第四节　离子交换水处理设备及其系统

离子交换水处理系统主要包括离子交换器、除碳器、离子交换辅助设备，其中离子交换器是离子交换水处理的核心设备。按照运行的方式不同，将离子交换器分为固定床离子交换器、连续床离子交换器和混合床离子交换器。固定床离子交换器按照再生的方式不同分为顺流再生固定床离子交换器、逆流再生固定床离子交换器、分流再生固定床离子交换器，固定床离子交换器还可以分为满室床离子交换器和浮动床离子交换器。连续床离子交换器可分为移动床离子交换器和流动床离子交换器。

一、顺流再生固定床离子交换器

顺流再生固定床离子交换器是最早得到应用的交换器，其主要特点是，运行时，水流从交换器的顶部进入，自上而下流过交换剂层，水流从底部排出；再生时，再生液自上而下流过交换剂层，运行与再生的流动方向相同，故称为顺流再生离子交换器。

1. 顺流再生固定床离子交换器的结构

顺流再生固定床离子交换器主要包括壳体、进水装置、进再生液装置、排水装置等。顺流再生固定床离子交换器外部管道及内部结构示意图如图 5—8 所示。

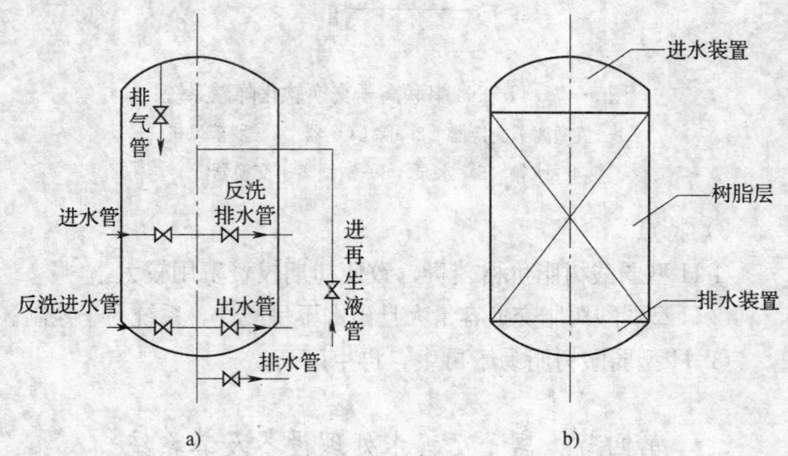

图 5—8　顺流再生固定床离子交换器外部管道及内部结构示意图

a）外部管道示意图　b）内部结构示意图

(1) 壳体

壳体一般为圆柱体压力容器，外部为不锈钢材质，内部常涂覆耐酸碱的涂层以及衬胶；压力容器的大小不均，直径一般为500～3 400 mm；体积和运行压力较小的压力容器可以用特制塑料和有机玻璃材质制成。

(2) 进水装置

进水装置又称布水器，安装在离子交换器的上部。进水装置可以使进水均匀地分布在交换器的过水断面，也可以均匀地收集反洗排水。在进水装置与交换剂之间需要留有水垫层，因此对进水装置的要求不是很高，常用的进水装置有漏斗式、喷头式、十字支管式和多孔板式。

1）漏斗式。漏斗式进水装置结构简单，一般用于小直径的离子交换器。采用漏斗式进水装置，在运行时，防止水流将树脂从进水装置带出，因此，漏斗式进水装置的出水必须与交换剂上表面保持一定的距离。如图 5—9a 所示。

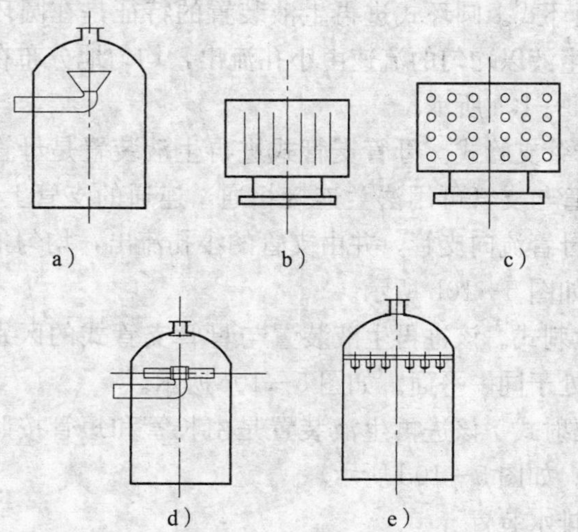

图 5—9　漏斗式和喷头式装置示意图

a）漏斗式　b）缝隙式　c）开孔式　d）十字支管式　e）多孔板式

2）喷头式。喷头式进水装置一般为缝隙式和开孔式两种。开孔式装置外部必须包有涤纶网或不锈钢网，以防止开孔孔口过大使树脂流失。其结构如图 5—9b、c 所示。

3）十字支管式。该进水装置比前两种装置布水均匀，使用也比较普遍，其进水管流速和支管小孔流速都有一定的要求。如图 5—9d 所示。

4）多孔板式。多孔板式进水装置就是通过在离子交换器上部安置整块钢板或塑料板，在板上再开孔或装置塑料水帽而制成的。如图 5—9e 所示。

（3）进再生液装置

进再生液装置是使再生液能均匀地分布在过水断面，对再生液装置的要求比较严格。由于再生液的密度比水的密度大，且具有较高的黏度系数，不易分布均匀，因此不能采用漏斗式或喷头式进再生液装置。常用的进再生液装置有圆环式、母管支管式、鱼刺式和辐射式等。

1）圆环式。圆环式进再生液装置的特征是在圆环管上开有小孔，再生液以均匀的流速由小孔流出，均匀地分布在过水断面上。如图 5—10a 所示。

2）母管支管式。母管支管式进再生液装置是母管在支管的上部，母管与支管可用法兰连接相通，连通的支管上开有小孔，再生液由母管流向支管，并由支管的小孔流出，均匀地分布在过水断面。如图 5—10b 所示。

3）鱼刺式。该进再生液装置与母管支管式的区别是，其母管与支管处于同一平面。如图 5—10c 所示。

4）辐射式。该进再生液装置是由长管和短管按照相间的排列制成的。如图 5—10d 所示。

（4）排水装置

排水装置安装在底部，要能顺利排出水流或再生液，又不造成交换剂流失，同时保证交换器截面上出水均匀，无偏流和水流死区。因此它也需要多点泄水。排水装置常用的有鱼刺式、支管式、多孔板式和石英砂垫层式等。鱼刺式、支管式、多孔板式与上面介绍的进水装置或进再生液装置的结构相同，现简要介绍石英砂垫层式排水装置的结构。石英砂垫层式排水装置可分为弓形孔板式和水帽式，如图 5—11 所示。

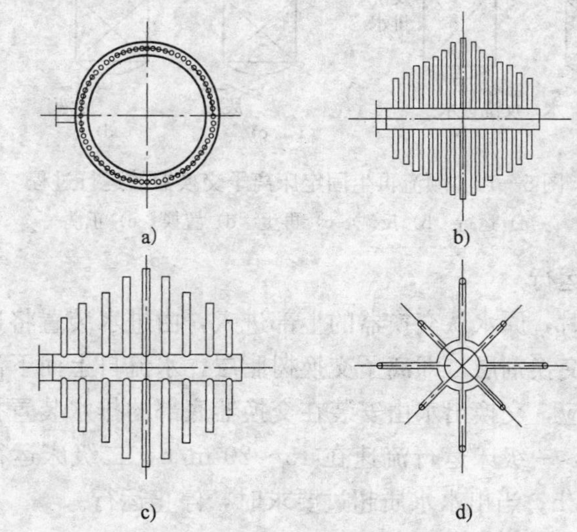

图 5—10　进再生液装置

a）圆环式　b）母管支管式　c）鱼刺式　d）辐射式

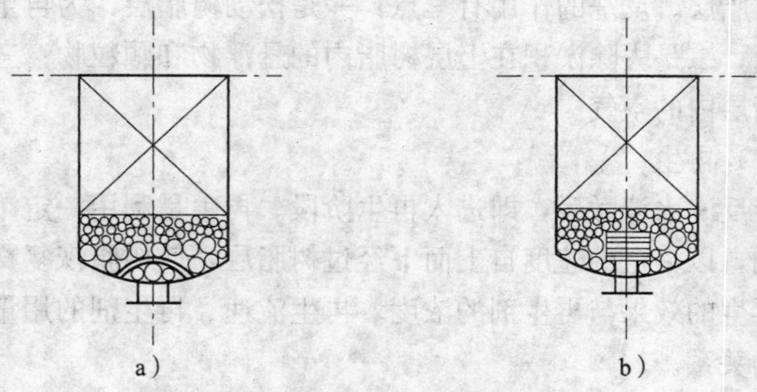

图 5—11　石英砂垫层式排水装置

a）弓形孔板式　b）水帽式

2. 顺流再生固定床离子交换器运行方式

顺流再生固定床离子交换器的运行过程有以下几个步骤，如图 5—12 所示。

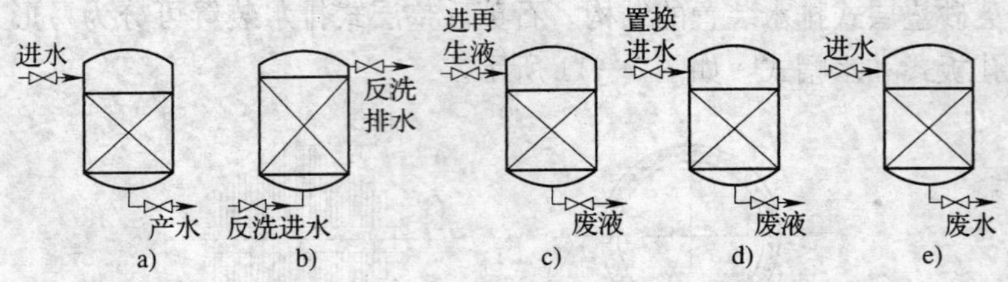

图 5—12 顺流再生固定床离子交换器的运行过程

a）运行 b）反洗 c）再生 d）置换 e）正洗

（1）运行

运行时，原水从交换器的上部进入，由进水装置将进水均匀地分布到交换剂层，即离子交换树脂层，水流自上而下流经树脂层进行反应，交换出水由安装在交换器底部的排水装置排出。一般情况下，一级床运行流速在 15～20 m/h，二级床运行流速在 40～60 m/h。当出水水质超过要求时，停止运行。

（2）反洗

利用除盐水或运行产水，由交换器底部进入，水流自下而上经过树脂层。反洗的作用有三点：一是松动树脂层，为再生树脂时所用；二是去除淤积在上层树脂内的悬浮物和颗粒物；三是排除树脂层内的空气。

（3）再生

待反洗水清澈后，即进入再生阶段。再生是利用一定浓度的再生剂，以一定的速度自上而下经过树脂层，使树脂恢复交换容量。再生的效果与再生剂的浓度、再生流速、再生剂的用量都有很大的关系。

（4）置换

由于再生后，树脂层内部和再生设备中尚遗留再生液，因此需要进行置换。在置换过程中，利用 1.5～2 倍树脂体积的水流经树脂层，使再生剂与树脂层充分反应。

(5) 正洗

待置换完成后，采用去离子水自上而下流过树脂层，至树脂出水清澈。

顺流再生固定床离子交换器的工艺参数见表 5—6。

表 5—6　　顺流再生固定床离子交换器的工艺参数

操作步骤	控制项目	001×7 强酸阳离子交换树脂				301×7	弱酸阳交换床		弱碱阴交换床
		一级钠	二级钠	强酸阳床		OH 型阴床			
反洗	水质	清水	清水	清水		H^+水	清水		H^+水
	流速（m/h）	10～15	10～15	10～15		10～15	6～10		5～8
	时间（min）	15～20	10～15	15～20		10～15	10～15		20～30
	树脂展开率（%）	40～60	40～60	40～60		40～60			
	终点	出水清澈	出水清澈	出水清澈		出水清澈	出水清澈		出水清澈
排水	排水至树脂层上 200～300 mm 处								
再生	再生剂	NaCl	NaCl	HCl	H_2SO_4	NaOH	HCl	H_2SO_4	NaOH
	稀释水	清水	清水	清水	清水	H^+水	清水	清水	H^+水
	耗量（g/moL）	100～200	400	80	150	100～200	40	60	40～50
	浓度（%）	8～10	8～10	3	<1.2	2～3	2	1	2
	进速（m/h）	5～7	5～7	5～7	8～10	5～7	5～7	8～10	4～6
	温度（℃）	常温	常温	常温	常温	35～40	常温	常温	25～40
正洗	水质	清水	清水	清水		H^+水	清水		H^+水
	流速（m/h）	10～15	10～15	10～15		10～15	10～15		15～20
	时间（min）	15～20	10～15	15～20		20～30	10～20		25～30
	终点	硬度<10（μmol/L）	硬度<5（μmol/L）	硬度<5（μmol/L）		$HSiO_3^-$ <10（μmol/L）			

续表

操作步骤	控制项目	001×7 强酸阳离子交换树脂			301×7	弱酸阳交换床	弱碱阴交换床
		一级钠	二级钠	强酸阳床	OH 型阴床		
运行	流速（m/h）	15～20	40～60	15～20	15～20	15～20	15～20
	终点	硬度≤50（μmol/L）	硬度≤50（μmol/L）	Na^+＞500（μg/L）	$HSiO_3^-$＞100（μg/L）电导率＞10（μS/cm）		

3．顺流再生固定床离子交换过程中的离子排代过程

以强酸 H 型离子交换树脂为例，说明顺流再生固定床离子交换运行中的离子排代过程如图 5—13 所示。横坐标表示离子分率，纵坐标表示层高。

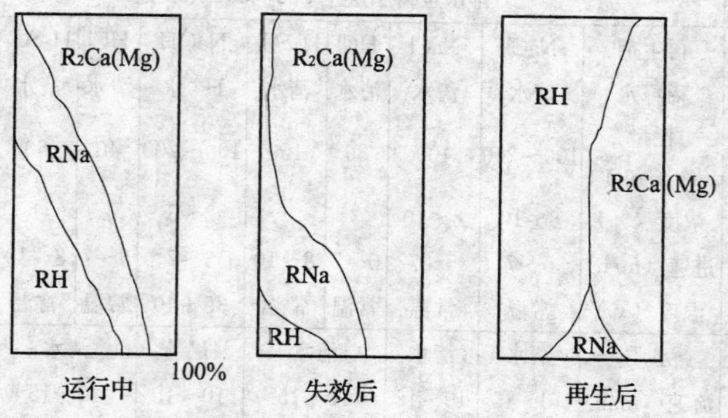

图 5—13　顺流再生固定床离子交换过程的离子排代示意图

顺流再生固定床离子交换器的特点如下：

（1）设备结构简单，操作方便，运行稳定。

（2）顺流再生时，再生液由上自下通过树脂层，使树脂恢复交换能力。

（3）顺流再生，再生剂用量大，再生度低，导致树脂的工作交换容量低。

（4）再生度较低的树脂处于出水端，因此出水水质较差。

二、逆流再生固定床离子交换器

1．逆流再生固定床离子交换器的构造

逆流再生固定床离子交换器运行时，水流自上而下流经树脂层，而再生时，再生液自下而上流经树脂层，因此被称为逆流再生固定床离子交换器。逆流再生固定床离子交换器与顺流再生固定床离子交换器结构相似，最主要的区别是设有压脂层。压脂层即在树脂表面层上加装一定高度的树脂层，其作用是防止再生液和置换水向上流动时引起树脂乱层，同时对于进水起一定的过滤作用，压脂层与树脂层之间设有中间排液装置。如图 5—14 所示。

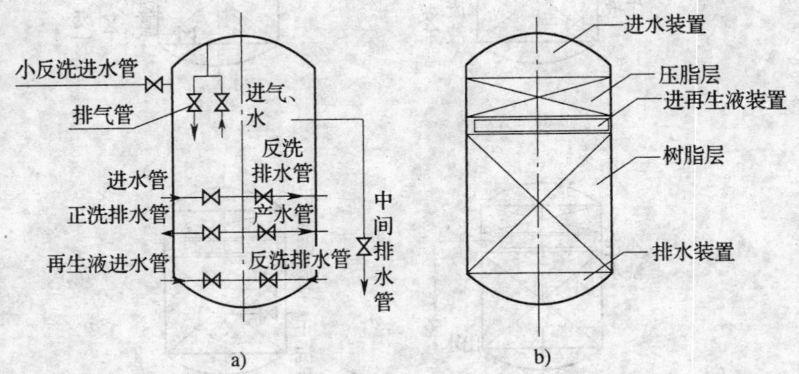

图 5—14　逆流再生固定床离子交换器构造示意图

a）外部管道　b）内部结构

2．逆流再生固定床离子交换器运行方式

逆流再生固定床离子交换器运行方式按照再生的方式不同，

可分为空气顶压法再生、水顶压法再生、低速流再生和无顶压法的再生过程。目前应用最广泛的是空气顶压法，现简要概述如下。

空气顶压法再生的运行过程有以下几个步骤。如图 5—15 所示。

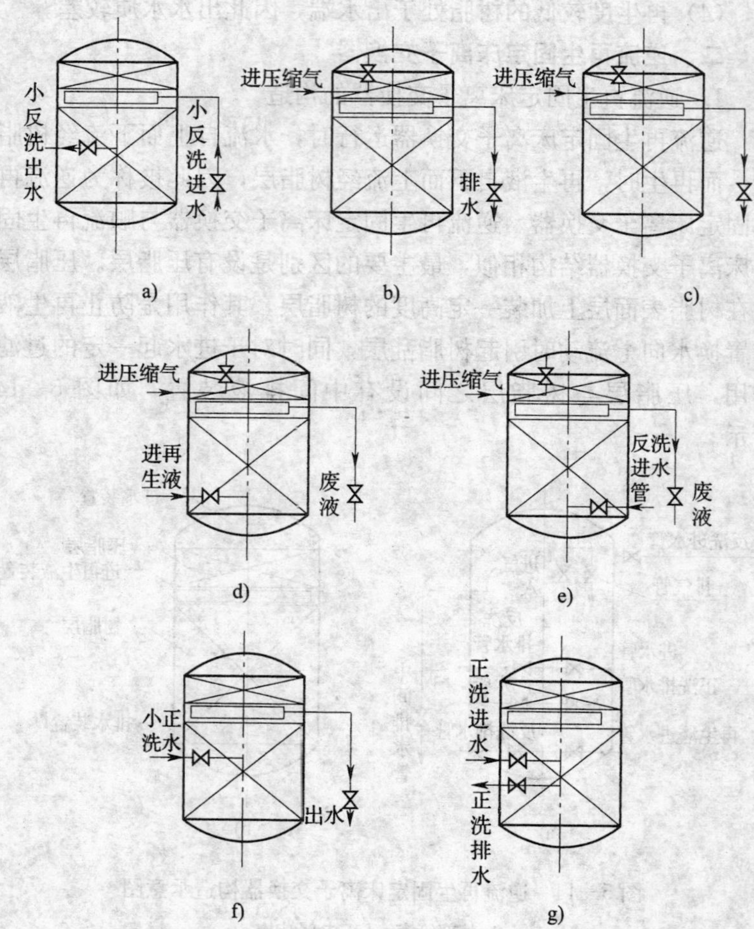

图 5—15　空气顶压法再生过程运行过程示意图

a）小反洗　b）放水　c）顶压　d）再生

e）反洗　f）小正洗　g）正洗

（1）小反洗

小反洗水由中间再生液装置进入，经过压脂层由进水管流出，此过程即对压脂层进行反洗。

（2）放水

由进气管鼓入压缩空气，由压缩空气将小反洗水压出交换器，并由中间排水装置排出。

（3）顶压

关闭所有阀门，持续鼓入压缩空气，保持交换器内一定的压力。

（4）再生

让再生液从底部以一定的流速流过树脂层，废液由中间排水装置排出。

（5）反洗

反洗水由底部自上而下流经树脂层，废液由中间排水装置排出。

（6）小正洗

小正洗水由进水管流经上部压脂层，废液由中间排水装置排出。

（7）正洗

正洗水由进水管自上而下流经整个床层，废液由底部排水装置排出。

逆流再生固定床离子交换器的工艺参数见表5—7。

表5—7　　逆流再生固定床离子交换器的工艺参数

操作步骤	控制参数	钠离子交换床（001×7）	强酸阳床（001×7）	强碱阴床（201×7）
小反洗	流速（m/h）	10～15	10～15	10～15
	时间（min）	10	15～20	15～20
	终点	出水清澈	出水清澈	出水清澈

续表

操作步骤	控制参数	钠离子交换床（001×7）	强酸阳床（001×7）		强碱阴床（201×7）
放水		至树脂层水放干			
顶压	气顶压（MPa） 水顶压（MPa）	0.03～0.05 0.05	0.03～0.05 0.05		0.03～0.05 0.05
再生	药剂 配剂水 耗量（g/mL） 浓度（%） 速度（m/h）	NaCl 软化水 80～100 6～8 5～7	H_2SO_4 H^+水 60～70 <1.2 8～10	HCl H^+水 50～55 1.5～3.0 5～7	NaOH 除盐水 55～65 1～3 5～7
逆洗	流速（m/h） 时间（min）	10～15 25～30	10～15 25～30		10～15 30
小正洗	流速（m/h） 时间（min）	10～15 10	10～15 10		10～15 10
正洗	流速（m/h） 时间（min） 终点	10～15 5 硬度<10 μmol/L	10～15 5 Na^+<0.5 mg/L		10～15 5 $HSiO_3^-$<100μg/L
运行	流速（m/h） 终点	20～30 硬度>10 μmol/L	20～30 Na^+>0.5 mg/L 硬度>5 μmol/L		20～30 $HSiO_3^-$>100 μg/L 电导率>5 μS/cm
大反洗	水质 流速（m/h） 时间（min） 终点	清水 10～15 20～30 出水清澈	H^+水 10～15 20～30 出水清澈		H^+水 10～15 20～30 出水清澈

3．逆流再生固定床离子交换运行中的离子排代过程

以强酸 H 型离子交换树脂为例，说明逆流再生固定床离子交换运行中的离子排代过程，如图 5—16 所示。

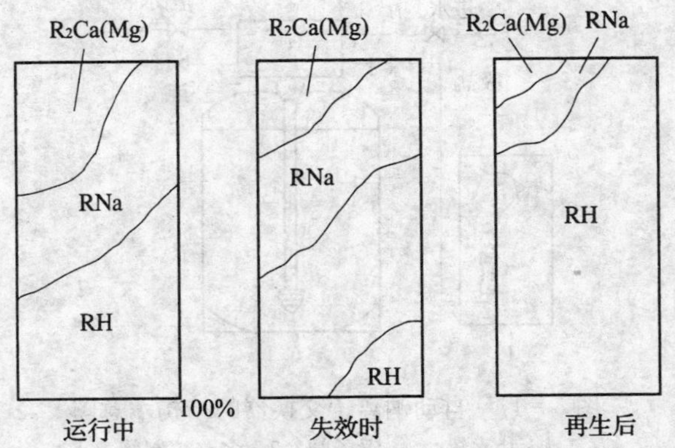

图 5—16　逆流再生固定床离子交换过程的离子排代示意图

逆流再生固定床离子交换器的特点如下：

（1）设备结构较复杂，操作较为复杂，运行稳定。

（2）逆流再生时，再生液由下自上流动，这样可使保护层内未失效的树脂保持原有状态，残留的交换容量不被排代。

（3）顺流再生，再生剂用量小，再生度高，树脂的工作交换容量高。

（4）逆流再生出水水质相比顺流再生出水水质大为提高。

三、自动钠离子交换器

1. 自动钠离子交换器的结构

自动钠离子交换器由多路控制阀、树脂罐、盐水罐组成。如图 5—17 所示。

（1）多路控制阀

多路控制阀可以进行运行终点的判断并启动再生程序。常见的多路控制阀的控制方式有时间控制和流量控制两种。

控制阀一般采用塑料和黄铜材质制造而成，控制阀在自动钠离子交换器中起到关键的作用。除了离子交换系统中用到控制阀外，控制阀还适用于过滤设备，如砂滤器、多介质过滤器、炭滤器等。常用的控制阀有以下几种：

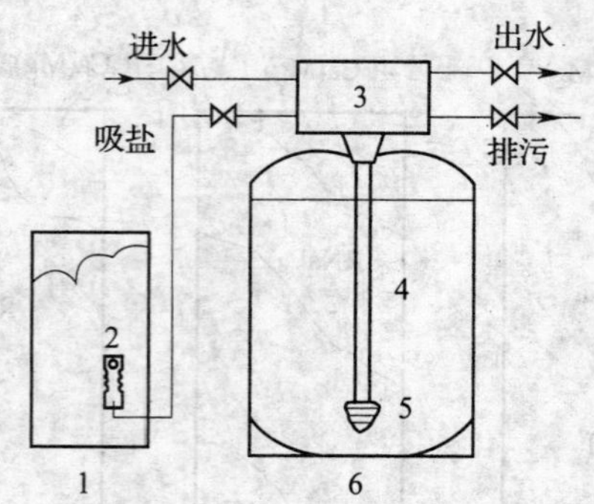

图 5—17　自动钠离子交换器的结构示意图

1—盐水罐　2—浮子阀　3—多路控制阀
4—中心管　5—布水器　6—树脂罐

1）阀板式多路阀。阀板式多路阀一般是由转动凸轮带动不同阀板开闭运动，达到开闭不同的通路，从而实现对设备的自动控制。

2）活塞式多路阀。活塞式多路阀是由齿轮传动装置带动活塞上下运动，使设在活塞周围的通路实现开闭过程。

活塞式多路阀包括单活塞式和双活塞式。

3）旋转式多路阀。旋转式多路阀是通过转动上下两层多孔板，从而达到对不同通路的开闭过程。

4）无电源控制多路阀。无电源控制多路阀是通过用计量叶轮速度来计量出水的水量从而判断运行的终点，又通过齿轮组合，在水力的推动下完成对不同阀门的开闭，从而实现整个再生过程。

该种阀门无须电源控制，作为民用可以节约能源，且操作简单，事故率低。

（2）树脂罐

树脂罐是用来填装树脂的罐体，一般采用玻璃钢或不锈钢制造，内部安装有中心管（顶装形式）及上下布水器，上下布水器主要用于软化和再生过程中使水流分布均匀。上布水器与控制阀连接，然后中心管从上布水器内插入控制阀内，下布水器固定在中心管下端。

树脂罐的规格根据树脂的填装量来确定，控制阀及树脂罐的规格确定后，即可选择相应规格的中心管及上下布水器。

(3) 盐水罐

盐水罐一般采用塑料或玻璃钢材质制造，盐水罐用于储存盐水和稀释盐水。由于交换器内的负压作用，稀释的盐水由吸盐装置吸入交换器内，对树脂进行再生。

2. 自动钠离子交换器的运行

自动钠离子交换器运行一般包括运行、反洗、盐吸、慢速清洗、快速清洗以及盐水罐补水。

(1) 运行

原水从入口进入多路控制阀，由顶部进入罐内，向下穿过树脂层，成为软化水，经下布水器返回中心管，向上至多路阀，由出水口排出。如图 5—18 所示。

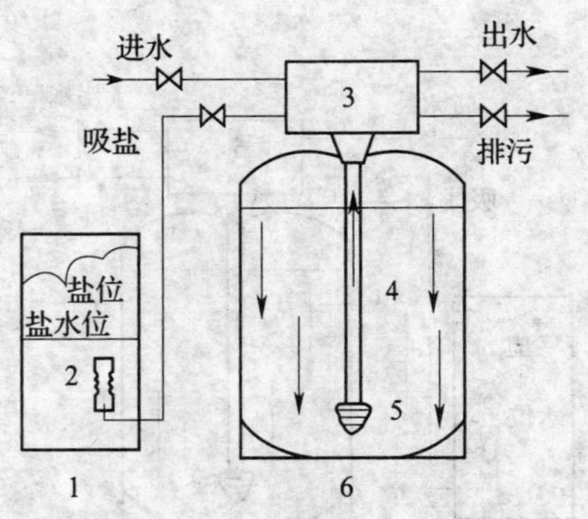

图 5—18　运行

1—盐水罐　2—浮子阀　3—多路控制阀

4—中心管　5—布水器　6—树脂罐

(2) 反洗

原水从入口进入多路控制阀，经中心管、下布水器进入罐内，再向上经树脂层，从排污口排出。如图 5—19 所示。

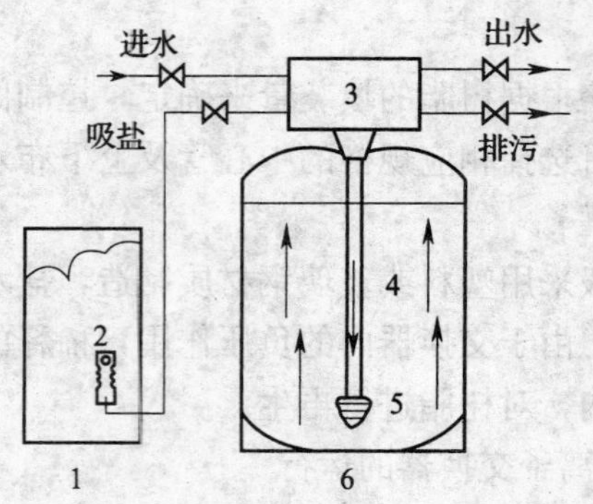

图 5—19　反洗

1—盐水罐　2—浮子阀　3—多路控制阀
4—中心管　5—布水器　6—树脂罐

(3) 盐吸

原水从入口进入多路控制阀，从盐水罐吸入盐水，盐水向下流经树脂层，穿过下布水器，沿中心管向上，从排污口排出。如图 5—20 所示。

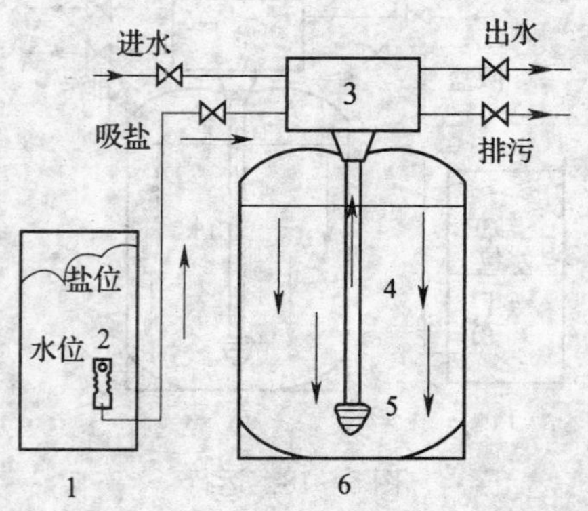

图 5—20　吸盐

1—盐水罐　2—浮子阀　3—多路控制阀
4—中心管　5—布水器　6—树脂罐

(4) 慢速清洗

吸完所有盐水后，硬水继续从入口进入，向下穿过树脂层，从下布水器进入中心管，最后从排污口流出。如图 5—21 所示。

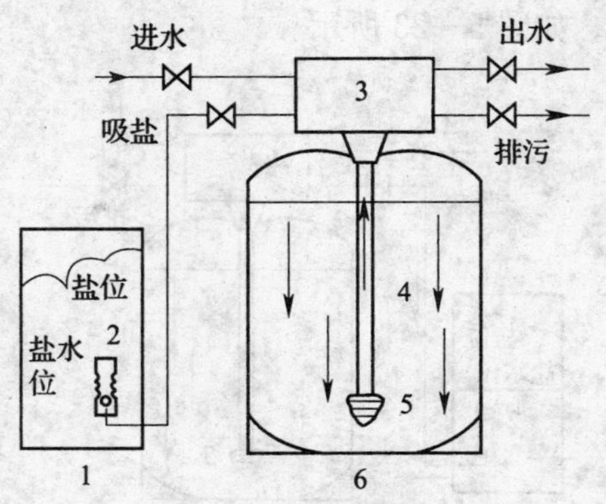

图 5—21　慢速清洗

1—盐水罐　2—浮子阀　3—多路控制阀

4—中心管　5—布水器　6—树脂罐

(5) 快速清洗

原水从入口进入多路控制阀，向下经中心管、下布水器进入罐内，再向上经树脂层、流道、顶部活塞槽，从排污口排出。如图 5—22 所示。

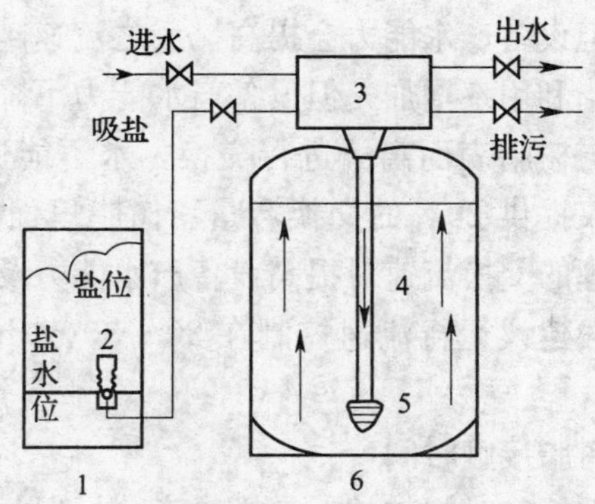

图 5—22　快速清洗

1—盐水罐　2—浮子阀　3—多路控制阀

4—中心管　5—布水器　6—树脂罐

(6) 盐水罐补水

原水从入口进入多路控制阀，注入盐罐。通过盐阀浮子高度控制补水水量。如图 5—23 所示。

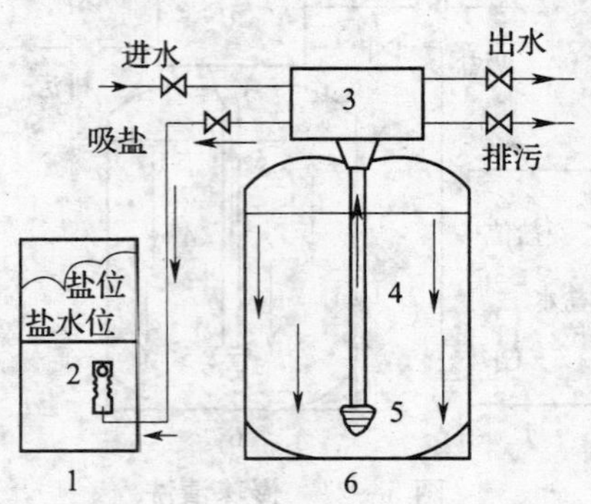

图 5—23　盐水罐填充

1—盐水罐　2—浮子阀　3—多路控制阀

4—中心管　5—布水器　6—树脂罐

3. 自动钠离子交换容量的影响因素

(1) 流速

通常流速越大，离子交换所需要的工作层越大，树脂有效利用率会下降，但设备产水能力会提高。反之流速越小，所需的工作层越少，树脂利用率增加，但设备产水能力下降。过小的流速会造成原水只与树脂表面离子进行交换，水不能进入树脂内部。树脂表面通常仅提供 20%的交换容量。树脂里面能提供 80%的交换容量。合理的交换流速对提高设备产水能力及交换能力是非常重要的，一般建议运行流速控制在 20～30 m/h，小型装置可适当提高。

(2) 水与树脂接触时间

水与树脂的接触时间越长，交换越充分，但相对单位树脂的产水能力下降；接触的时间越短，交换越不充分，单位树脂的交换能力下降，而单位树脂的产水能力提高。

（3）水温

水温升高能同时加快内扩散，提高交换能力，无论是运行或再生，适当地提高水温对软水器是有益的。

（4）再生剂质量

再生剂纯度越高，树脂的再生度越高，出水的离子泄漏量越少，因此提高再生剂纯度及运用软化水溶盐可提高再生度。

（5）再生液流速

通常再生液流量越小，获得的再生效果越好。但过低的再生液流量会使再生时间过长，易使再生剂绕过树脂表面再生。

（6）再生液浓度

根据离子平衡原理，再生液浓度提高，可以使树脂的交换能力提高，但再生剂用量一定的条件下，再生液浓度过高，会缩短再生液与树脂的接触时间，从而降低再生效果，一般再生液浓度控制在10％左右为宜。

4. 自动钠离子交换器的一般特点

由于其具有操作简单，工艺稳定等特点，自动钠离子交换器采用顺流再生工艺进行再生；少量的采用逆流再生工艺进行再生。再生水一般采用生水，而用软化水再生时，必须另加制水设备，可采用一备一用软化器，会使系统造价增加。

四、离子交换系统的附属设备

离子交换系统的附属设备主要是盐再生系统，酸、碱再生系统以及除碳器。此处介绍盐再生系统，以及酸、碱再生系统。

1. 盐再生系统

盐再生系统包括盐液的制备和盐液的输送。

（1）盐液的制备

小型设备用食盐溶解器制备盐液，大型设备采用食盐溶解池制备盐液。食盐溶解池一般为混凝土结构，中间隔开形成稀盐液池和浓盐液池，两池用多孔板隔开，也可以用底部的连通管连通。

(2) 盐液的输送

盐液的输送可分为泵输送系统和负压输送系统。

1) 泵输送系统。该系统由食盐湿储存槽、食盐溶解槽、泵和食盐过滤器组成。水从食盐湿储存槽上部流经湿态食盐，形成饱和食盐溶液，食盐饱和溶液流经储存槽下部的石英砂，经石英砂过滤后，再进入食盐溶解槽；食盐溶解槽的食盐饱和溶液可以通过给水稀释成不同的浓度后，由泵输送到食盐过滤器，经过过滤器的食盐溶液可以输送到离子交换系统，进行树脂再生。泵输送系统如图 5—24 所示。

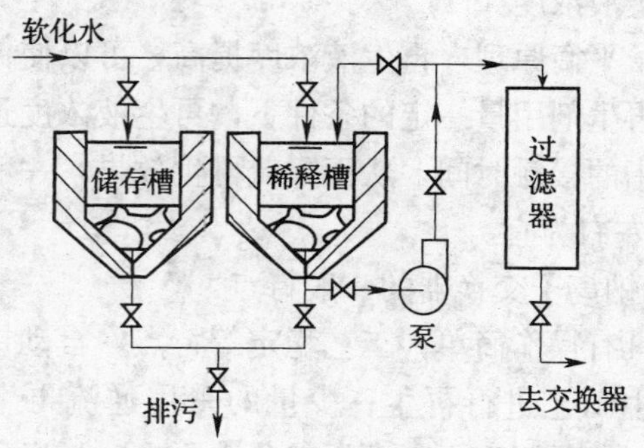

图 5—24　泵输送系统示意图

2) 负压输送系统。负压输送系统由盐槽、计量箱和喷射器组成。水从食盐湿储存槽上部流经湿态食盐，形成饱和食盐溶液，食盐饱和溶液流经储存槽下部的石英砂，经石英砂过滤，然后流入饱和食盐溶液计量箱。再生时，用喷射器将饱和食盐溶液送到交换器内。该系统可以通过调节计量箱和喷射器的阀门调节盐液的浓度。负压输送系统如图 5—25 所示。

2. 酸、碱再生系统

(1) 酸再生系统

在离子交换系统中，常用的阳树脂再生药剂是盐酸或硫酸。由于两者的性质不同，因此输送系统也不相同。

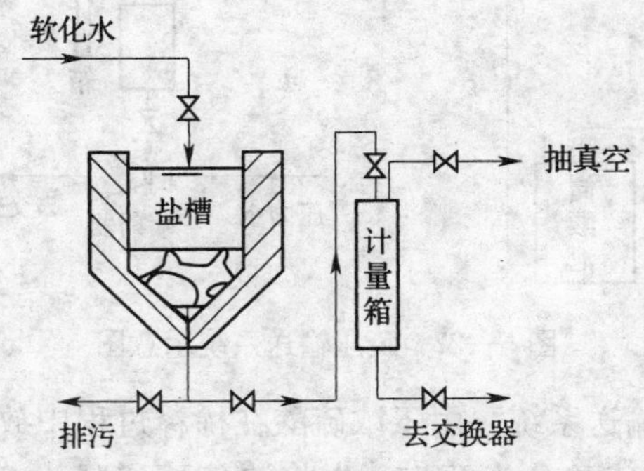

图 5—25　负压输送系统示意图

1）盐酸输送系统。盐酸输送系统分为泵输送和负压输送。泵输送系统是通过耐酸泵的作用，将储存在酸液槽中的盐酸输送到高位盐酸罐中存放，通过重力的作用流入计量箱，再生时可用喷射器将酸送至交换器内，同时也可以用压力水对盐酸进行稀释，从而得到不同浓度的盐酸。负压输送系统是将计量箱抽成真空，浓盐酸在压力的作用下，从盐酸储存罐流入高位储存罐，再由重力的作用，通过喷射器送至交换器。两种系统如图 5—26 和图 5—27 所示。

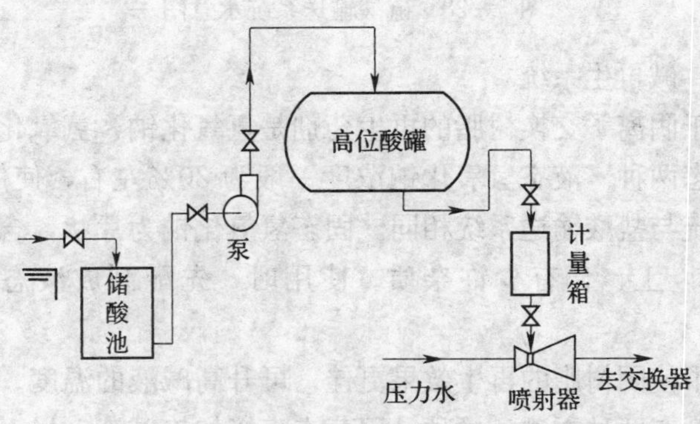

图 5—26　泵输送系统示意图

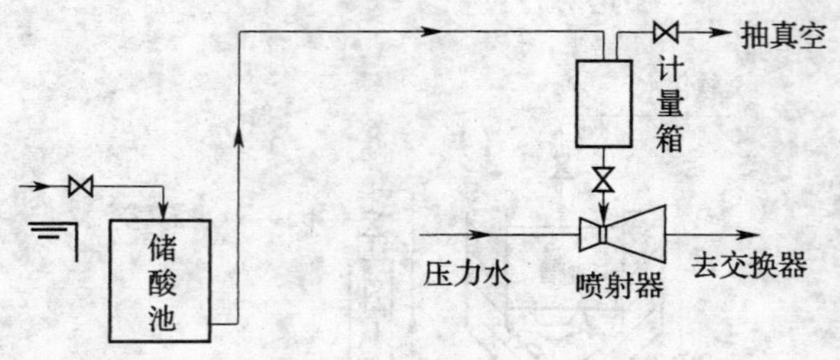

图 5—27　负压输送系统示意图

2）硫酸输送系统。由于浓硫酸在稀释过程中放出大量的热，因此，稀释浓硫酸分为两步，先将浓硫酸稀释为 20%以下的硫酸溶液，再进一步配制成不同浓度的硫酸。系统如图 5—28 所示。

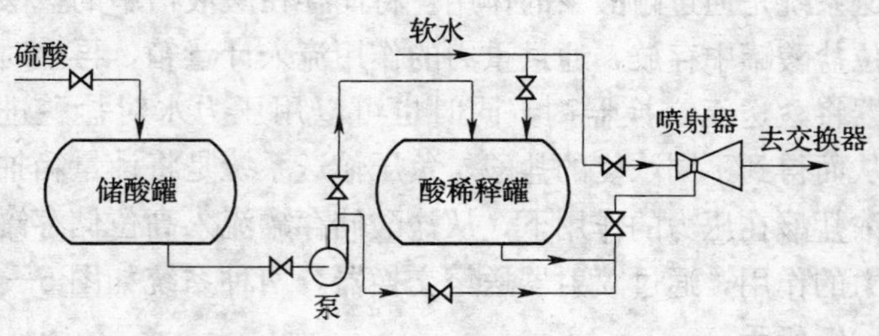

图 5—28　硫酸输送系统示意图

（2）碱再生系统

用于阴离子交换树脂的再生药剂是氢氧化钠，氢氧化钠有液态和固态两种。液态氢氧化钠浓度一般为 30%左右，使用方便，输送系统与盐酸输送系统相同。固态氢氧化钠为片状，含量一般在 96%以上，含有少许杂质。使用时，先配制成液态，储存备用。

为了使阴树脂的再生效果更佳，可升高碱液的温度。升高碱液的温度有两种方法：一种是用蒸汽直接加热碱液；另一种是用蒸汽将压力水加热。

五、离子交换器运行操作故障及其消除方法

离子交换器运行操作故障一般表现为出水水质恶化，设备出力降低和运行经济指标下降。出现上述现象的主要原因是离子交换器、运行情况以及再生药剂等出现问题。

1. 离子交换器

离子交换器产生的故障主要是离子交换器的腐蚀以及离子交换器管道、阀门的泄漏等。离子交换器一旦受到腐蚀，将会污染树脂并使出水的水质出现恶化，因此，离子交换器必须采取严格的防腐处理，以保证运行的稳定性。离子交换器的管道、阀门泄漏，可能使出水的水质变差，这是因为储存再生液系统的再生液、再生时再生液以及反洗废液都有可能进入产水，使产水的水质变差。因此，要定期检查管道及阀门的运行情况，防止管道、阀门泄漏。由于配水装置以及排水装置损坏，可能使树脂及颗粒物进入产水。发生此种现象时必须停止运行交换器并进行修理。由于配水装置配水不均匀，使正洗及再生达不到预期的效果，最终将影响产水周期以及制水量。

2. 运行情况

再生速度过快，再生剂与树脂的接触时间过少，得不到充分的反应，树脂再生不完全，使树脂处于运行状态时制水周期减少，制水量减少。产生此现象可以通过采用合适的再生流速，延长再生液与树脂的交换时间，一般不少于 40 min，使树脂再生得更完全。

3. 再生药剂

再生药剂的质量不高，再生时，将杂质离子带入离子交换系统，使树脂受到污染及再生树脂不完全的现象，解决此问题主要是采用质量高的再生药剂进行树脂再生。

六、离子交换器及其系统防腐

离子交换系统的腐蚀主要是酸、碱以及其他侵蚀性离子对系统设备及管道等的侵蚀作用。为了保证交换系统的安全运行，必

须采取必要的防腐措施。

一般采用的防腐材料有橡胶衬里、聚氯乙烯塑料、玻璃钢、防腐涂料和不锈钢等。

在我国水处理设备的定型产品中，阴阳离子交换本体、管道、阀门、储酸箱以及溶解箱等大多采用橡胶衬里进行防腐处理。在再生系统中，进酸、碱以及盐的管道，进水装置以及中间排液装置，常采用聚氯乙烯材料和不锈钢材料进行防腐处理。除气塔、酸计量箱、食盐溶解槽，常采用聚氯乙烯材料制造，有的还在内部涂环氧树脂涂料或衬不锈钢进行防腐处理。输送稀酸的喷射器，有的在内部涂环氧树脂，有的用有机玻璃。由于水与浓硫酸混合时放热，故输送稀硫酸的喷射器不用上述材料，采用耐酸陶瓷或玻璃制成。地沟有的衬软聚氯乙烯材料，有的涂沥青，有的衬环氧玻璃钢防腐。

第五节 反 渗 透

一、反渗透原理

1. 渗透及渗透压（见图 5—29a、b）

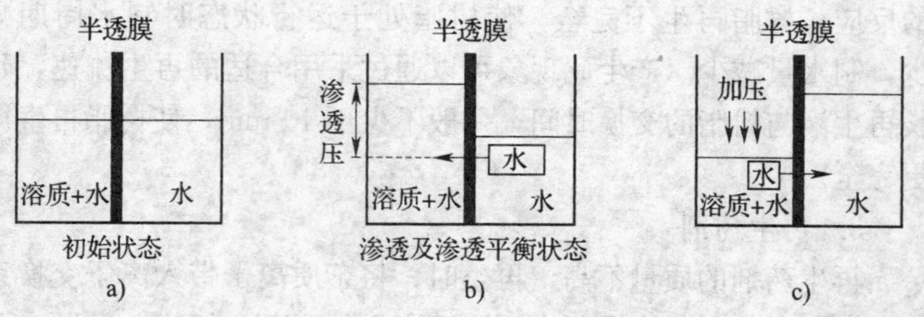

图 5—29 半透膜的渗透与反渗透原理示意图

a）渗透 b）渗透压 c）反渗透

如果将溶剂和溶液（或两种不同浓度的溶液）分置于理想半透膜（只有水分子才能透过的薄膜）的两侧，水分子就会自动地透过半透膜进入高浓度溶液一侧去，这种现象称为渗透。在渗透进行过程中，纯水一侧的液面不断下降，溶液一侧的液面则不断上升。液面不再变化的平衡状态下两侧液面的高差称为该种溶液的渗透压。

2. 反渗透（见图 5—29c）

如果在溶液一侧施加大于渗透压的压力，则溶液中的水就会透过半透膜，流向纯水一侧，溶质则被截留在溶液一侧，这种作用称为反渗透。

二、反渗透膜的分类

反渗透膜是一种具有不带电荷的亲水性基团的膜，其性能是实现反渗透分离的关键。反渗透膜的种类很多，分类方法也很多，大体上可按膜材料的化学组成和膜材料的物理结构来分类。

反渗透膜按化学组成，大致可分为纤维素膜（如醋酸纤维膜）、非纤维素膜（如芳香聚酰胺膜）；按物理结构，大致可分为对称膜、非对称膜等。目前，在水处理工艺中应用较多的是醋酸纤维膜、聚酰胺膜。

1. 醋酸纤维膜

以醋酸纤维素为成膜物质，由致密的表皮层和多孔支撑层组成。表皮层是脱盐面，多孔支撑层为海绵状，起支撑表皮层的作用。醋酸纤维膜在水中易水解，影响水解速度的因素主要有温度和 pH 值，温度越高，水解速度越快；pH 值在 4.5～5 时水解速度最小，所以供水温度一般在 20～30℃、pH 值 3～7 为宜。

2. 聚酰胺膜

聚酰胺膜主要成膜材料为芳香聚酰胺，具有良好的透水性能、较高的脱盐率和较低的工作压力，机械强度和化学稳定性好，能在 pH 值为 4～11 范围内使用，寿命较长。

三、反渗透膜的主要技术指标

脱盐率和水通量是衡量反渗透膜的主要技术指标。

1. 脱盐率

反渗透膜从系统进水中去除可溶性杂质浓度的百分比，称为脱盐率。即脱盐率＝(1－产水含盐量/进水含盐量)×100％。

$$R=(c_F-c_P/c_F)\times 100\%$$

式中 c_F——进水中溶质的浓度，kg/m^3；

c_P——产水中溶质的浓度，kg/m^3。

反渗透对不同物质的脱除率与物质的结构和分子量有关。对高价离子及复杂单价离子的脱除率一般大于 99％，对单价钠离子、钾离子、氯离子的脱除率稍低；对分子量大于 100 的有机物脱除率可达到 98％，但对分子量小于 100 的有机物脱除率较低。

2. 水通量

水通量是单位时间、单位面积内通过反渗透膜的水量。它取决于膜的性质和原水水质、工作压力和水的温度。

四、反渗透膜组件

反渗透膜组件主要有螺旋卷式、中空纤维式、板框式和管式四种，常用的是螺旋卷式和中空纤维式两种。

1. 螺旋卷式反渗透膜组件

螺旋卷式反渗透膜组件采用平板膜，其结构与螺旋板式换热器类似，如图 5—30 所示。在两层膜中间夹一层多孔支撑材料，构成膜叶，并将它们的三端密封，另一边与一根多孔中心管连接。在下面铺上一层供废水通过的多孔透水格网，然后将它们的一端粘贴在多孔集水管上，绕管卷成螺旋卷便形成一个卷式反渗透膜组件。最后把几个组件串联起来，装入圆筒形耐压容器中，便组成螺旋卷式反渗透装置。原料进入组件后，在隔网中的流道沿平行于中心管方向流动，而透过物进入膜袋后旋转着沿螺旋方向流动，最后汇集在中心收集管中再排出。这种组件装置的优点是单位体积内膜的装载面积大、结构紧凑、占地面积小；缺点是容易堵塞、清洗困难，因此，对给水的预处理要求严格。

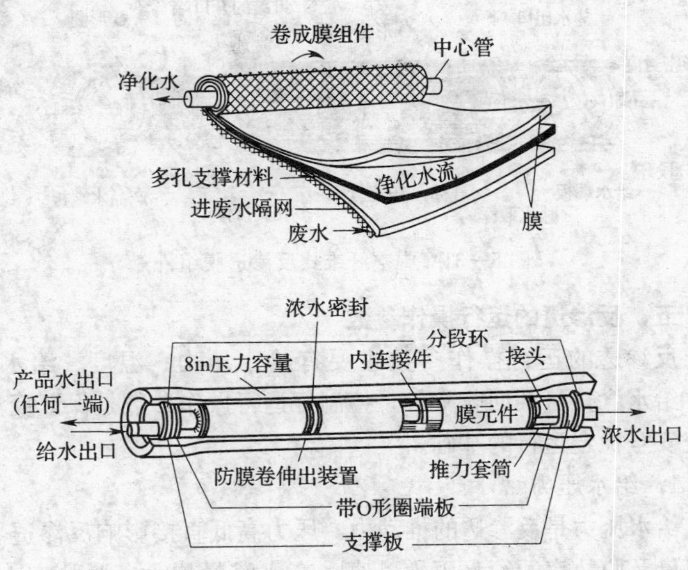

图 5—30　螺旋卷式反渗透膜组件内部示意图

2. 中空纤维式反渗透膜装置

中空纤维式反渗透膜组件将膜材料制成外径为 80～400 μm、内径为 40～100 μm 的空心丝管，即为中空纤维式反渗透膜，如图 5—31 所示。将大量的中空纤维一端封死，另一端用环氧树脂浇注成管板，装在圆筒形压力容器中，就构成了中空纤维膜组件，结构类似列管式换热器，由几千根甚至几百万根中空纤维组成。大多数膜组件采用外压式，即高压原料在中空纤维膜外侧流过，透过物则进入中空纤维膜内侧。这种装置的优点是装填密度极大，且不需外加支撑材料，装备紧凑；缺点是膜易堵塞，不容易清洗，对原液预处理要求严，膜损坏后难以发现。

目前生产过程中常用的两种反渗透装置为醋酸纤维膜或复合膜的卷式反渗透装置和芳香聚酰胺膜的中空纤维式反渗透装置。

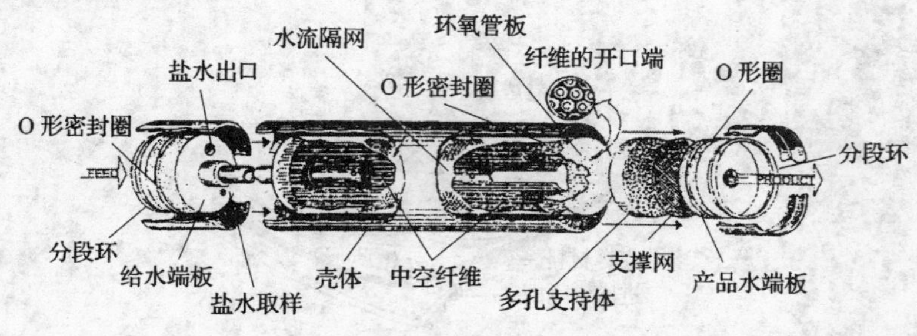

图 5—31　中空纤维式反渗透膜组件

五、反渗透的运行操作参数

反渗透的运行操作参数主要有给水压力、温度、给水 pH 值、给水含盐量和回收率等，控制好运行操作参数是保证反渗透系统安全稳定运行的基础。

1. 给水压力

给水压力是反渗透的推动力，压力高低直接影响反渗透系统的流量及脱盐率。给水压力升高，产水流量增大，脱盐率上升。当给水压力超过一定值时，由于过高的回收率，会加大反渗透浓差极化，导致盐透过量增加，使得脱盐率不再增加。

2. 温度

反渗透产水量及电导率对给水水温的变化十分敏感，水温升高，产水量呈线性增加，给水水温每升高 1℃，产水量增加 2.5%～3.0%；给水水温的升高会导致透盐率的增加。因此，反渗透给水温度升高，产水流量增大，脱盐率下降。

3. 给水 pH 值

给水 pH 值对产水量几乎没有影响，而对脱盐率影响较大。由于水中溶解的 CO_2 受 pH 值影响较大，pH 值低时 CO_2 以气态形式存在，容易透过反渗透膜，所以 pH 值低时脱盐率较低；pH 值升高，气态 CO_2 转化为 HCO_3^- 和 CO_3^{2-} 离子，不容易透过反渗透膜，所以脱盐率上升。pH 值在 7.5～8.5 时，脱盐率达到最高。

4. 给水含盐量

给水含盐量升高，反渗透膜渗透压增加，在给水压力不变的情况下，产水流量降低。透盐率与膜两侧盐浓度差成正比，给水含盐量越高，浓度差也越大，透盐率上升，从而导致脱盐率下降。因此，给水含盐量上升，产水流量和脱盐率下降。

5. 回收率

回收率又称产水率，指反渗透将给水转化为产品水的百分比。

回收率＝（产品水流量/给水流量）×100％

回收率主要取决于对产品水质量的要求、原水水质和污染物质等。回收率越高，水的利用率越高，但回收率过高，会因难溶盐类等杂质的过饱和而发生沉淀污染反渗透膜。因此，反渗透运行过程中必须控制回收率，避免膜污染。

六、反渗透水处理工艺常见的几种形式

反渗透的级是指淡水经过反渗透的次数，多级设置主要是为了提高产品水质；反渗透的段是指浓水经过反渗透处理的次数，多段设置主要是为了提高回收率。

1. 一级一段（见图 5—32）

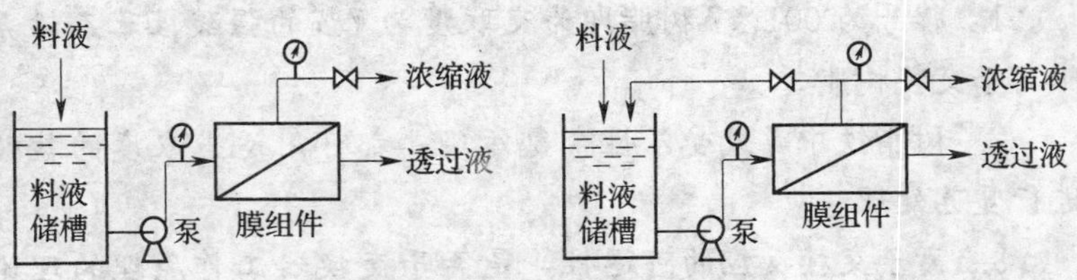

图 5—32　一级一段反渗透系统

给水进入膜组件后，浓缩液和产水被连续引出，这种方式水的回收率不高，工业应用较少。另一种形式是一级一段循环式工艺，将浓水一部分返回料液槽，这样浓溶液的浓度不断提高，因此产水量大，但产水水质下降。

2. 一级多段

当用反渗透作为浓缩过程时，一次浓缩达不到要求时，可以采用这种方式，浓缩液体体积可减少而浓度提高。图 5—33 所示为一级二段反渗透系统。

3. 二级一段（见图 5—34）

一级反渗透产品水再经过反渗透装置，进一步提高产品水质，满足生产需求。

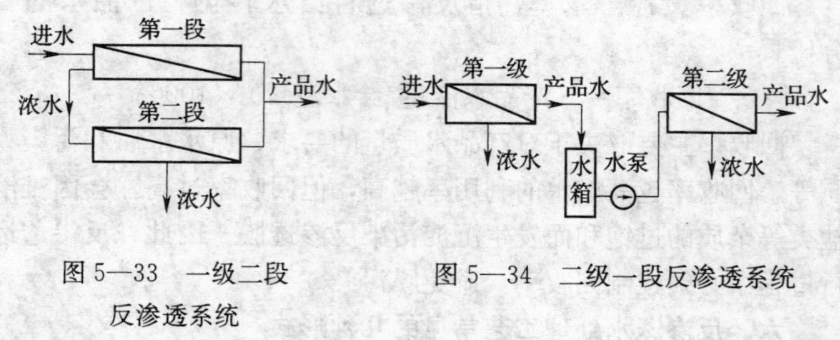

图 5—33 一级二段反渗透系统

图 5—34 二级一段反渗透系统

练 习 题

一、判断题

1. 牌号为 001×7 树脂即为交联度为 7%的强酸性苯乙烯系阳离子交换树脂。（ ）

2. 树脂铁中毒或受活性余氯污染，都可用适当浓度的盐酸进行复苏处理。（ ）

3. 离子交换反应的可逆性，是离子交换器工作原理的理论依据。（ ）

4. 原水悬浮物含量较高时会污染树脂，影响树脂的交换能力。（ ）

5. 周期制水量减少，一般都是树脂中毒造成的。（ ）

6. 水经钠离子交换后，只能除去硬度，碱度不变。（ ）

7. 自动控制离子交换器具有自动再生、无须管理的优点。（ ）

8. 自动控制软水器的盐罐内，通常应保持有6%～8%浓度的盐水。 （ ）

二、选择题

1. 水经钠离子交换的，水中的碱度将（ ）。

A. 保持不变　　B. 会降低

C. 有所提高　　D. 不确定

2. 为了防止树脂被污染，要求进 Na^+ 交换器的原水悬浮物含量不大于（ ）mg/L。

A. 20　　B. 10

C. 5　　D. 3

3. 钠离子交换器失效后，一般用（ ）作为再生剂。

A. 工业盐　　B. 盐酸

C. 低钠盐　　D. 含碘盐

4. 钠离子交换器内一般填装的树脂是（ ）。

A. 强碱性阴离子交换树脂

B. 强酸性阳离子交换树脂

C. 弱碱性阴离子交换树脂

D. 弱酸性阳离子交换树脂

5. 经钠离子交换器处理后，合格的出水中阳离子几乎都是（ ）。

A. Na^+　　B. H^+

C. Ca^{2+}　　D. Mg^{2+}

6. 一般001×7（732）树脂的最高允许温度为（ ）℃

A. 25　　B. 100

C. 50　　D. 150

7. 从离子交换树脂的选择性顺序可知，（ ）最易被强酸性阳离子交换树脂吸附而不易被再生除去。

A. Na^+　　B. Fe^{3+}

C. Ca^{2+}　　D. H^+

8. 从离子交换树脂的选择性顺序可知，弱酸性阳离子交换树脂最易吸附（　　），因此宜用酸再生。

A. Na^{+}　　B. Fe^{3+}

C. Ca^{2+}　　D. H^{+}

9. 逆流再生钠离子交换器，如用食盐溶液作再生剂，其合适的浓度是（　　）。

A. 10%　　B. 8%～10%

C. 2%～4%　　D. 4%～6%

第六章

锅内加药水处理

本章知识要点

1. 熟悉锅内水处理的原理、特点及使用范围
2. 了解常用药剂的原理
3. 掌握常用药剂用药量的计算及加药方法

第一节　概　　述

一、锅内水处理的原理、特点

锅内水处理是最基础的水处理方法之一。根据水源水质的情况，向锅炉给水或锅内投加适当的药剂，与锅水中的结垢物质（主要是钙、镁盐类）发生化学、物理作用，而生成细小松散的水渣和软泥，然后通过排污从锅炉中排出，达到减轻或防止锅炉传热面结垢和腐蚀的目的，这种水处理方法的特点是反应过程在锅内进行，也称为锅内加药水处理。其基本目的是减缓水垢的结生速度；保持良好的蒸汽品质和防止锅炉金属构件的腐蚀。

简单锅内水处理法早已产生，如加碱法、三钠一胶法等，但面对各地复杂的水质处理效果不理想。随着工业发展和科技进步，经广大水处理科技人员的努力，近年来各种有机合成药剂纷纷出现，特别是有机膦酸盐和聚羧酸等缓蚀阻垢剂，如羟基亚乙基二膦酸、氨基三亚甲基磷酸、丙烯酸酯共聚物等。在除氧剂方

面，曾使用最多的是联氨（N_2H_4）。因其毒性大、危害人体健康，已基本不用。近来使用较多的除氧剂包括甲乙基酮肟、二甲基酮肟、复合乙醛肟、异抗坏血酸钠等。这些新型药剂的研制开发为锅内加药水处理的应用带来了良好的契机。

锅内水处理的优越性如下：

1. 锅内水处理设备简单、投资小成本低、操作简便。

2. 对水质适用范围较大，处理得当，防垢率可达 80%以上。

3. 有利于环保，锅内水处理几乎对环境无污染。

锅内水处理也可以作为锅外水处理的继续和补充。给水经锅外处理后，总硬度虽然降至 0.03 mmol/L 以下，但这些残余硬度仍有结生水垢的可能。另外，锅外水处理后，软化水必须除氧，否则将产生较严重的氧腐蚀。使用锅外软水的锅炉，还应添加消除残余硬度和防止腐蚀的药剂。因此锅内加药水处理是锅外水处理的继续和补充。

二、适应范围

根据《工业锅炉水质》（GB/T 1576—2008）规定，使用锅内加药处理的锅炉应符合下列条件：

1. 自然循环蒸汽锅炉和汽水两用锅炉

额定蒸发量≤4 t/h，额定蒸汽压力≤1.3 MPa；

给水：浊度≤20.0 FTU，总硬度≤4.0 mmol/L，pH 值（25℃）为 7.0～10.0；

锅水：全碱度 8.0～26.0 mmol/L，酚酞碱度 6.0～18.0 mmol/L，pH 值（25℃）为 10.0～12.0，溶解固形物≤5 000 mg/L，磷酸根10.0～50.0 mg/L。

2. 热水锅炉

额定功率≤4.2 MW（管架式热水锅炉除外）；

给水：浊度≤20.0 FTU，总硬度≤6.0 mmol/L，pH 值（25℃）为 7.0～11.0，油≤2.0 mg/L；

锅水：pH 值（25℃）9.0～11.0，磷酸根 10.0～50.0 mg/L。

三、锅内加药水处理的基本要求

采用锅内加药水处理，应先排污后加药，应每班进行水质化验监测。如果锅水相关指标不合格，应及时调整加药量。

1. 对症下药

锅内水处理药剂品种繁多，既有软化剂、降碱剂，又有除氧剂，所以采用锅内加药水处理法一定要按照因水、因炉、因地制宜的原则，选择适宜的能解决问题的药剂。

2. 量水投药

要根据水量的多少，计算出比较准确的药量进行投加。即不能多投，又不能少投，更不能不投。一定要保证在锅炉上水的同时，把药剂按规定投加进去，与给水中的有害杂质进行反应。

3. 科学排污

在加药的同时，一定做到合理排污，为了将新生成的泥垢排出锅炉，防止结生二次水垢，一定要根据化验结果进行科学排污。

4. 严格监督

为了使所加水处理药剂品种数量合适，一定要做到严格监督给水、锅炉水的品质，使之符合《工业锅炉水质》（GB/T 1576—2008）的规定。另外锅炉排污是否合理，也要完全靠严格的化验监督。如果没有严格的化验监督，加药和排污都是盲目的。严格准确的化验监督，是判断给水、锅水是否达到水质标准的唯一重要手段。

第二节　锅内水处理药剂

一、常用水处理药剂的种类

锅内水处理常用药剂根据处理目的不同可以分为以下几种：

1. 软水剂（防垢剂）

这类药剂用来消除给水中的硬度，使结生水垢的物质转变为软泥。

(1) 烧碱（NaOH）、纯碱（Na_2CO_3）、磷酸盐等（磷酸三钠和六偏磷酸钠）。

(2) 有机胶体。主要有栲胶和腐钠。

(3) 有机水质稳定剂。主要有有机膦酸盐（如乙二胺四甲叉膦酸）和有机羧酸盐（如聚马来酸酐）。

2. 降碱剂

主要用来降低给水锅水碱度，以防止汽水共腾和苛性脆化。降碱剂主要有磷酸、磷酸二氢钠或草酸、硫酸铵等。

3. 缓蚀剂

为了防止锅炉腐蚀，需投加有机膦酸盐、磷酸钠、亚硝酸钠等缓蚀剂。氧腐蚀严重时尚需投加亚硫酸钠亚硝酸钠和有机除氧剂。过去常用的联氨等，因其毒性较大，现已很少采用。

4. 消沫剂

用来防止因锅炉水中含盐量过高而引起的汽水共腾。目前采用的消沫剂为酰胺类消沫剂和聚醚型消沫剂。如聚氧乙烯甘油二硬脂酸酯，简称 GPES—2。

二、常用药剂的性能

1. 氢氧化钠（NaOH、烧碱）

氢氧化钠（NaOH）也称烧碱、火碱或苛性钠，是白色固体，密度为 2.13 g/cm^3，吸水性很强，在空气中易潮解，溶于水时能放出大量的热，对皮肤有强烈的腐蚀性，是一种强碱。其作用如下：

(1) 消除给水中的碳酸盐硬度和镁硬度。

$$Ca(HCO_3)_2 + 2NaOH = CaCO_3\downarrow + Na_2CO_3 + 2H_2O$$

$$Mg(HCO_3)_2 + 4NaOH = Mg(OH)_2\downarrow + 2Na_2CO_3 + 2H_2O$$

$$MgSO_4 + 2NaOH = Mg(OH)_2\downarrow + Na_2SO_4$$

$$MgCl_2 + 2NaOH = Mg(OH)_2\downarrow + 2NaCl$$

从上述反应可以看出，只有非碳酸盐硬度消耗碱剂，而碳酸盐硬度与氢氧化钠作用后，除产生 $CaCO_3$，$Mg(OH)_2$ 等沉淀外，还同时生成等物质量的 Na_2CO_3。

（2）防止结垢性物质在金属表面结生水垢。大量的 OH^- 在锅水中能吸附在碳酸钙质点周围，使细小分散的碳酸钙质点带有负电荷，不致互相合并，继续增大。另外，当锅炉蒸发面没有水垢时，带有负电荷的碳酸钙质点与锅炉金属表面带有相同的电荷，因而可以阻止静电吸引作用，防止或减少在金属表面上附着形成水垢。

（3）使锅炉水保持一定的碱度，防止锅炉的酸性腐蚀。当锅炉水中 $[OH^-]$ 增加，pH 值达到 9.5～11.5 时，锅炉金属表面的保护层就比较稳定，可以阻止水中的溶解氧对锅炉金属的腐蚀，进而减缓了氧对金属的腐蚀。

2. 碳酸钠（Na_2CO_3、纯碱）

碳酸钠（Na_2CO_3）即纯碱，又称苏打，是白色粉末状固体，密度为 2.53 g/cm³，易溶于水，水溶液呈碱性，能吸收空气中的水分和二氧化碳，生成碳酸氢钠。碳酸钠的主要作用如下：

（1）消除给水中钙硬度。

$$CaSO_4 + Na_2CO_3 = CaCO_3\downarrow + Na_2SO_4$$

$$CaCl_2 + Na_2CO_3 = CaCO_3\downarrow + 2NaCl$$

（2）在锅炉内，由于压力的作用，部分 Na_2CO_3 可以水解为 NaOH，因而具有与 NaOH 相同的作用。

$$Na_2CO_3 + H_2O \xrightleftharpoons{\text{压力温度}} 2NaOH + CO_2\uparrow$$

碳酸钠的水解程度随着锅炉压力的升高而迅速增加，见表 6—1。

表 6—1　　不同锅炉压力时碳酸钠的水解率

锅炉压力（MPa）	0.2	0.4	0.5	0.6	0.7	0.8	0.9	1.0	1.3	1.5	2.0	5.0
碳酸钠的水解率（%）	2	10	15	20	25	30	35	40	50	60	78	97

由表 6—1 可见，当锅炉压力为 0.8 MPa 时，碳酸钠的水解率为 30%；1.5 MPa 时，水解率为 60%；5.0 MPa 时，水解率达 97%，这时碳酸钠几乎全部水解为 NaOH，锅水中 CO_3^{2-} 离子浓度极低，因而在中、高压锅炉上，不能用碳酸钠来消除钙硬度。

对于工作压力太低的锅炉，如压力为 0.5 MPa 以下时，碳酸钠的水解度在 15%以下，锅炉水中的 OH^- 浓度太低。特别是热水锅炉，碳酸钠几乎没有分解，因而当锅炉水需要较高 OH^- 浓度或 pH 值时，就不宜使用碳酸钠，应添加氢氧化钠。

3. 磷酸钠（$Na_3PO_4 \cdot 12H_2O$）

磷酸钠为白色晶体，密度为 1.62 g/cm³，在干燥空气中能风化。其作用如下：

（1）沉淀给水中的钙、镁盐类，具有代替碳酸钠的作用。

$$3CaSO_4 + 2Na_3PO_4 = Ca_3(PO_4)_2 \downarrow + 3Na_2SO_4$$

$$3CaCl_2 + 2Na_3PO_3 = Ca_3(PO_4)_2 \downarrow + 6NaCl$$

$$3MgSO_4 + 2Na_3PO_4 = Mg_3(PO_4)_2 \downarrow + 3Na_2SO_4$$

$$3MgCl_2 + 2Na_3PO_4 = Mg_3(PO_4)_2 \downarrow + 6NaCl$$

（2）增加软泥水渣的流动性。磷酸钠与钙镁离子生成的 $Ca_3(PO_4)_2$ 和 $Mg_3(PO_4)_2$ 沉淀物是一种高度分散的胶体颗粒，在锅炉水中能作为一种补充的结晶中心，使碳酸钙、氢氧化镁等沉淀在其周围析出，软泥质点变得细小而分散，具有一定的流动性，可减少在传热面上附着。

在锅炉运行条件下，由于锅水 pH 值较高（10～12），当锅水中同时存在 Na_3PO_4 和 NaOH 时可发生如下反应：

$$10Ca(HCO_3)_2 + 6Na_3PO_4 + 2NaOH = Ca_{10}(OH)_2 \cdot (PO_4)_6 \downarrow \text{（羟磷灰石）} + 10Na_2CO_3 + 10H_2O + 10CO_2 \uparrow$$

生成的产物羟磷灰石是一种松软而不易黏附的软泥，它易随着锅炉排污排出。因而磷酸钠不仅可以用做沉淀剂，还可用来作为软泥调节剂。Na_3PO_4 常用来处理硬度低而含硅量较高的水，以防止生成硅酸盐水垢。其反应如下：

$Mg_3(PO_4)_2 + 2Na_2SiO_3 + 2NaOH + H_2O = 3MgO \cdot 2SiO_2 \cdot 2H_2O$（蛇纹石）$+ 2Na_3PO_4$

蛇纹石是一种流动性较好，不易黏附在受热面上的软泥。

（3）能使硫酸盐和碳酸盐等老水垢疏松脱落，对没有水处理的锅炉生成的老水垢的处理尤为显著。主要因为 $Ca_3(PO_4)_2$ 比 $CaSO_4$ 和 $CaCO_3$ 更易生成。

（4）防止金属腐蚀。在锅炉金属表面上生成磷酸铁的保护膜，从而防止锅炉金属腐蚀的作用。

4. 磷酸氢二钠（Na_2HPO_4）与磷酸二氢钠（NaH_2PO_3）

当给水中钠、钾碱度较高时，宜采用磷酸氢二钠或磷酸二氢钠代替磷酸钠以降低锅炉水碱度。

$$Na_2HPO_4 + NaHCO_3 = Na_3PO_4 + H_2O + CO_2 \uparrow$$

$$NaH_2PO_4 + 2NaHCO_3 = Na_3PO_4 + 2H_2O + 2CO_2 \uparrow$$

5. 六偏磷酸钠［$(NaPO_3)_6$］

六偏磷酸钠为玻璃状固体，密度约为 2.5 g/cm^3，熔点为616℃（分解），有较强的吸湿性能，在水中溶解度较大，但溶解速度较慢。

其结构式为：

```
 ⎛        O        O        O         ⎞
 ⎜        ‖        |        ‖         ⎟
 ⎜ NaO—P—O—P—O—P—ONa       ⎟
 ⎜        |       / \       |         ⎟
 ⎜        O      O   O      O         ⎟  Na2
 ⎜        |       \ /       |         ⎟
 ⎜ NaO—P—O—P—O—P—ONa       ⎟
 ⎜        ‖        |        ‖         ⎟
 ⎝        O        O        O         ⎠
```

主要作用如下：

（1）防止给水硬度过高引起的给水系统堵塞现象。六偏磷酸钠能与钙、镁离子生成较为稳定的络合离子 $[Ca_2(PO_3)_6]^{2-}$，$[Mg_2(PO_3)_6]^{2-}$ 等。即使水中有较多的 SO_4^{2-}、CO_3^{2-}、PO_4^{3-} 离子，均不足以破坏 $[Ca_2(PO_3)_6]^{2-}$ 离子而使钙沉淀出来在给水系统中结生水垢。

$$Na_2[Na_4(PO_3)_6] + 2Ca^{2+} = Na_2[Ca_2(PO_3)_6] + 4Na^+$$

$$Na_2[Na_4(PO_3)_6] + 2Mg^{2+} = Na_2[Mg_2(PO_3)_6] + 4Na^+$$

（2）起到磷酸钠的作用。六偏磷酸钠可以水解为磷酸二氢钠。

$$(NaPO_3)_6 + 6H_2O = 6NaH_2PO_4$$

当六偏磷酸钠进入锅炉中遇到 NaOH 时，能生成 Na_3PO_4，因而可起到磷酸钠的作用。

$$(NaPO_3)_6 + 12NaOH = 6Na_3PO_4 + 6H_2O$$

在配制锅内水处理药剂时，应防止六偏磷酸钠与氢氧化钠直接混合。

值得注意的是，若锅炉给水中镁硬度较大，磷酸盐在锅中与镁离子生成的磷酸镁颗粒会黏附在锅炉金属传热面上形成一层黏软水垢。这种黏软水垢的传热性能差，使锅炉传热面的热传导性能下降，严重时，会使锅炉金属传热面发生过烧、变形等现象。因而使用磷酸盐时，必须根据给水水质控制磷酸盐的用量。

6. 栲胶

栲胶的主要成分为单宁（占 60%左右），它是由柞树、落叶松树皮或橡子壳等植物经浸渍、抽提加工而成的棕红色粉末或块状固体。其主要作用如下：

（1）络合—凝集作用。单宁可与水中的 Ca^{2+}、Mg^{2+} 离子生成络合物阻止锅水中 Ca^{2+} 和 Mg^{2+} 离子以水垢的形式沉析。同时它在锅水中固相质点的外层形成隔离膜，破坏固相质点的增长而凝集成软泥随锅炉排污排出锅外，防止水垢的产生。

（2）在锅炉金属传热面上形成电中性的绝缘层，破坏金属和水垢形成物之间的静电吸引作用。

（3）能吸收给水中的溶解氧，减少氧对金属的腐蚀。栲胶中单宁的结构含有数个酚羟基的苯核，具有多元酚易氧化的性质。当单宁溶解在碱性水中时，部分单宁水解成没食子酸。当进入锅炉后，温度在 180℃以上时，没食子酸易脱羟，进而分解成没食子酚（联苯三酚）。

COOH

HO OH

OH

没食子酸

$\xlongequal{>180℃}$

HO OH

OH

联苯三酚

$+CO_2\uparrow$

联苯三酚是强还原剂，在碱性溶液中很快吸收氧气，反应如下：

OH

HO OH

2

$\xlongequal[\text{脱水}]{\text{碱性溶液}}$

ONa

2 NaO ONa

ONa

NaO ONa

2

$+\frac{1}{2}O_2 \xlongequal{>15℃}$

NaO ONa

NaO— —ONa

NaO ONa

$+H_2O$

因而，碱性单宁是一种有效的脱氧防腐剂，详见表 6—2。

表 6—2　各种栲胶的吸氧能力

栲胶品种	吸氧量（cm^3O_2/g 单宁）	栲胶品种	吸氧量（cm^3O_2/g 单宁）
固体坚木	163～183	柯子	60～142
液体坚木	72～175	固体栗栎	135～140

续表

栲胶品种	吸氧量（cm^3O_2/g 单宁）	栲胶品种	吸氧量（cm^3O_2/g 单宁）
固体儿茶	85～108	液体云杉	25～46
液体铁杉	53～136	液体栗栎	89～206
固体黑儿茶	48～106	单宁酸（化学纯）	208～238
液体漆树	58～175	焦栲酸（化学纯）	245～264

（4）大量的栲胶还能使老水垢疏松脱落。用大量的栲胶进行煮锅，在碱性条件和高温条件下，锅炉水中有氧化后的单宁和没食子酸，通过渗透作用，一部分渗透到水垢内部，促使碳酸盐水垢转化为单宁酸盐或没食子酸盐，使水垢变得松软，易于脱落；另一部分通过水垢裂纹处，渗透到水垢与锅体钢板间，溶解了钢板表面的一层氧化铁层，破坏了水垢对原钢板表面氧化铁层的附着作用，使水垢剥离。锅炉钢板表面氧化铁层脱落后与单宁生成单宁酸铁，形成新的保护膜。

三、有机类药剂

目前在锅炉内水处理阻垢、防腐配方中已广泛应用聚电解质和膦的有机化合物作为新一代的软泥调节剂代替栲胶和磷酸盐。有关这方面的报导很多，但实际应用于锅内水处理的主要为聚羧酸盐和有机膦酸盐二类。

1. 有机膦酸盐

锅内水处理配方，有时使用聚磷酸盐如六偏磷酸钠或三聚磷酸钠来阻垢，稳定水质防止给水系统结垢。在低温时聚磷酸盐稳定水质的性能较好，但是在高温时它们会分解形成 PO_4^{3-}，进而与锅炉水中的 Ca^{2+} 和 Mg^{2+} 生成 $Ca_3(PO_4)_2$ 和 $Mg_3(PO_4)_2$ 沉淀。尤其是磷酸镁沉淀是一种白色的黏糊状物质，它的导热系数较低，黏附于锅炉传热面上后，容易造成锅炉传热面发生过烧，甚至变形。20 世纪 60 年代开发了含膦的有机化合物，这类化合物的特点是化学稳定性好，不易水解和降解。阻垢性能优于无机聚磷酸盐，且使用的剂量也比无机聚磷酸盐低。尤其是它们与聚电角质复合使用会产生药剂的增效作用，从而使药剂的缓蚀阻垢效果得到提高。

这类药品如氨基三甲叉膦酸（ATMP)、乙二胺四甲叉膦酸(EDTMP)、羟基乙叉二膦酸（HEDP）等。

此外有机膦酸酯也可用于锅内水处理阻垢，如氨甲基膦酸酯。

有机膦酸盐是中等强度的酸，其水溶液呈橙红色至棕色，有一定的腐蚀性。为了运输和储存方便，一般以 NaOH 中和成钠盐后出售。

（1）有机膦酸盐的主要性能

1）易溶于水，难溶或不溶于有机溶剂，在无水乙醇或丙酮等溶剂中可以析出白色或浅黄色固体。固体极易吸湿。

2）水解稳定性好，分子中的 C－P 键比较稳定，在正常使用条件下不会水解成正磷酸，甚至在和稀硫酸共沸时也不产生正磷酸根离子。

3）热稳定性高，EDTMP 在 200℃的高温下，仍保持良好的阻垢性能，因此它是一个很好的低压锅炉的锅内阻垢缓蚀剂。

4）基本上无毒或低毒。据报道它们对哺乳动物的毒性是非常低的，有些几乎没有毒性。某些膦酸可以作为药品，如静脉注射 HEDP 金属螯合物以检查人体骨骼的部位。

5）抗氧化性能好，给水中如含有消毒的余氯时，不受其干扰和破坏。

（2）有机膦酸盐的阻垢原理

有关有机膦酸盐的作用机理的研究仍在深入进行，本书仅作探讨性介绍。

1）络合作用。有机膦酸盐和 Ca^{2+}、Mg^{2+} 能生成很稳定的络合物，因而降低了水中 Ca^{2+}、Mg^{2+} 浓度，$CaCO_3$ 析出的可能性变小。例如，当 1 mg ATMP 在 20℃水中，可使 95 mg/L 的

$CaCO_3$在溶液中保持24小时。

2）开尔文效应。有机膦酸盐不仅能和离子形成稳定的络合物，而且还可以吸附在$CaCO_3$、$Mg(OH)_2$的小晶体上，和它们发生物理吸附，同时包围$CaCO_3$，使得$CaCO_3$小晶体难以发生碰撞而不易生$CaCO_3$的大结晶。

3）晶格歪曲理论。这是目前对阻垢应用的最普遍的一种看法。即一般认为有机膦酸盐对$CaCO_3$等垢层的抑制作用，主要是它对这些垢层晶格生长起着干涉作用，使$CaCO_3$的晶体结构发生很大的畸变，由于有机膦酸盐的干涉，使$CaCO_3$结晶不能继续按正常规则生长，使$CaCO_3$不再继续增长，这就是所说的晶格被歪曲。所产生的一些较大的非结晶的颗粒，容易被水流等因素冲刷分散，从而使$CaCO_3$硬垢转变成疏松的软泥，阻止$CaCO_3$在锅炉蒸发面上结生为牢固的水垢。

2. 聚羧酸类

这类物质有时也称为聚电解质，它们的分子量常小于10^4，也有高达10^6的，但无论如何变化，实际使用剂量通常非常少，就能使结垢情况得到较好的控制。

(1) 聚羧酸的分类与名称

聚羧酸可分为两类：一类是含游离羧基的聚合物；另一类是含游离酰胺基的聚合物。

1）含游离羧基的聚合物如聚丙烯酸、聚甲基丙烯酸、聚马来酸酐等。其结构式如下：

聚丙烯酸：

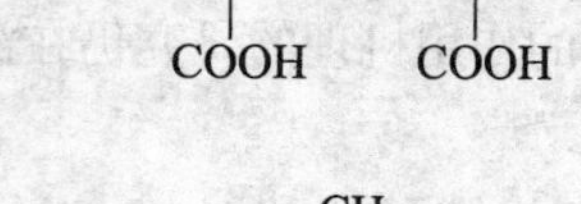

$$[-CH_2-\underset{\displaystyle COOH}{\underset{|}{CH}}-CH_2-\underset{\displaystyle COOH}{\underset{|}{CH}}-]_n$$

聚甲基丙烯酸：

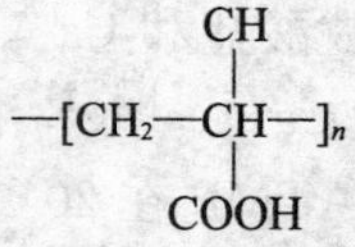

$$-[CH_2-\overset{\displaystyle CH}{\overset{|}{\underset{\displaystyle COOH}{\underset{|}{CH}}}}-]_n$$

聚马来酸酐：

$$(-\underset{\underset{C}{|}}{CH}-\underset{\underset{C}{|}}{CH}-)_n-(-\underset{\underset{C}{|}}{CH}-\underset{\underset{C}{|}}{CH}-)_n$$

（两个 C 之间以 O 相连成环，每个 C 另以双键连一个 O）

实际应用的为经部分水解的产品：

$$[-\underset{\underset{COOH}{|}}{CH}-\underset{\underset{COOH}{|}}{CH}-\underset{\underset{CO}{|}}{CH}-\underset{\underset{CO}{|}}{CH}-]_n$$

（两个 CO 之间以 O 相连）

马来酸-苯乙烯共聚物：

$$[-CH_2-\underset{\underset{C_6H_5}{|}}{CH}-\overset{\overset{COOH}{|}}{C}-\underset{\underset{COOH}{|}}{CH}-CH_2-\underset{\underset{C_6H_5}{|}}{CH}-]_n$$

2）含游离酰胺基的聚合物，如聚丙烯酰胺，其结构式为：

$$[-CH_2-CH\ (CONH_2)]_n-$$

（2）聚羧酸的性质

锅炉水处理中应用的聚羧酸类产品，国内一般为棕色液体，含量在50%左右。这类药品的热稳定性较好，在200℃以上仍然能保持优良的阻垢性能，国外大量应用于海水淡化闪蒸装置的阻垢。

（3）聚羧酸类聚合物阻垢机理

1）凝聚和随后分散的作用。人们假设，金属表面上垢的形成是由于固体质点按一定方式碰撞的结果，由于锅内水不断浓缩及在高温下水中的 $Ca(HCO_3)_2$ 分解成 $CaCO_3$，使锅炉水形成 $CaCO_3$ 的过饱和溶液而使 $CaCO_3$ 沉淀出来。最初析出的 $CaCO_3$ 是微小晶体，这种微小晶体在溶液中由于热运动（布朗运动）不断地互相碰撞而形成大晶体。按照晶体学的观点，并非小晶体以任何方式碰撞都能形成大晶体；而是小晶体必须严格按一定的排列次序碰撞才能形成大晶体。这就是说要形成碳酸钙垢层，构成 $CaCO_3$ 垢层的微小的 $CaCO_3$ 晶体在溶液中必须按一种特有的次序集合成排列。如图 6—1 所示，$CaCO_3$ 分子是离子晶体，Ca^{2+} 带有部分正电荷，CO_3^{2-} 带有部分负电荷，只有当分子 b 带正电荷的 Ca^{2+} 离子向分子 a 带负电荷的 CO_3^{2-} 一端碰撞时才能彼此互相结合形成较大的晶体，若这种有规律的碰撞继续不断地进行下去，就逐渐形成了覆盖全部传热面的垢层。

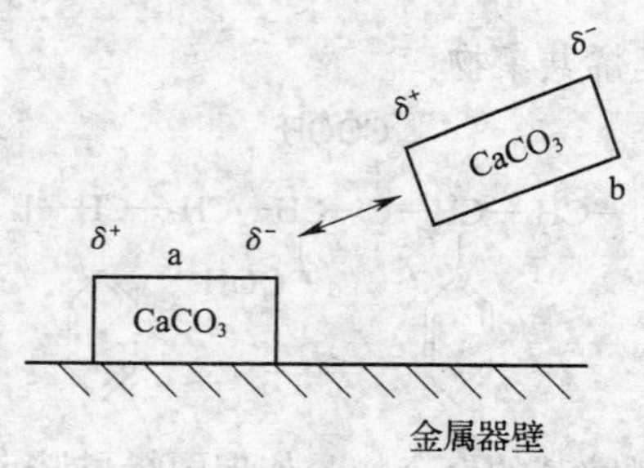

图 6—1　碳酸钙质点的有序排列

聚羧酸类是一种聚电介质，它们在水中能发生电离形成负离子。例如聚马来酸酐在水溶液中离解为

```
[—CH—CH—CH—CH—]ₙ⁻+nH⁺
  |    |    |    |
  C    C   C=O  C=O
 //\  /\\   |    |
 O  O  O    O    O⁻
```

当离解后的聚马酸酐负离子碰到水中的 $CaCO_3$ 小晶体时，首先发生物理吸附和化学反应过程，结果改变了粒子的表面电荷分布，使粒子表面形成双电层，这个双电层使粒子间产生斥力。

当一个聚马来酸酐分子与多个 $CaCO_3$ 小晶体吸附时，这些小晶体均带有相同电荷，相互之间产生静电斥力，进而阻碍了它们之间碰撞形成大晶体，也阻碍了它们与金属传热面的碰撞，使之不易形成垢层。由于上述作用，使得多个 $CaCO_3$ 小晶体被吸附在一个聚马来酸酐分子上而相对聚集起来，这种作用称为凝聚作用。

当这种吸附了 $CaCO_3$ 粒子的聚马来酸酐分子碰到其他聚马来酸酐分子时（或者说吸附产物扩散到聚马来酸酐浓度相对较高区域时）会把吸附的粒子转移给其他聚马来酸酐分子，使总的结果呈现出分散平均的情况。

如果水中聚合物有足够的数量，固体粒子表面的吸附密度就很高，致使固体粒子在水中呈分散状态；如果水中相应区域聚合物浓度较低时，已经吸附在固体粒子表面的聚合物和另外的固体粒子继续发生吸附，致使固体粒子在水中呈凝聚状态，如图 6—2 所示。

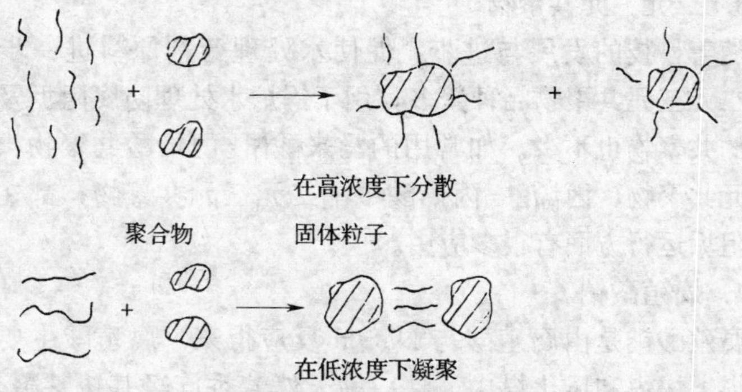

图 6—2　聚羧酸盐在溶液中的凝集和分散

聚羧酸盐的这种分散作用使得成垢的 $CaCO_3$ 粒子稳定地悬浮在锅炉水中，从而阻碍了粒子与粒子间，粒子与锅炉蒸发传热面的碰撞而形成垢层。同时这种凝集、分散作用一方面使形成垢层所需的晶核数量减少，降低了 $CaCO_3$ 的结晶速度；另一方面也使能成垢的 $CaCO_3$ 晶体维持在非常小的颗粒状态，从而提高了颗粒的溶解性能。

这种凝聚与分散作用的大小，与聚电解质本身的扩散程度（类型及分子量大小）、介质的 pH 值和被吸附的晶体颗粒的不同等因素有关。所以在使用时必须考虑不同水质条件，选用适当的聚电介质。

2）晶格歪曲理论。聚羧酸分子中含有的羟基（－COOH）官能团能够参与无机垢形成的化学反应，而这些反应促使形成一个较大的形状不规则的（非结晶状态）化合物，这个物质混入垢层晶体中，像有机膦酸盐的阻垢过程中的作用一样，使垢层停止生长，成垢颗粒转变成软泥随锅炉排污而排出炉外。

3）在传热面上形成一种再生自解脱膜。有人认为聚马来酸酐等聚电介质能在锅炉传热面上形成一种与垢层共沉淀的膜，当这种膜增加到一定厚度时从传热面破裂，并带着一定大小的垢层一起脱离开传热面，这种膜称为再生自解脱膜。

3. 二元三元共聚物

随着科技的发展与进步，促使水处理药剂原料进一步国产化。二元三元共聚物品种繁多，用于锅炉水处理防腐阻垢及运行除垢的共聚物也不少。如常用的马来酸酐-丙烯酸共聚物、依抗酸二元共聚物、丙烯酸-丙烯酸甲酯二元三元共聚物，都在锅炉防腐阻垢运行方面有很多应用。

4. 腐殖酸钠

腐殖酸钠是由腐殖酸与 NaOH 反应得来。腐殖酸主要存在于泥煤、褐煤和风化煤中，是一种天然芳香族羟基羧基聚合物。溶于水的部分称为富里酸（或称黄腐酸），只溶于丙酮、乙醇等有机溶剂而不溶于酸的部分称为棕腐殖酸；溶于碱的部分为胡敏酸（或称黑腐殖酸）。供锅内水处理用的腐殖酸钠，主要以黑腐殖酸含量高的风化煤为原料制取。腐殖酸钠的基本性质如下：

（1）腐殖酸钠是黑色的颗粒状固体，易溶于水。当与酸反应时生成不溶于水的腐殖酸。

（2）热稳定好，曾对腐殖酸进行热分析，发现在 250℃以下腐殖酸中的羧基和酚羟基是稳定的。

四、药剂的使用和加药量计算

锅内加药处理的目的是为了防止锅内和进水系统结垢和腐蚀，由于需处理的水质较复杂，投加单种药品难以同时满足阻垢和防腐要求。因而在实际应用时通常根据需要处理的给水水质采用多种药品组成复合配方。这些配方中一般应包含沉淀剂、缓蚀剂、软泥调节剂三类药品，在某些对蒸汽品质要求高或给水含盐量高的场合，还需在配方中添加消沫剂。

1. 水处理药剂的选择

（1）沉淀剂的选择

在水处理药剂中，用做沉淀剂的主要是氢氧化钠和碳酸钠两种，在给水硬度较低的地区或者工作压力较高的锅炉也有用磷酸钠作为沉淀剂的。

1）氢氧化钠的适用范围。氢氧化钠大都用在碳酸盐硬度比较大或者给水中镁盐含量比较多的地区；使用压力比较低的锅炉，为了维持锅炉的 pH 值也需要用氢氧化钠。在非碳酸盐硬度比较高的地区，为使锅炉水保持一定的 CO_3^{2-}，可将氢氧化钠和碳酸钠复合应用。

2）碳酸钠的适用范围。碳酸钠在锅水中随锅炉使用压力的变化而有部分水解为氢氧化钠，因而其适用范围较宽。它可单独用来消除水中的硬度和保持锅水的碱度，尤其对非碳酸盐硬度较高的给水更合适。碳酸钠可用来制备固体粉末状和块状软水剂，因其价格便宜、使用方便，被广泛地采用。但在中、高压锅炉中，因碳酸钠被大部分水解成氢氧化钠，故不能用它作为沉淀剂。

3）磷酸钠的适用范围。在锅炉水中磷酸钠与钙离子生成磷酸钙的溶度积（10×10^{-25}）为碳酸钙溶度积（4.8×10^{-9}）的 1/15，因而它应是一个极好的沉淀剂，而且磷酸钙、镁的结晶颗粒比较细小分散，所以它也是一种软泥调节剂，由于磷酸钠的价格比碳酸钠高得多，且当量值大，投量较多，因此在低压锅炉中仅在给水硬度低的地区或使用炉外软水的区段用做沉淀剂。在中、高压锅炉中，一般均用磷酸钠作为沉淀剂，以消除锅炉水中的残余硬度。

(2) 软泥调节剂的选择

目前常用的软泥调节剂有栲胶、腐殖酸钠、合成有机物等。

1) 栲胶。栲胶是一种较好的软泥调节剂，它对阻止锅炉传热面水垢的增长，吸收给水中的氧气，防止锅炉金属腐蚀等均有一定的作用，因此过去一直是锅炉内水处理药剂配方中的主要软泥调节剂。近年来它已逐渐被腐殖酸钠及合成有机化合物替代。

2) 合成有机化合物。合成有机化合物在锅内水处理中应用较多的是聚马来酸酐（HPMA）、聚丙酸钠（PAC）和乙二胺四甲叉膦酸钠（EDTMPS）。聚羧酸类软泥调节剂适用于中高硬度给水水质，当给水硬度在 3～8 mmol/L，非碳酸盐硬度小于 2.5 mmol/L时效果较好。乙二胺四甲叉膦酸钠兼具阻垢和防腐的功能，在低硬度水质中也有效。当给水中镁硬度超过 2 mmol/L 时，要控制其投加量。

3) 腐殖酸钠。腐殖酸钠的适用水质范围较宽，无论是低硬度或中、高硬度给水水质，其阻垢效果均比栲胶好。但在中、高硬度水中的阻垢效果比聚羧酸盐差。

在给水硬度低于 2 mmol/L 且镁硬度较低时，或使用软化水的锅炉中，它可与磷酸钠复合使用，或与乙二胺四甲叉膦酸钠复合使用。

需要注意的是软泥调节只能起到调节软泥性质的作用，使用时锅炉水的碱度必须在 8 mmol/L 以上。

2. 水处理药剂复合配方组成及其与水质的关系

由于我国幅员辽阔，各地给水中存在的金属离子种类及配比、数量变化较大；单独使用某种药品进行处理往往达不到预期的阻垢要求，同时各种药品对水中不同金属离子的阻垢性能也有很大的差异，因而实际工作中需几种药品复合组成阻垢配方来降低锅炉水垢的生长速度，而不是仅用一种药品。

例如，聚马来酸酐对钙的阻垢能力较差，但水中存在镁离子时，它的阻垢效率随水中镁离子浓度增加而增大。

EDTMDS 对水中钙、镁离子的阻垢能力正好与聚马来酸酐相反，水中镁离子浓度增加，它的阻垢能力下降，而且投加量越大，阻垢率下降得越多，因而在实际应用时经常根据锅炉给水水质将这两种药品组成复合配方，提高阻垢效率。

在给水硬度低于 1.5 mmol/L，二氧化硅含量比较高（20 mmol/L，$[Mg^{2+}] < [SiO_2]$)时，锅炉易结生硬质硅酸盐水垢，而且水垢结生速度往往很快，甚至可达每年 0.6～1.2 mm。这时可采用下述方法：

（1）投加 NaOH 与腐殖酸钠的复合配方

适当提高氢氧化钠的投加量，使 NaOH、SiO_2 的当量达到 0.8～1.0，这时锅炉水中大部分 SiO_2 胶体转化成 SiO_3^{2-} 而溶解在锅炉水中，可减少硅垢的结生。

$$2NaOH + SiO_2 = Na_2SiO_3 + H_2O$$

（2）采用磷酸盐、碳酸钠和腐殖酸钠复合配方

用碳酸钠消除水中的非碳酸盐硬度和保持碱度，维持锅炉水中有 20～30 mg/L 的剩余 PO_4^{3-}，用腐殖酸钠调节软泥流动性，也能达到较好的阻垢效果。

给水硬度比较高的水质（>4 mmol/L)，若 Mg^{2+} 离子浓度小于 2 mmol/L，可采用碳酸钠、腐殖酸钠与 EDTMPS 组成的复合配方；若 Mg^{2+} 离子浓度大于 2 mmol/L，可采用碳酸钠、聚马来酸酐与 EDTMPS 组成的复合配方。这时 EDTMPS 的投加量需控制在 1×10^{-6} 以下。

给水为锅外软水时，有些地区因水中的 SiO_2 较多，SiO_2 与软水中的残余硬度作用后，在锅炉传热面上结生硅酸盐水垢；有些地区虽然不结生水垢，但出现氧腐蚀，这时应补充投加磷酸钠，并保持锅炉水中有 20～30 mmol/L 的 PO_4^{3-}。必要时可投加

Na_2SO_3 来抑制氧腐蚀。

3. 水处理药剂加药量的计算

（1）锅炉运行期各种药剂的投量

1）沉淀剂的投加量。锅炉使用的沉淀剂主要是碳酸钠和氢氧化钠，用来消除给水中的硬度，使其产生沉淀析出，并保持锅水有一定的碱度。具体加药量计算方法如下：

①非碱性水地区沉淀剂用量的计算

$$G_1 = M \times (YD - \mathrm{JD} + \mathrm{JD_g} P)$$

式中 G_1——锅炉运行正常时的沉淀剂投量，g/t；

YD——给水硬度，mmol/L；

JD——锅炉水碱度标准，mmol/L；

$\mathrm{JD_g}$——给水碱度，mmol/L；

P——锅炉排污率；

M——摩尔质量，NaOH 时为 40，用 Na_2CO_3 时，为 53。

混合使用 Na_2CO_3 和 NaOH 时，其比例可根据水质条件及配制阻垢剂的种类来选择决定，应分别乘以所占总沉淀剂用量的百分比。

②碱性水地区沉淀剂用量的计算

$$G_2 = (\mathrm{JD_g} P - \mathrm{JD_{Na}}) \times M$$

式中 G_2——沉淀剂的投加量，g/t；

$\mathrm{JD_{Na}}$——给水中钾钠碱度，mmol/L。

当 $\mathrm{JD_{Na}}$ 大于 $\mathrm{JD_g} P$ 时，沉淀剂用量将出现负值，此时就不应该再投加碱性沉淀剂，需要加大排污率或适当投用降碱剂以保持锅水的碱度在水质标准以内。

2）软泥调节剂的用量

①栲胶的用量。当给水硬度不大于 4.0 mmol/L 时，每吨水加 5 g。当给水硬度大于 4.0 mmol/L 时，每吨水加 10 g。

②腐殖酸钠用量。根据铁道部科学研究院在室内对给水硬度为 3～6 mmol/L 进行试验的结果，腐殖酸钠的用量在 10×10^{-6}

时即呈现优越的阻垢效率，随着用量的增加，阻垢效率未见明显的变化。用量太多时，锅炉蒸发面发黑，锅水颜色很深，影响锅水化验时对终点的判断，因而用量不宜太多。

③合成有机化合物的用量。聚羧酸盐类和有机膦酸盐的用量必须严格控制。室内试验表明，在给水硬度为 3～6 mmol/L 时，EDTMPS 的投量为（0.5～1.00）$\times 10^{-6}$，阻垢效果最好，用量继续增加时，阻垢效果反而下降，特别是水中镁硬度增加，阻垢效果下降。

使用聚马来酸酐时，在同样硬度的条件下，用量为（1～3）$\times 10^{-6}$时阻垢效果较好，多用时效果反而下降，但它对含有镁硬度的水质，阻垢效果要好一些，因而一般都将聚羧酸盐和有机膦酸盐两种药剂复合使用，有利于适应各种水质，并提高阻垢效果。实际应用时发现聚马来酸酐、EDTMPS 用量过多不仅不能提高阻垢效率，反而会使水垢结生速度加快。

④磷酸盐的用量。磷酸盐作为软泥调节剂和缓蚀剂使用时，一般可按给水总硬度 1 mmol/L，每吨水投加 5～6 g 计算。如给水硬度为 4 mmol/L，则磷酸钠的投加量为每吨水 20～24 g。若给水中的非碳酸盐硬度较大，为了防止给水系统结生水后，可按每 1 mmol/L 硬度，每吨水投加 1.4～1.6 g 六偏磷酸钠计算。

（2）锅炉空炉上水时碱剂的投量

锅炉新投入运行或进行例行检查后重新投入运行时，为了使点火后的锅炉碱度立即达到规定标准，必须一次性向锅炉内投入较多的碱剂和必要量的软泥调节剂。

碱剂用量计算如下：

$$G_3 = M \times (YD - \mathrm{JD} + \mathrm{JD}_g - E)$$

式中 G_3——点火时 $NaOH$ 与 Na_2CO_3 的用量，g/t；

YD——给水总硬度，mmol/L；

JD——给水碱度，mmol/L；

JD_g——锅水碱度，mmol/L；

E——每吨水投入磷酸钠的量，$\frac{Na_3PO_4 \cdot 12H_2O\text{用量(g/t)}}{127}$。

其他药品的用量与运行期的投加量相同。

五、锅外软化水的补充加药处理

锅内水处理可以作为锅外水处理的继续和补充。锅炉给水经锅外软化处理后，总硬度虽然降至 0.03 mmol/L 以下，但这些残余硬度和水中含有的 SiO_2 等物质仍然有结生水垢的可能，这时可添加 NaOH，增加锅水中 NaOH 的含量，一般要求 NaOH/SiO_2 的当量比达到 0.8～1.0，使水中大部分胶体 SiO_2 转变成 SiO_3 而溶解于锅水中，可减少含硅水垢的结生。

某些情况下，采用软化水的锅炉虽不结生水垢，但会出现氧腐蚀，遇到这种情况时，需投加磷酸钠等缓蚀剂，并保持锅水中有 20～30 mg/L 的 PO_4^{3-} 以防止腐蚀发生。

热水锅炉一般采用软化水，锅水在锅炉与供暖系统中循环换热，正常情况下，供热系统中水的损失较少，向锅内补水量较少，且锅水无浓缩现象，锅炉运行期间若不向锅水中添加碱剂，锅水的碱度将保持较低的水平，从而引起锅炉传热面及水循环系统腐蚀。为此可向锅内投加 NaOH 或 NaOH 与磷酸钠复合药品提高锅水的 pH 值到 9.0～11.0，抑止腐蚀发生。需注意的是，小型热水锅炉压力较低，若单独采用 Na_2CO_3 来提高锅水碱度，因 Na_2CO_3 的水解率很低，锅水中的 OH^- 浓度不能满足提高锅水碱度的要求，达不到防止锅炉传热面和热水循环系统腐蚀的目的。

第三节 锅内加药方法及设备

锅内处理采用的药品通常是由多种性能药剂组成的复合配方。市场上常见的药剂形式有粉状、液状和块状三种。粉状药剂易溶于水，运输和使用均较方便，液状药剂便于锅炉自动定量投药，其缺点是运输不方便；块状药品保存和运输均较便利，操作简便。

一、加药方法

1．间断加药和连续加药

间断加药是每隔一定时间向给水或锅水中加药一次的方法，如每班加药一次或数次即属于间断加药。这种加药方法不需复杂的加药设备，加药方便，操作简单。但在锅炉运行过程中，锅水中药液浓度变化很大，会出现加药之前锅水的碱度和 pH 值低，而在加药之后锅水的含盐量、碱度、pH 值高的现象，给锅水监督带来麻烦。

连续加药是药液以一定浓度，连续地加到给水和锅炉水中的方法。药液通过加药装置定量加药，锅炉水中药液浓度和各项水质指标可保持在一定范围内，有利于发挥防垢剂的作用。但需一套加药设备及操作程序，而且加药装置需经常维护。

2．锅外加药和锅内加药

锅外加药是将防垢剂加入水池或水箱中。若加的是固体药品，则需定期清理水池或水箱中的沉淀物。

锅内加药是将防垢药剂直接加入锅炉的省煤器或汽包内的方法。该法适用于没有水池或水箱的锅炉房，或需准确定量加药的锅炉。对于在空气中不稳定的药剂（如亚硫酸钠 Na_2SO_3）也宜用锅内加药的方法。这种药剂应在给水箱后的给水管上用加药泵，按锅炉上水量的多少，定量定时进行投加，效果很好。

二、投药装置

1．水箱加药装置

（1）水箱间断加药装置

这是一种简单的加药方法，每班按规定的药量和次数加入水箱中，加药点应设在水箱的出水口后的给水管道上，以免药剂与水箱中的水在没有混合均匀前进入锅炉。投加固体药品时，为加速溶解，加入热水并搅拌。在加药前把固体药剂溶解好储存于加药箱内，以便均匀加入系统中。如图 6—3 所示。

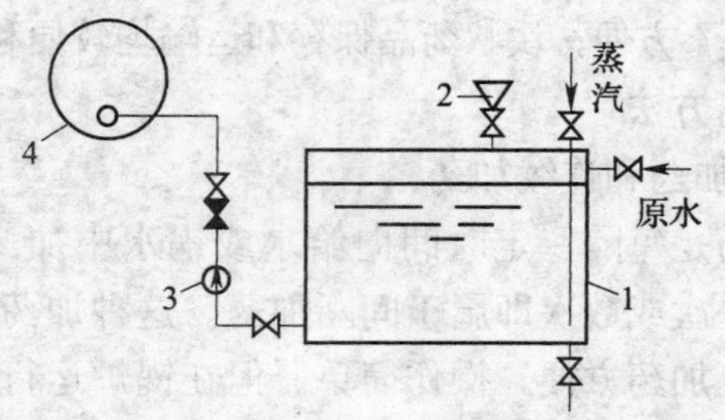

图 6—3　水箱间断加药装置

1—水箱　2—加药漏斗　3—给水泵　4—锅炉

(2) 水箱自动加药器

水箱自动加药器的功用，是用定量加药箱根据压力平衡的原理在水箱进水时自动定量地向水箱中加入阻垢药液。

水箱自动加药器由储药罐和压力管、水箱三部分组成，如图 6—4 所示。

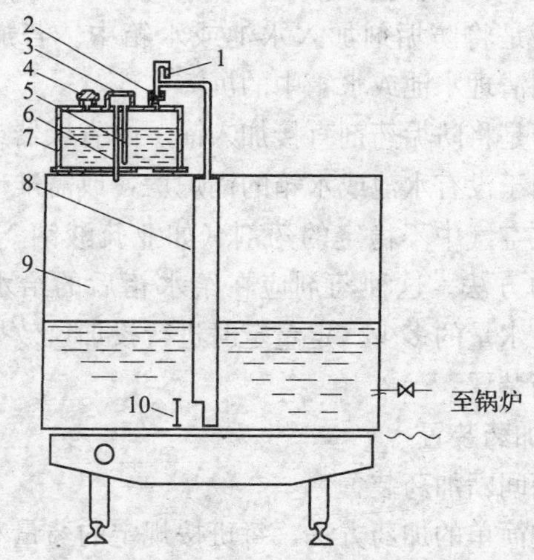

图 6—4　水箱自动加药器示意图

1—空气阀　2—防溅装置　3—联络槽　4—加药堵

5—出药管　6—下药管　7—储药罐　8—压力管

9—水箱　10—大于压力管直径的缺口

水箱自动加药器除下药管出口的一端与大气连通外，其余各处应保持良好的密闭状态。其作用是：当水箱补水时，水箱水位升高，压力管内的水位也同时升高，使储药罐内的压力增高，迫使药液从下药管流入水箱中。当上水完毕，水箱及压力管水位停止上升，由于药液继续流出，使储药罐及压力管内的压力逐渐下降。当压力下降到一定负压时，储药罐内的药液就停止流出，不再向水箱加药。当锅炉不断补水，水箱水位不断下降，压力管及储药罐内的压力也同时下降。当压力下降至出现更大负压时，外界空气就通过下药管进入储药罐，使其保持与大气相等的压力。储药罐的容积一般应按 24 小时用量设计。

2. 给水泵加药装置

（1）给水泵低压侧加药系统

给水泵低压侧加药系统如图 6—5 所示。这是利用给水泵入口侧管道水压低，依靠药液的重力作用加到管道中。药液从加药箱底部流出，用阀门控制药液底部的流量。药液经过水泵搅拌与给水混合均匀，送入锅炉内。采用给水泵低压侧加药时，给水硬度不应过高，否则容易在管道内产生沉积物，或在省煤器内形成水垢。

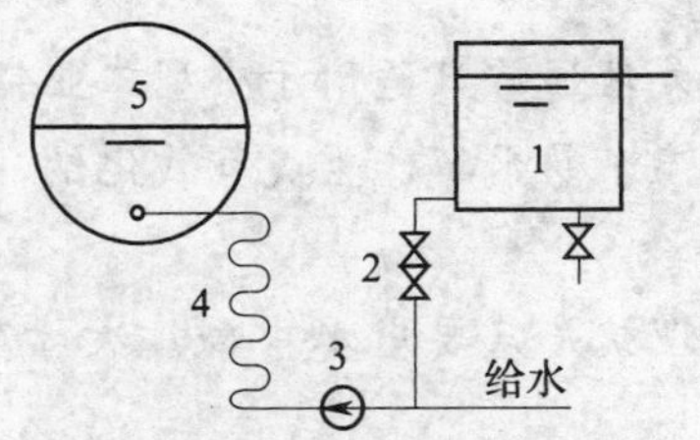

图 6—5　给水泵低压侧加药系统

1—药剂溶液箱　2—药剂流量调节阀

3—给水泵　4—省煤器　5—锅筒

（2）给水泵高压侧加药系统

这是利用给水压力加药，一般采用加药罐间断加入，首先将防垢剂溶液由药剂溶液箱注满加药罐，然后将给水引入加药罐，利用给水泵出口与省煤器出口之间的压力差，将药液挤出来，随给水进入锅炉内，如图 6—6 所示。加药地点离汽包的距离应大于30倍给水管径，以便在药剂进锅炉前与给水混合均匀，并消除局部温差。

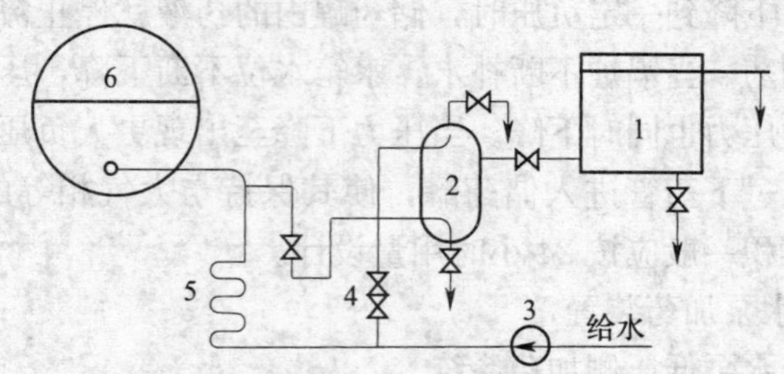

图 6—6　给水泵高压侧加药系统

1—药剂溶液箱　2—加药罐　3—给水泵

4—流量调节阀门　5—省煤器　6—锅筒

练　习　题

一、判断题

1. 锅内加药水处理通常只适用于小型工业锅炉。　（　）

2. 碳酸钠在高温下易水解，生成氢氧化钠，使水呈碱性。　（　）

3. 天然碱法处理就是只要当水中碱度大于硬度时，不需要加药处理。　（　）

4. 为了及时排除水渣，锅炉加药后应尽快进行排污。　（　）

5. 蒸发量相同的锅炉，加药处理的加药量也相同。　（　）

6. 采用锅内加药水处理的锅炉，应适当增加排污量以排除水渣。　（　）

7. 已严重结生水垢的锅炉，在采用锅内加药水处理时，应预先进行除垢处理，以免脱落的水垢堆积或阻塞管道。（　）

8. 锅内加药水处理，应先加药后排污。（　）

二、选择题

1. 下列水渣中，具有黏性易转化成二次水垢的是（　）。

A. 碳酸钙　　B. 氢氧化镁

C. 磷酸镁　　D. 碱式磷酸钙

2. 锅内加药处理时，做法正确的是（　）。

A. 先加药后排污　　B. 先排污后加药

C. 多加药少排污　　D. 定量加药，按时排污

3. 下列锅内加药处理药剂中，能够提高锅水 pH 值的是（　）。

A. 氢氧化钠　　B. 碳酸钠

C. 磷酸盐　　D. 栲胶

4. 某台型号为 KZL0.5－8 的锅炉，测得原水总硬度为 2.6 mmol/L，总碱度为 3.7 mmol/L，可采用（　）水处理，既经济又可达到防垢目的。

A. 加纯碱法　　B. 天然碱法

C. 加磷酸三钠法　　D. 钠离子交换法

5. 当排污率和锅水碱度一定时，锅内加药处理的纯碱用量应根据给水的（　）来计算。

A. 总硬度　　B. 非碳酸盐硬度

C. 碳酸盐硬度　　D. 总碱度

6. 采用锅外化学水处理的锅炉，为了消除残余硬度，一般还应加（　）作为补充处理。

A. 碳酸钠　　B. 磷酸盐

C. 氢氧化钠　　D. 栲胶

7. 用栲胶作为锅内水处理剂的主要作用是（　）。

A. 与硬度物质络合，防止结垢

B. 提高锅水碱度

C. 在金属表面形成保护膜

D. 提高锅水 pH 值

8. 碳酸钠不宜做中、高压锅炉内处理药剂的主要原因是（　）。

A. 碳酸钠易水解成 NaOH 和 CO_2

B. 碳酸钠碱性不足

C. 碳酸钠不能防止钙垢

D. 碳酸钠不能在金属表面形成保护膜

9. 下列不属于锅炉排污范围的是（　）。

A. 降低锅水含盐量

B. 排掉在锅内形成的沉渣

C. 排掉锅水表面形成的油脂和泡沫

D. 除去水中的溶解氧

10. 锅水中加入磷酸盐的主要目的是（　）。

A. 调节锅水 pH 值　　B. 防止氧腐蚀

C. 消除残余硬度　　D. 防止钙垢的产生

第七章

锅炉的腐蚀与防护

本章知识要点

1. 熟悉金属腐蚀的原理、分类
2. 了解影响金属腐蚀的因素
3. 掌握金属腐蚀的预防和保护措施

第一节 金属腐蚀概论

一、腐蚀及其危害

金属与其周围介质接触，发生化学反应或电化学反应而引起的金属强度和性能遭到破坏和下降的过程称为腐蚀。

金属腐蚀一般是从金属表面开始的，然后逐渐向金属内部蔓延。在大多数情况下，腐蚀性破坏与表面外形变化同时发生，这种外形变化常表现为不规则的斑点、溃疡、凹孔或小孔；同时被毁坏的金属转变成化合物，形成腐蚀产物附着在金属的表面上或转移至外部介质中。

腐蚀对金属的危害性极大。据统计，全世界生产的钢铁中约有 30%因腐蚀而报废，甚至因设备腐蚀引起意外事故，造成人身伤亡等安全事故。锅炉运行中因采用不适当的水处理方法进行处理或处理不当，会在受热面上结生水垢，引起垢下腐蚀或锅水的酸性腐蚀，以及锅炉进水系统出现氧腐蚀，从而增加锅炉维修工作量，降低锅炉使用寿命，甚至因锅炉腐蚀造成停产损失。

二、腐蚀的分类

1. 化学腐蚀和电化学腐蚀

金属腐蚀按照腐蚀过程进行的机理可分为化学腐蚀和电化学腐蚀。

化学腐蚀是金属和其周围介质直接进行化学反应而引起的腐蚀，在化学腐蚀过程中没有电流产生，例如含二氧化硫的烟气对锅炉加热面的腐蚀。

电化学腐蚀必须有导电的电介质存在，在腐蚀过程中有电流产生。由于锅炉水中存在大量的电介质，因而锅炉中的腐蚀一般都是电化学腐蚀引起的。

2. 全面腐蚀和局部腐蚀

按照腐蚀破坏的外观形式可分为全面腐蚀和局部腐蚀两大类。全面腐蚀可以是均匀腐蚀也可以是不均匀腐蚀。局部腐蚀可分为溃疡状腐蚀、点状腐蚀、晶间腐蚀、穿晶腐蚀、选择性腐蚀等，如图 7—1 所示。

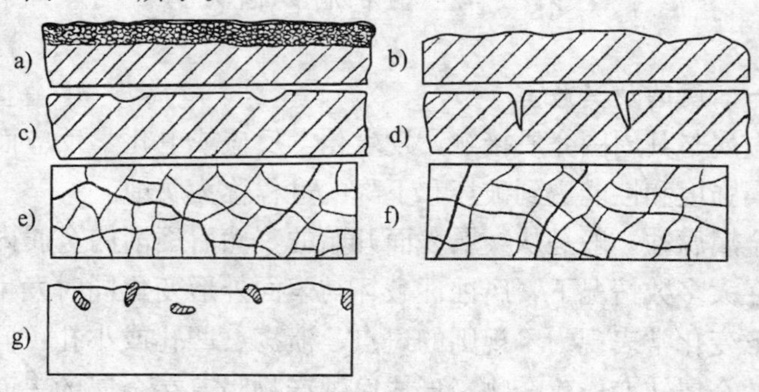

图 7—1 腐蚀损害的类型

a）均匀性腐蚀 b）不均匀性腐蚀 c）溃疡状腐蚀 d）点状腐蚀
e）晶间腐蚀 f）穿晶腐蚀 g）选择性腐蚀

（1）全面腐蚀

全面腐蚀是最普通的腐蚀形式。其特征是暴露于腐蚀介质中的整个金属表面或近于整个表面上，大致以相近的速度进行的腐蚀破坏。腐蚀表面较为平整的称为均匀腐蚀，腐蚀表面明显凸凹不平的称为不均匀腐蚀。

（2）局部腐蚀

局部腐蚀主要发生在金属表面的局部区域，而其他部分几乎未受到腐蚀。局部腐蚀有以下几种类型：

1）溃疡状腐蚀。发生在金属表面的个别部位上，深度不大但往往占有较大的面积，腐蚀由表面继续向深度发展。腐蚀发生后在金属表面上产生脓包状凸起物，脓包破坏后在金属表面上常留下腐蚀斑痕。因而本类腐蚀又称为斑痕腐蚀。

2）点状腐蚀。点状腐蚀也称小孔腐蚀或穴蚀。这类腐蚀与溃疡状腐蚀相似，区别在于点状腐蚀的面积小、深度大。点状腐蚀的直径常为0.2～3 mm，它是破坏性较大的腐蚀形式之一。它可以使整个部件在损失重量还很小的情况下即破坏且不能继续使用。

3）穿晶腐蚀。穿晶腐蚀是在外界介质的侵蚀性与交变应力的作用结合在一起时，引起金属疲劳破坏的一种腐蚀。腐蚀沿着最大应力线进行，其特点是腐蚀不仅可以沿晶粒边界进行，还可以贯穿晶粒本体。

4）选择性腐蚀。这种腐蚀主要是金属中的某一个或某几个组成元素溶解到腐蚀介质中，而使金属的机械强度减弱，以致早期破坏的一种腐蚀现象。如黄铜管脱锌就是产生这种腐蚀的结果。

第二节　影响金属腐蚀的因素及预防措施

一、影响金属腐蚀的因素

1. 氢离子浓度

与金属接触的电解液中氢离子浓度（pH 值）是影响腐蚀的最重要的外部因素。钢的腐蚀速度与溶液 pH 值的关系（常温且没有其他氧化剂存在时）如图 7—2 所示。由图可见，当 pH 值在图中两虚线之间的范围内时，钢的腐蚀速度基本上是稳定的，此时的腐蚀速度受溶解氧向金属表面扩散的影响。溶解氧浓度的增加仅仅使整个曲线上移，即使金属腐蚀速度的绝对值增高，但仍保持着曲线的基本特征。除此以外，溶解氧浓度提高后，曲线的水平部分稍稍向左移。还可以看出，当 pH 值达到 13 时，不论溶解氧浓度高低，钢的腐蚀速度几乎都等于零（室温时）。

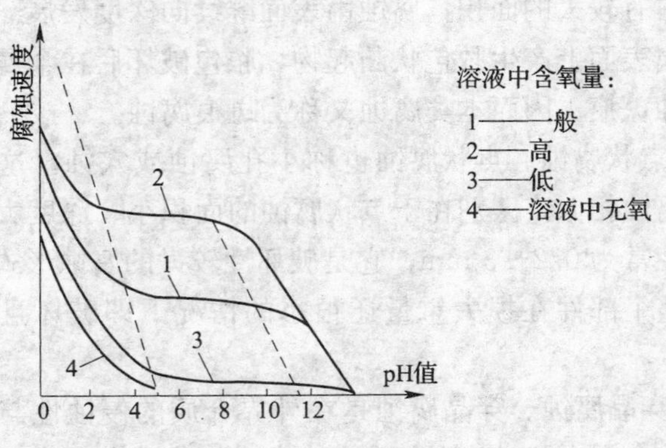

图 7—2　钢的腐蚀速度与溶液 pH 值的关系

锅水中的氢离子是很好的去极化剂，在阴极能吸收电子，放出氢气，因而加速了钢铁在阳极的腐蚀速度。当 pH 值小于 7 时，水质为酸性，钢铁表面形成的氧化层被破坏，失去保护作用，这时由于溶解氧能向钢铁表面扩散，导致钢铁腐蚀。随着溶液中 pH 值升高，钢铁表面的氧化层保护膜比较稳定，可阻止溶解氧侵入而达到减缓甚至避免腐蚀的发生。pH 值达到 9.5～10 时，在没有氧存在的情况下，腐蚀过程实际上是停止的。当 pH 值大于 11 时，即使有溶解氧存在，腐蚀速度也会大大降低。

2. 溶解氧

溶液中溶解氧的存在对金属腐蚀速度的影响，特别是对于钢铁常会出现两种作用相反的情况。

一方面氧是很好的去极化剂。当水中有氧存在时，由于它对阴极起去极化作用，在阳极附近铁氧化成二价铁离子 Fe^{2+}，然后 Fe^{2+} 进一步氧化成高价铁离子，当高价铁离子在碱性溶液中析出时，降低了水中铁离子的浓度，从而使铁溶解得更快。反应过程如下：

发生在阴极的反应

$$O_2 + 4e + 2H_2O \rightarrow 4OH^-$$

发生在阳极的反应

$$Fe \rightarrow Fe^{2+} + 2e$$

$$Fe^{2+} + 2OH^- \rightarrow Fe(OH)_2$$

$$4Fe(OH)_2 + O_2 + 2H_2O \rightarrow 4Fe(OH)_3 \downarrow$$

另一方面，溶液中氧的浓度越高，产生金属氧化物保护层的可能性也越大，为了使金属表面产生保护层，就需要加大溶解氧的存在。但上述情况只有在水温较低时才能出现，在达到完全钝态之前，局部腐蚀将有所增加，对热力锅炉来说，高浓度氧是不可能存在的。

当钢铁受到水中溶解氧腐蚀时，常在其表面形成直径从 1 mm 到 20～30 mm 不等的小鼓包，如图 7—3 所示。鼓包表面颜色由黄褐色到砖红色，次层是 Fe_3O_4 黑色粉末状物。清除鼓包，便出现凹坑。

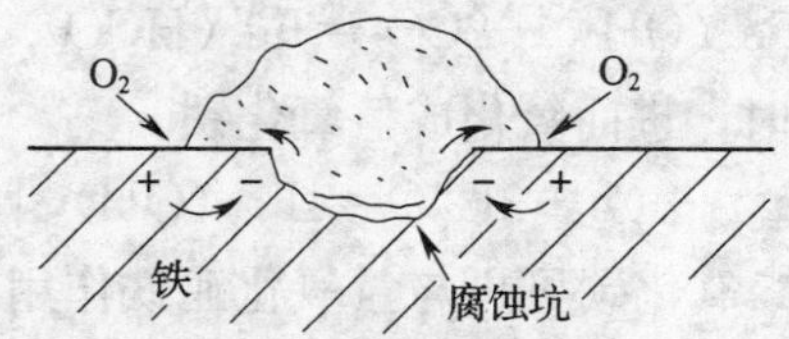

图 7—3　氧腐蚀示意图

氧腐蚀在锅炉中经常发生的地方是给水管道和省煤器。由于省煤器内水温逐渐升高，给吸氧腐蚀提供了有利条件，这种腐蚀都出现在省煤器的进口端。如果溶解氧的含量较高，腐蚀也可能延伸到省煤器出口端，甚至使锅炉的下降管也遭受腐蚀。

热水锅炉由于给水循环量较大，溶解氧带入锅炉内的机会多，因此这种锅炉产生的氧腐蚀要比蒸汽锅炉严重得多。

氧腐蚀的形态一般是溃疡状和小孔状的局部腐蚀。因而这种腐蚀对金属构件强度的损坏是很严重的，应予以重视。

3. 游离二氧化碳

锅水中溶有游离的 CO_2 时，由于二氧化碳与水发生作用，使锅水的 pH 值下降。水中游离的 CO_2 越多，H_2CO_3 的形成就越多，H_2CO_3 产生的 H^+ 离子也越多，锅炉金属腐蚀也越严重。反应式如下：

$$CO_2 + H_2O \rightleftharpoons H_2CO_3$$

$$H_2CO_3 \rightleftharpoons H^+ + HCO_3^- \rightleftharpoons 2H^+ + CO_3^{2-}$$

在腐蚀电池中的阴极反应式如下：

$$2H^+ + 2e \rightleftharpoons H_2$$

锅水中的二氧化碳，一部分来自给水中溶解的二氧化碳和碳酸氢盐的分解。

$$Ca(HCO_3)_2 = CaCO_3 \downarrow + H_2O + 2CO_2 \uparrow$$

另一部分来自水处理中碳酸钠在高温、高压下的水解。

$$Na_2CO_3 + H_2O = 2NaOH + CO_2 \uparrow$$

二氧化碳能促进铁的腐蚀，铁初期腐蚀产物 $Fe(OH)_2$ 能和二氧化碳作用，生成溶解于水的碳酸氢亚铁。

$$Fe(OH)_2 + 2CO_2 = Fe(HCO_3)_2$$

当有氧存在时，进而氧化成氢氧化铁。

$$4Fe(HCO_3)_2 + O_2 + 2H_2O = 4Fe(OH)_3 \downarrow + 8CO_2 \uparrow$$

游离出来的二氧化碳可再与氢氧化亚铁作用，使腐蚀过程连续不断，直到氧全部耗尽为止。但由于锅炉不断补给含有溶解氧和游离二氧化碳的水，故上述反应不会停止，金属的腐蚀将继续进行下去。

4. 温度

提高溶液温度会使水中各种物质的扩散速度加快，电介质在水溶液中的电阻降低，使电化学腐蚀过程加快。因而溶液温度升高会使金属的腐蚀速度加快。

5. 溶解盐

一般来说，水中的含盐量越高，金属的腐蚀速度越快。因为含盐量越高，水的电阻越小，腐蚀电池的电流就越大。

碳酸盐和磷酸盐等盐类能与腐蚀产物生成难溶化合物，如 $Fe_2(CO_3)_3$、$FePO_4$，它们覆盖在金属表面上形成保护膜能降低金属的腐蚀速度。

反之，锅炉水中若有会破坏金属表面保护膜的阴离子时就会加快腐蚀速度。实践证明锅炉水中氯离子和硫酸根离子含量越高，对锅炉金属腐蚀的趋势越明显。当水中还有氧存在时，氯离子和硫酸根离子对钢铁的腐蚀速度将大大地增加。

6. 溶液的流速

溶液流速的增加会引起腐蚀加快。因为钢在有氧存在的溶液（中性）中，水的流速加大会导致增加氧扩散到金属表面的剂量，同时加强了阴极部分的去极化作用，使金属表面的腐蚀加快。

二、金属的苛性脆化

1. 苛性脆化发生的原因

锅炉金属的苛性脆化属于电化学腐蚀，从其破坏特征看为晶间腐蚀，即腐蚀发生在晶粒之间，裂纹沿结晶的边缘裂开。苛性脆化经常发生在锅炉汽包的铆钉孔及胀管口处。裂纹从金属的结合面开始向外发展，或从铆钉孔开始呈放射形发展，称为环形裂纹。严重时，铆钉孔间的很多裂纹连接起来。胀管口处的苛性脆化裂纹是从金属结合面开始，沿管壁发展。如图 7—4 所示。

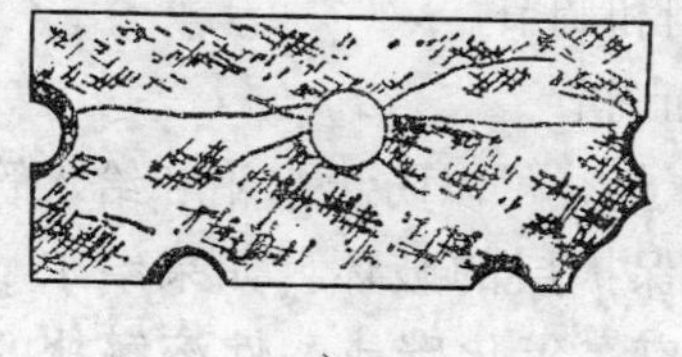

a)

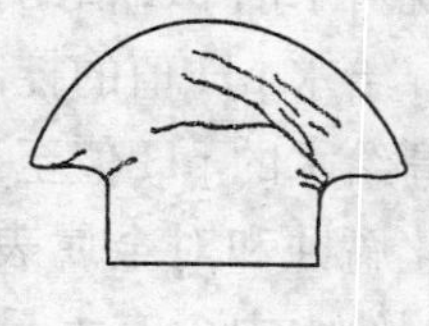

b)

图 7—4　苛性脆化

a）胀管口苛性脆化　b）铆钉的苛性脆化

锅炉金属发生苛性脆化是由下述三个条件共同作用的结果。

（1）锅炉钢板的某一部分受到超过屈服极限的应力。

（2）在锅炉的结构上有造成锅水局部高度浓缩的条件，如在铆钉口和胀接处存在缝隙，锅水容易在这些局部地方发生急剧浓缩。

（3）锅水中游离氢氧化钠浓度达到 70～100 g/L。一般情况下，锅水的碱度达不到上述浓度，但当锅炉部件间有了缝隙或裂纹，锅炉水渗进去以后，水经过不断蒸发浓缩，局部地方就有达到或超过上述浓度的条件。

2. 苛性脆化的危害

苛性脆化除造成金属强度降低外，严重时会使锅炉、烟管等变形出现破裂，甚至发生爆炸。苛性脆化造成如此大危害的原因如下：

（1）裂纹是从连接处由内向外发展，因此发展的最初阶段很难检查出来。当能够检查出裂纹时，已发展到了比较严重的阶段。

（2）裂纹发展的速度和穿透深度与时间不呈线性关系，开始时发展较慢，但发展到一定程度以后会迅速发展。若不能及时发现裂纹，锅炉就有可能发生爆炸。

（3）损伤处不能用普通补焊方法来修理。

三、锅炉腐蚀的预防和保护措施

1. pH 值的控制和调节

给水和锅水中氢离子浓度对锅炉腐蚀的影响是很大的，因此必须重视对水的 pH 值的控制和调节。

（1）给水 pH 值的控制和调节

提高给水的 pH 值至 8 以上，可以防止水箱和给水管路中的氧去极化腐蚀和对金属表面保护层的破坏。如果给水 pH 值过低，说明给水中含有大量游离二氧化碳或酸性溶解盐的含量过高。凡经氢—钠离子交换处理的给水必须进行脱碳，以去除水中的游离二氧化碳。

(2) 锅水 pH 值的控制和调节

锅炉本体的腐蚀大都是由氧腐蚀或酸性溶解盐浓度过大所致。在锅水 pH 值低于 10 的情况下极易发生氧腐蚀。但当锅水的 pH 值达到 10～11 时，就能减缓或避免氧对锅炉本体的腐蚀，所以必须严格控制和调节锅炉水的 pH 值。碱度过低时可向锅炉内添加碳酸钠、氢氧化钠等碱性药剂；碱度太高时，则可适当增大锅炉的排污量，还可视锅炉水的具体情况向锅内添加适量磷酸二氢钠、磷酸氢二钠等，甚至可投加有机、无机酸类使锅水 pH 值降至 10～12。

2. 锅水中游离氢氧化钠浓度的控制

当锅水碱度过高，pH 值在 12 以上时，锅水中的游离氢氧化钠浓度有可能很高，而使锅水的相对碱度超过 0.2，锅炉长期处于这种条件下运行，钢材容易发生苛性脆化，防止的办法是控制锅水的相对碱度，使其小于 0.2。

向锅水中加入适量的硝酸钠可有效防止苛性脆化，使硝酸钠与氢氧化钠维持如下的比值：

$$\frac{NaNO_3\ (mg/L)}{NaOH\ (mg/L)}=0.35\sim0.40$$

四、给水中溶解氧的去除

水中含有的溶解氧是很好的去极化剂，会加速给水系统和锅炉本体的腐蚀。氧腐蚀一般是不均匀的，如果腐蚀集中在传热面上，则可在 1～2 年时间内将炉管腐蚀穿透。通常采用的除氧方法有热力除氧、铁屑除氧和亚硫酸钠除氧。

第三节　汽水系统的金属腐蚀和防护

一、汽水系统金属腐蚀的原因

低压锅炉给水经软化处理，水中含有大量碳酸氢根，且多数未采取除氧措施。这类水进入锅炉后碳酸氢根受热分解生成的二氧化碳和原溶于给水中的氧自水中逸出，与蒸汽一起进入汽水系统，使系统中的金属管道产生酸腐蚀，而氧的存在将加速腐蚀进程。带 CO_2 的蒸汽凝结后，CO_2 与 H_2O 生成 H_2CO_3，而凝结水的纯度较高，没有缓冲能力，少量 H_2CO_3 存在可使水的 pH 值下降而呈酸性，对回水管道产生腐蚀。这种腐蚀严重时，常能在冷凝水中见到铁的腐蚀产物，水的颜色呈红色。如果这类冷凝水不经处理直接回用，与给水混合后进入锅炉，会因水中含有大量 Fe^{3+} 而加速锅炉腐蚀，并在锅炉受热面上结生铁垢。

二、防止腐蚀的措施

对于锅炉汽水系统腐蚀的防护，在某些用蒸汽作为工质或蒸汽仅作为热源，不直接接触产品的场合，可向给水中加氨调节锅炉给水中的 pH 值，氨与水中的二氧化碳发生中和反应。其作用如下：

$$NH_3 \cdot H_2O + H_2CO_3 \rightarrow NH_4HCO_3 + H_2O$$

$$NH_3 \cdot H_2O + NH_4HCO_3 \rightarrow (NH_4)_2CO_3 + H_2O$$

完成第一个反应时，给水 pH 值为 7.9；完成第二个反应时，给水 pH 值为 9.2。

给水经加氨进入锅炉后会随蒸汽挥发与二氧化碳一起进入锅炉汽水系统，抑制水汽中的 CO_2 对金属腐蚀，减缓各种热力设备因腐蚀而受到的损害。

需注意的是氨在汽水系统中的分布不太均匀，水中氨含量过高有可能会对系统中的铜部件产生腐蚀。因此应控制氨的投加量。

第四节　常用的除氧方法及其设备

采用锅外软水作为给水的锅炉，由于水中的溶解氧对给水系统和锅炉受热面腐蚀起加速作用，因而给水在进入锅炉前应尽可能去除水中的溶解氧。常用的除氧方法有热力除氧、海绵铁除氧和化学除氧等方法。

一、热力除氧

1. 热力除氧原理

根据亨利定律，任何气体在水中的溶解度与该气体在气水界面上的分压力成正比。因而水中溶解氧的含量只与水气界面上大气中的氧分压有关，氧的分压越大，水中溶解氧的浓度越大，当氧的分压等于零时，水中的溶解氧也趋于零。

把水加热到沸腾时，水的饱和蒸汽压等于气水界面上的大气压力，此时氧的分压等于零，溶解于水中的氧逸出到空间，从而被从水中除去。

热力除氧不仅能除去水中的溶解氧，而且还能除去水中的二氧化碳和一部分碱度，因为水加热时 HCO_3^- 会分解生成 CO_2 逸出。

$$2HCO_3^- \rightleftharpoons CO_3^{2-} + CO_2\uparrow + H_2O$$

2. 热力除氧器

用于热力除氧的设备称为热力除氧器。低压锅炉给水常用大气式热力除氧器，是用热蒸汽加热锅炉给水到沸点而达到除氧目的。

热力除氧器可分为脱气塔和储水箱两部分，如图 7—5 所示。

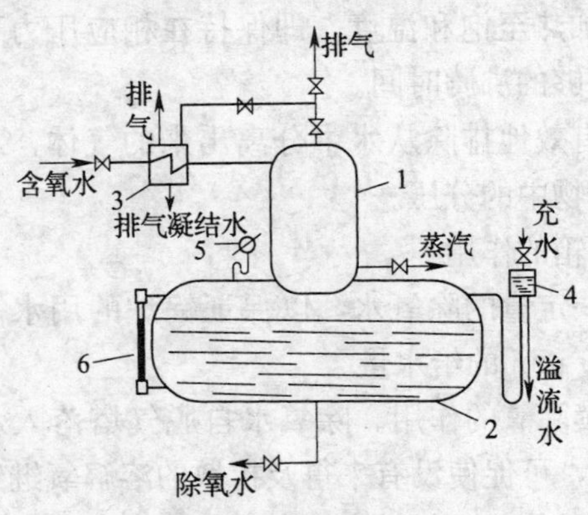

图 7—5　热力除氧气器

1—脱气塔　2—储水箱　3—排气冷却器

4—安全水封　5—压力表　6—水位表

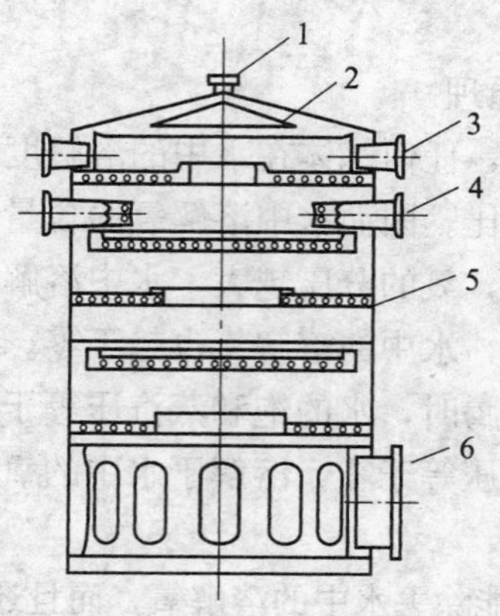

图 7—6 淋水盘式脱气塔的结构

1—排气管 2—挡水板 3—补给水进口

4—凝结水进口 5—淋水盘 6—蒸汽进口

(1) 脱气塔的作用

1) 将水分散成细水流或小水滴。最大限度地增加水、气接触面积，以利于水的加热过程与气体自水中的解吸过程正常进行。

2) 把水加热至饱和温度，即保持在相应压力下水的沸点温度，并维持足够的沸腾时间。

3) 及时有效地排除从水中分离出来的气体，尽可能降低气体在气流混合物中的分压。

(2) 储水箱的作用

1) 储存一定量的除氧水，以保证锅炉的用水需要，其容积相当于 30～90 min 的给水量。

2) 起继续除氧的作用。除氧水自脱气塔落入水箱后，由于水形状的改变，可促使没有来得及扩散的溶解氧继续逸出，达到进一步除氧的目的。运行时水箱水位保持在容积的 2/3 以下，在水面上留出一定的扩散空间，便于水中的氧气继续逸出。

(3) 脱气塔的构造

1）淋水盘式脱气塔。淋水盘式脱气塔结构如图 7—6 所示。在脱气塔内设有相隔一定距离的 4～6 层平行筛型淋水盘，设有通气孔和没有通气孔的两种盘由中央向脱气塔上下两端交错布置。

将含氧水从塔的上部引入，通过淋水盘后，被小孔分散成很多股细水流，逐层淋下。加热蒸汽由下部进入脱气塔，经盘中央气孔上升，横穿水流，再通过盘边挡水板与器壁间迂回上升，使水加热到相应压力下的饱和温度。水中分离出来的气体（包括氧气）被剩余的加热蒸汽带着从排气管排往大气。除氧水下落入水箱。

将水分成细流是为了得到更大的加热表面积，采用几层淋水盘交错布置是为了延缓水流流经脱水塔的时间，并防止水流断裂为水滴，这样可以增加水汽的接触时间，加大传热系统和气体分离速度。

2）喷雾填料式脱气塔。喷雾填料式脱气塔结构如图 7—7 所示。

塔内由若干支喷嘴（又称雾化器）和填料层组成。填料层一般是用 Ω 形不锈钢圈自然堆积而成。

含氧水经喷嘴雾化成极细的水滴向上喷溅，与从塔上部进入的蒸汽进行初步交换，然后落入填料层。水在这里又被分成很薄的水膜，在向下流动中，与下部进入的蒸气再次进行热交换，使水达到相应压力下的沸腾温度，从而达到除氧目的。这种脱气塔的除氧效果较好，结构简单，维修方便，能够适应运行条件的变化。

热力除氧器如果严格按设计参数运行，一般都能达到预期效果。为了保证除氧器的除氧效果，应特别注意以下几点：

第一，应保证除氧器的进水温度，以便能将水加热到相应气压的饱和温度。

第二，应加强对除氧器的日常管理和维修以保证除氧塔内的水处于紊流状态，增加气体扩散速度。

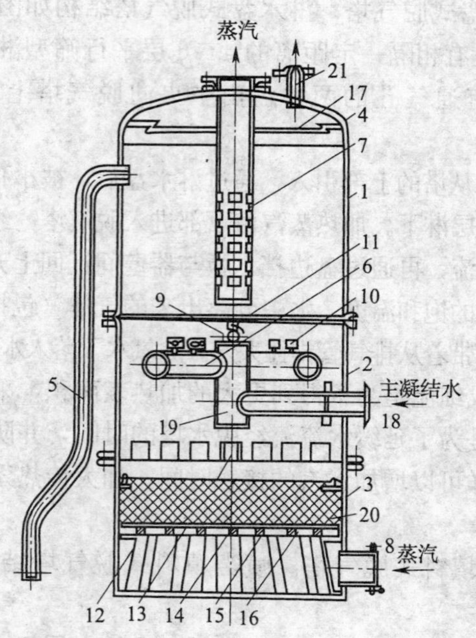

图 7—7　喷雾填料式脱气塔

1—上壳体　2—中壳体　3—下壳体　4—椭圆形封头　5—接安全阀的管　6—环形配水管　7—蒸汽上行管　8—蒸汽进入管　9—高压加热器疏水进口管　10，11—喷嘴　12—进气管　13—淋水盘　14—上护板　15—填料下支架　16—滤网　17—挡水板　18—进水管　19—中心管段　20—Ω 形填料　21—排气管

第三，应保证迅速排走逸出的气体。

第四，进入的水量保持稳定。蒸汽与水应逆向流动，保证最大压差和彻底除氧。

二、海绵铁除氧

海绵铁除氧是在钢屑除氧的基础上研制成功的一种新型除氧方式。海绵铁除氧比钢屑除氧使用方便，除氧效果更好，两者在除氧原理及设备上基本相同。

海绵铁除氧又称常温过滤式除氧，其基本原理是使水通过一个装有特制海绵铁粒的类似过滤器的反应器。

这种特制的海绵铁粒布满细孔，有着巨大的比表面积，含有溶解氧的水通过海绵铁粒滤料层时，其溶解氧立即与铁发生氧化反应，生成 Fe $(OH)_3$。当反应产物 Fe $(OH)_3$ 积累达到一定程度，过滤器的进出水出现一定的压差时，就可利用清水反洗的方法，冲洗排出反应产物，即可再次投入除氧运行。由于海绵铁粒的巨大比表面积（是普通钢屑的 5 万倍），氧气与铁的反应迅速而彻底，即使在常温条件下（8～40℃）仍可达到出水含氧量小于 0.05 mg/L 的除氧效果。

常温过滤式除氧器，结构简单、操作容易，投资、占地少，对运行条件没有什么特殊的要求，对压力、温度、负荷变化以及操作条件的适应范围都很宽。但常温过滤式除氧器的除氧水中，含有少量的未被氧化成 Fe $(OH)_3$ 的 2 价铁离子，虽然对热水锅炉的供水没有影响，但对高压蒸汽锅炉的供水就必须增加后续除铁处理才能供给使用。对此相关厂家也设计生产了带有除铁工艺的除氧器，可为除氧供水系统配套选用。

1. 除氧原理

当含有溶解氧的给水流经装有海绵铁的过滤器时，此时水中的溶解氧与铁反应而被除去。其反应方程式为：

$$2Fe+2H_2O+O_2=2Fe(OH)_2$$

$$4Fe(OH)_2+2H_2O+O_2=4Fe(OH)_3$$

生成物 Fe $(OH)_3$ 为松软絮状物，当反应后的生成物积累到一定程度后，用水把絮状物反冲洗排掉。海绵铁又恢复到初始状态继续除氧。

2. 海绵铁除氧器的构造

海绵铁除氧器的结构和一般机械过滤器相同。为方便海绵铁的进料和卸料，筒体上下部位都有人孔。为了防止筒体的腐蚀，采用钢结构时一定要进行防腐处理或是采用不锈钢材质制作。

3. 影响海绵铁除氧的因素

（1）水温的影响

水温的影响如图 7—8 所示。由图可知，水温越高，除氧效果越好。在海绵铁除氧时，水温不仅影响反应速度，而且也影响铁锈生成物的内部结构，给水温度过低时，形成的铁锈是粒状且不紧密，不能牢固地附着在金属表面上。当水温低于 60℃时，易生成红色的铁锈随水流出。

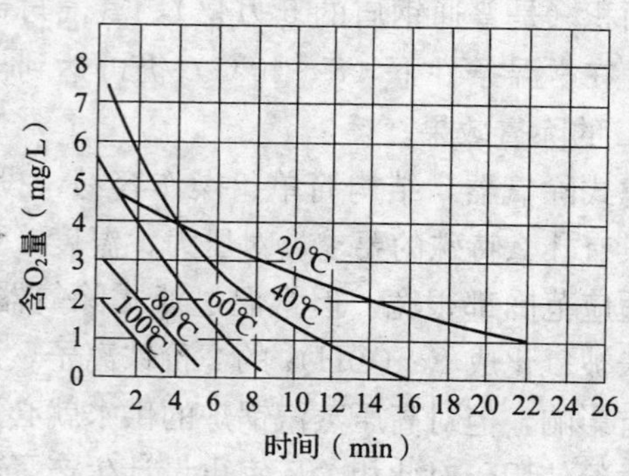

图 7—8　水温对氧和海绵铁反应速度的影响

（2）时间的影响

水与海绵铁的接触时间越长，除氧效果越好。接触时间随水温的升高而缩短，水温低时为了达到除氧的目的，接触时间需相应增加，如图 7—9 所示。

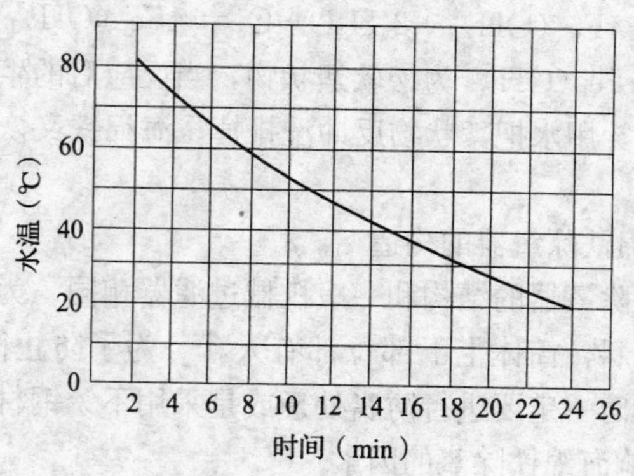

图 7—9　水温的影响

（3）水质的影响

经软化处理的水除氧效果较好。不经软化处理的硬水容易使海绵铁表面钝化，使其氧化过程减慢，而影响除氧效果。

三、化学除氧

1. 亚硫酸钠除氧

亚硫酸钠是白色或无色晶体，易溶于水，是较强的还原剂。它可与水中的氧发生反应而生成硫酸钠，从而使水中的氧被除去，反应式如下：

$$2Na_2SO_3 + O_2 \rightarrow 2Na_2SO_4$$

由于其价格便宜，易于得到，反应生成物无害，因而在中、低压锅炉除氧中使用较普通。

实际使用时亚硫酸钠带有结晶水，即为 $Na_2SO_3 \cdot 7H_2O$，需去除结晶水后计算亚硫酸钠的量。为了保证除氧效果，需维持一定量的亚硫酸钠过剩量。一般给水中保持过剩 SO_3^{2-} 为 2～7 mg/L，锅水保持 10～14 mg/L。

亚硫酸钠的投加量计算：

$$G = \frac{8c(O_2) + \beta}{\varepsilon}$$

式中 G——亚硫酸钠的加入量，mg/L；

$c(O_2)$——水中溶解氧的含量，mg/L；

β——亚硫酸钠的过剩量，mg/L（一般取 3～4 mg/L）；

ε——工业亚硫酸钠 $Na_2SO_3 \cdot 7H_2O$ 的纯度；

8——每除去 1 g 氧需无水亚硫酸钠的量，如加含结晶水 $Na_2SO_3 \cdot 7H_2O$ 则需 16 g。

影响亚硫酸钠与氧反应速度的因素如下：

（1）温度

温度越高，反应速度越快，当水中亚硫酸钠过剩量为 25%～30%时，60℃时作用时间小于 2 min，80℃时作用时间小于 1 min，如图 7—10 所示。

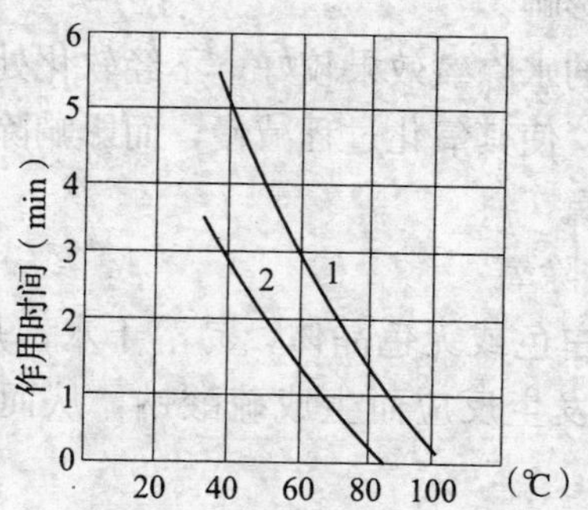

图 7—10 作用时间与温度及亚硫酸钠过剩量的关系

1—亚硫酸钠无过剩量 2—亚硫酸钠有 25%的过剩量

（2）亚硫酸钠过剩量

亚硫酸钠过剩量越多与氧的反应速度越快，其反应时间比无过剩量时明显缩短，如图 7—10 所示。由图可见，在 40℃时，无过剩量作用时间需 5～6 min，在过剩量为 25%～30%时反应时间少 2 min 左右。

（3）pH 值

水的 pH 值越高，反应程度越低，亚硫酸钠的除氧效果越差，如图 7—11 所示。

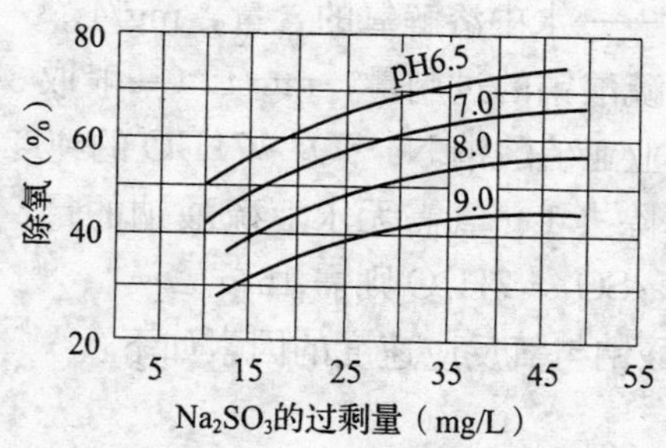

图 7—11 亚硫酸钠与氧的反应程度

与亚硫酸钠的过程剩量及 pH 值的关系

(4) 硬度

亚硫酸钠与氧的反应过程随水中硬度的升高而增加，如图7—12所示，在水中有加速剂存在时，由于构成新的活动中心，加速了 Na_2SO_3 和 O_2 的反应。

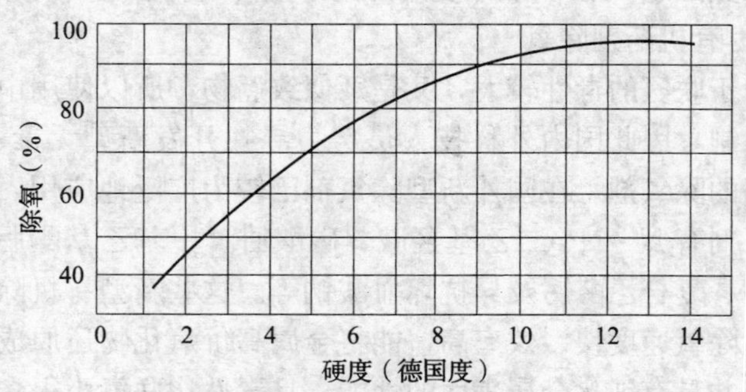

图 7—12　镁离子对亚硫酸钠与氧反应程度的影响

亚硫酸钠一般配制成2%～10%的溶液，用活塞泵或缩孔加药器在省煤器前加入。

因为 Na_2SO_3 易与空气中的 O_2 反应降低药效，所以，使用的药液箱及加药系统必须密封。

2. 联氨法

联氨可与水中的溶解氧发生氧化还原反应生成氮和水。其反应式如下：

$$N_2H_4+O_2=N_2+2H_2O$$

由上式可知，每份联氨可去一份氧，即 32 gN_2H_4 可除去 32 g氧。但实际应用时应有15%～25%的过剩量。

联氨除与氧反应外，还与硝酸盐、亚硝酸盐发生反应，抑制锅炉金属的硝酸盐腐蚀。联氨还能将存在于给水中和管壁上的高价氧化铁和氧化铜还原成低价氧化铁和氧化铜，因而能减缓氧化铁垢的生成速度。其用药量（g）按下式计算：

$$g_1=3C_1+0.15C_3\text{（前 10～14 天）}$$

$$g_2=1.5C_1+0.15C_2+0.1C_3\text{（稳定以后）}$$

式中 C_1——除氧器出水含氧量，(mg/L)；

C_2——给水中 Fe_2O_3 含量，(mg/L)；

C_3——给水中 CuO 含量，(mg/L)。

联氨配成 24%以下浓度用加药泵或加药器在省煤器前加入。

3. 有机药剂除氧

由于联氨的毒性较大，又是疑似致癌物，所以使用中受到较大的限制，因此国内外科技人员努力寻找开发新型无毒、无害、效果好的除氧剂。在国外新型除氧剂已较为广泛地应用。目前新型除氧剂有 N·N－二乙基羟胺、碳酸肼、甲基乙基酮肟、二甲基酮肟、复合乙醛肟及异抗坏血酸钠等。这些新型有机除氧剂一般均有除氧速度快、效率高，能将金属高价氧化物还原成低价氧化物，并具有钝化金属表面的性能，且毒性比联氨小得多或是无毒的。

(1) 肟类除氧剂

肟类的通式为 $R_1(R_2)C=NOH$（酮肟） $RCH=NOH$（醛肟）

乙醛肟、二甲基酮肟在我国已大量生产。现以二甲基酮肟为例，作为除氧剂其化学反应如下：

$$2\,\overset{\displaystyle CH_3}{\underset{\displaystyle CH_3}{\overset{|}{\underset{|}{C}}}}=NOH+O_2=\!=\!=2\,\overset{\displaystyle CH_3}{\underset{\displaystyle CH_3}{\overset{|}{\underset{|}{C}}}}=O+N_2O+H_2O$$

(2) 异抗坏血酸钠除氧剂

异抗坏血酸钠是一种极强的还原剂，除氧效果很好，反应速度很快。实际用量比理论用量小很多。因为它的反应后的产物能继续除去水中的溶解氧，同时它还是金属的钝化剂，但是由于价格较贵，应用不算广泛。

四、其他除氧方法

1. 解吸除氧

解吸除氧是利用不含氧的气体与给水强烈混合，使水中的溶解氧解吸出来。

给水用泵送至喷射器，利用抽吸作用把反应器中无氧气体吸入，并与水充分混合，此时解吸过程开始，除氧水经分离器至水箱，混合气体回反应器，利用反应器中还原物质（如木炭）在500～600℃条件下将氧气变成氧化气体，即 $C+O_2 \rightarrow CO_2$，混合器出来的气体为无氧气体，被再次吸至喷射器，以上循环反复，达到除氧的目的。反应器中的活性炭可以定期更换，每千克活性炭处理水量约为200 t。还原性物质和再生程度都会影响除氧效果。水温和作用于还原物质的烟温也直接影响解吸除氧的效果，水温高，氧扩散快，除氧效果好，但不能太高，以免产生汽化。烟气温度越高，反应器中氧化的反应速度越快，除氧效果越好。

其装置有以下优点：

(1) 待除氧（软化）水不需加热，反应剂高效节能。

(2) 低位布置，取消给水箱，采用无给水箱式的部分回流系统，体积小，系统组合化。

(3) 负荷和温度可自动控制，一按电钮即可启、停，正常运行时可实现无人管理。除氧后水的氧含量仅为0.03～0.1 mg/L。

2. 真空除氧

真空除氧器的结构与热力喷雾式除氧器相似，所不同的是，解吸出的气体在顶部被抽气装置（蒸汽喷射器或水喷射器等）抽出排放。

真空除氧的优点是要求的温度可以比较低，一般为30～60℃即可。因而能耗较少，但要求除氧系统要有较好的密封，对压力控制、负荷变化等运行条件要求较严，并且要求水箱布置在较高位置。

练 习 题

一、判断题

1. 化学腐蚀和电化学腐蚀的区别是后者在反应中有微电流产生。 (   )

2. 锅炉受压元件水侧的腐蚀以电化学腐蚀为主。 (   )

3. 锅炉氧腐蚀属于电化学腐蚀。 (   )

4. 锅水中的盐类物质都会加速腐蚀。 (   )

5. 凡是能在阴极接受电子的物质，都可使阴极去极化。 (   )

6. 锅炉停用期间的腐蚀速度要小于锅炉运行时的腐蚀速度。 (   )

7. 锅炉及其系统中，最容易发生的腐蚀是氧腐蚀。 (   )

8. 锅水中的氯离子易破坏金属保护膜，加速腐蚀的进行。 (   )

9. 控制相对碱度的目的是为了防止苛性脆化。 (   )

10. 当水中同时含有溶解氧与游离二氧化碳时，会加速金属腐蚀。 (   )

二、选择题

1. 下列水质指标中，对锅炉腐蚀没有直接影响的是(   )。

A. 硬度　　B. 碱度

C. 溶解氧　　D. 氯离子

2. 当水中有游离二氧化碳时，将增加水中（   ）的量，加速腐蚀。

A. H^+　　B. OH^-

C. O_2　　D. CO_3^{2-}

3. 下列物质中易破坏金属保护膜的是（   ）。

A. 溶解氧　　B. H^+

C. PO_4^{3-}　　　　　D. Cl^-

4. 锅炉水汽介质中产生的氧腐蚀属（　　）。

A. 电化学腐蚀　　　　B. 化学腐蚀

C. 酸性腐蚀　　　　　D. 碱性腐蚀

5. 锅炉停炉时必须采取适当的保养措施，下列保养方法中不宜用于长期停炉的是（　　）。

A. 干燥剂法　　　　　B. 蒸汽压力法

C. 充氮法　　　　　　D. 气相缓蚀剂法

6. 当给水中含有溶解氧时，锅炉省煤器易发生氧腐蚀，其腐蚀程度往往（　　）。

A. 高温段比低温段严重

B. 低温段比高温段严重

C. 同样严重

D. 不严重

7. 热力除氧的原理是根据（　　）定律为理论依据的。

A. 气体溶解　　　　　B. 物质的量相等

C. 定组成　　　　　　D. 质量守恒

8. 引起苛性脆化的锅水水质方面的原因是（　　）。

A. 含盐量过高　　　　B. 氯根过高

C. 相对碱度过高　　　D. 含氧量高

9. 按腐蚀过程的机理，可以把腐蚀分成（　　）两大类。

A. 化学腐蚀与应力腐蚀

B. 化学腐蚀与电化学腐蚀

C. 电化学腐蚀和应力腐蚀

D. 电化学腐蚀与疲劳腐蚀

10. 金属进行钝化实质上就是使阳极产生极化，从而抑制腐蚀，如果钝化剂量不足，不能形成完整致密的保护膜，则（　　）。

A. 反而会增加腐蚀　B. 更能抑制腐蚀

C. 也不会影响腐蚀　D. 可能引起结垢

第八章

锅炉的化学清洗

本章知识要点

1. 熟悉锅炉化学清洗的一般工艺质量要求
2. 了解锅炉化学清洗的条件
3. 掌握水垢的种类、性质、鉴别方法及清除

第一节 概 述

锅炉的化学清洗是指采用化学方法清除锅炉水汽系统中的各种沉积物、金属氧化物和其他污物，并使金属表面形成保护膜，防止发生腐蚀或结垢的方法。锅炉的化学清洗包括新炉的煮炉和在用锅炉化学清洗两类。

锅炉在运行中，无论采用锅内加药或者锅外化学水处理都很难杜绝水垢的产生。特别是给水硬度较高的地区，如果水处理方法选择不当，水垢的结生会更为严重。锅炉结垢会影响锅炉热效率，引起锅炉的过热、变形甚至损坏，影响锅炉安全运行。新建的锅炉由于在制造中存留着一些焊渣或者氧化皮，在储存和运输过程中容易生成一些腐蚀产物，出厂时金属表面涂覆了防护剂以及存在一些尘土等附着物，也需要在锅炉投用前进行清洗。

一、锅炉常用的除垢方法

由于锅炉的化学清洗必须由经专门培训并取得锅炉化学清洗

操作证的专业人员进行，因此只对锅炉的化学清洗基本知识作介绍，以便于锅炉检验、管理和水处理作业人员了解并能监督或配合锅炉的化学清洗。

锅炉常用的除垢方法包括酸洗、碱洗和碱煮三种。

1. 酸洗

锅炉的酸洗是指用酸剂作为介质的化学清洗。在酸洗过程中，酸与水垢发生作用，通过发生化学反应与物理作用来达到除去水垢的目的。酸洗对碳酸盐水垢除垢效果明显，对于氧化铁垢常温下去除较慢，硅酸盐水垢除氢氟酸外与其他无机酸基本不能反应，而对于硫酸盐水垢去除比较困难，所以在锅炉化学清洗前应该对水垢类型进行鉴别，对症下药。在酸洗过程中，酸不仅能够与某些水垢发生反应，同时也能够溶解钢铁，所以在清洗中应该注意酸对锅炉中金属部件的腐蚀。

2. 碱洗和碱煮

碱洗就是利用碱溶液对锅炉进行清洗，在对锅炉进行碱洗时，根据锅内碱液清洗方式的不同，通常分为碱洗和碱煮两种清洗方式。

（1）碱洗

在清洗过程中，碱液通过水泵的作用，在锅内处于循环流动状态。

（2）碱煮

在清洗过程中，碱液在锅内处于高温条件下，通过锅炉自然循环进行清洗。

碱洗和碱煮的不同点在于：碱洗时对碱液采用强制循环，碱液的浓度和温度在锅炉各部位分布比较均匀，对油脂和锈垢洗脱速度较快；碱煮时，碱液的浓度和温度在锅炉各部位分布有可能不是十分均匀，但药液的温度比碱洗时高，这不仅有利于油脂物的消除，对硫酸盐垢及硅酸盐垢的转型和脱落来说，比碱洗效果更为明显。

煮炉是指使用氢氧化钠与磷酸三钠混合溶液注入锅炉汽水系统，在0.5～2 MPa压力下经24～48 h加热、除油、去垢并使锅炉内表面钝化的方法。适用于额定工作压力在9.8 MPa以下的锅筒锅炉。

新锅炉运行前的煮炉清洗，能够除去锅炉内部存在一些油垢、锈斑以及制造中存留的一些异物，不仅能够改善锅炉运行期间的汽水质量，使之较快达到水质标准，清洗后形成的钝化膜还可以减缓锅炉的腐蚀，有利于锅炉的安全经济运行。

新锅炉运行前如果不进行清洗便投入运行会产生以下几种危害：

第一，锅炉在运行中发生沉积物下腐蚀。

第二，导致锅炉金属传热性能下降，易结生水垢。

第三，炉管堵塞，破坏正常的汽水流动。

第四，使炉内的水质指标长期不合格，以致蒸汽品质不良，危害锅炉的正常运行。

二、工业锅炉化学清洗的条件及要求

1. 酸洗

(1) 工业锅炉

对于工业锅炉当水垢或者锈蚀达到下列程度时应当及时进行除垢或者除锈清洗：

1) 锅炉受热面被水垢覆盖80%以上，并且水垢平均厚度达到1 mm以上。

2) 锅炉受热面有严重的锈蚀。

(2) 电站锅炉

电站锅炉的清洗范围和条件、清洗系统的设计和安装、清洗工艺控制、清洗中的化学监督及测定方法等，应当符合DL/T 794—2012的要求。

电站锅炉化学清洗条件的确定方法如下：

1) 新建直流炉和额定工作压力为9.8 MPa及以上的汽包锅

炉，在投产前必须进行化学清洗：压力在 9.8 MPa 以下的汽包锅炉，当垢量小于 150 g/m^2 时，可不进行酸洗，但必须进行碱煮。

2）运行锅炉在大修前的最后一个小修期割水冷壁管，测垢量，当水冷壁管内的垢量达到表 8—1 中的规定范围时，就应安排化学清洗。当运行水质和锅炉内的检查出现异常情况时，经过技术分析可安排提前清洗。以重油和天然气为燃料的锅炉和液态排渣炉，应按表 8—1 中规定的提高一级参数锅炉的垢量确定化学清洗，一般只需清洗锅炉本体。蒸汽通流部分的化学清洗，应根据实际情况确定。一旦发生因结垢而导致爆管或出现蠕胀的水冷壁，应立即清洗。

表 8—1　　电站锅炉需要化学清洗的条件

炉　型	汽包锅炉			直流炉
主蒸汽压力（MPa）	<5.88	5.88～12.64	>12.74	
垢　量（g/m^2）	600～900	400～600	300～400	200～300
清洗间隔年限（年）	12～15	10～12	5～10	5～10

注：表中的垢量是指在水冷壁管热负荷最高处向火侧 180°部位割管处取样，用洗垢法测定的。

2. 碱洗和碱煮

下列情况下锅炉通常需要碱洗或碱煮：

（1）新锅炉投运前的清洗

新建锅炉运行前为了去除锅炉出厂时金属表面涂覆的防护剂等附着物一般应做煮炉（碱煮）清洗。

（2）酸洗前的清洗

对锅炉内部的油脂和部分硅化物进行清洗，为了改善被清洗表面的润湿性和松动某些致密的垢层。

（3）垢类转化清洗

对于不能用酸洗除掉的硬质水垢（如硫酸盐垢、硅酸盐垢等），通过在较高温度下，与碱液作用发生转化反应，使老垢疏松或脱落。

第二节　水垢的种类及鉴别

一、水垢和水渣

锅炉运行中形成水垢的主要原因是由于锅炉给水中含有溶解度较小的钙、镁盐类。在锅炉运行中，锅水中的某些溶解性杂质析出并附着在锅炉金属表面，形成水垢。有些析出的固体杂质会以悬浮状态存在于锅水中，或以沉渣和泥渣状态沉积在锅水流动滞缓的部位。这些成悬浮状态或沉渣状态的物质称为水渣。水渣的流动性很好，可以通过锅炉排污系统排出。是结成水垢还是形成水渣，取决于锅水的化学状态、流动特性和受热面金属的传热工况等条件。如果水渣沉积在受热面金属上，就会形成二次水垢。

二、水垢的结生过程

水垢的结生是一个复杂的物理化学过程。

1. 原生水垢的结生过程

指生成水垢的盐类直接在锅炉受热面上析出。

（1）受热分解

有硬度的水进入锅炉后，钙、镁盐类受热分解。

$$Ca(HCO_3)_2 \xrightarrow{\triangle} CaCO_3\downarrow + H_2O + CO_2\uparrow$$

$$Mg(HCO_3)_2 \xrightarrow{\triangle} MgCO_3\downarrow + H_2O + CO_2\uparrow$$

$$MgCO_3 + H_2O \rightarrow Mg(OH)_2\downarrow + CO_2\uparrow$$

（2）溶解度降低

水中一些结垢物质，如 $CaSO_4$、$CaSiO_3$ 等，随温度升高，溶解度降低，非常容易在热负荷高的部位沉积成水垢。

（3）相互反应

锅水中各种盐类相互反应，生成不溶或难溶物质，从锅水中析出，沉积在受热面上。

$Ca(HCO_3)_2 + 2NaOH \rightarrow CaCO_3 \downarrow + Na_2CO_3 + H_2O$

$Mg(HCO_3)_2 + 2NaOH \rightarrow MgCO_3 \downarrow + Na_2CO_3 + H_2O$

$CaCl_2 + Na_2CO_3 \rightarrow CaCO_3 \downarrow + 2NaCl$

$CaCl_2 + Na_2SO_4 \rightarrow CaSO_4 \downarrow + 2NaCl$

$CaCl_2 + Na_2SiO_3 \rightarrow CaSiO_3 \downarrow + 2NaCl$

$MgCl_2 + 2NaOH \rightarrow Mg(OH)_2 \downarrow + 2NaCl$

(4) 锅水不断蒸发、浓缩

随着锅水不断蒸发、浓缩，各种盐类的浓度不断增大，当溶解度达到过饱和状态时，锅水中盐类会结晶析出，附着在受热面上形成水垢。

(5) 金属表面的离子化

锅炉受热面金属，由于金属的离子化（$Fe \rightarrow Fe^{2+}$），使锅炉受热面金属表面带负电荷，而一些结垢物质（如 $CaCO_3$）带有正电荷，由于静电吸引作用，加速结垢物质沉积在锅炉金属表面结生水垢。

2. 二次水垢的结生过程

(1) 二次水垢的定义

二次水垢是指生成水垢的盐类，在形成泥垢以后，重新附着于蒸发面上的产物。

(2) 泥垢的转化

锅炉水中呈悬浮状态的泥渣为泥垢。含有泥垢的物质，如 $Mg(OH)_2$、$Mg_3(PO_4)_2$ 等，性质很黏，如排污不及时，很容易黏附在蒸发面上转化为水垢。

(3) 相互反应

已形成的泥垢和水垢之间，或泥垢与金属腐蚀物之间，在锅炉蒸发面上的高温条件下，进行了局部反应，使泥垢转化成了水垢，如：

$$CaCO_3 + MgSiO_3 \rightarrow CaSiO_3 \downarrow + MgCO_3$$

$$MgCO_3 + H_2O \rightarrow Mg(OH)_2 + CO_2 \uparrow$$

三、结垢的原因及危害

水垢的生成是极其复杂的物理化学变化过程。在锅炉运行中，锅水中的某些溶解性杂质析出并附着在锅炉金属表面，称为沉结水垢，简称结垢。当水质不良时，锅炉受热面及汽水系统的容器管道都有可能结垢。

结垢的前提条件是锅炉用水中含有杂质。能沉积在金属受热面上形成水垢的杂质称为水的硬度，通常指溶解于水中的钙、镁盐类。锅炉结垢包括水中溶解固形物析出和析出的固形物在金属受热面上沉积附着两个过程。

1. 结垢的原因

水垢的生成与给水硬度、锅炉设计、运行操作等因素有关。其主要原因可概括为以下几个方面：

（1）锅水不断蒸发、浓缩，当达到钙、镁盐类饱和浓度时，再继续蒸发浓缩，钙、镁盐类便会产生结晶析出，附着在受热面金属上形成水垢。

（2）给水中的钙、镁重碳酸盐类进入锅炉，高温下分解，析出难溶物，附着在受热面金属上，形成水垢。

$$Ca(HCO_3)_2 \overset{\triangle}{=} CaCO_3 \downarrow + CO_2 \uparrow + H_2O$$

$$Mg(HCO_3)_2 \overset{\triangle}{=} MgCO_3 \downarrow + CO_2 \uparrow + H_2O$$

如果水中 pH 值较高，上列两式中生成的 $MgCO_3$ 会进一步发生以下反应：

$$MgCO_3 + H_2O = Mg(OH)_2 \downarrow + CO_2 \uparrow$$

那么，水中最终析出的不溶物是碳酸钙和氢氧化镁。

（3）某些溶于水的盐类，其溶解度随水温的升高而减小。常温下溶解于水中的盐分，随锅水温度升高到一定程度而达到饱和，当锅水温度继续升高时即达到过饱和状态并析出沉淀。硫酸钙（$CaSO_4$）、硅酸钙（$CaSiO_3$）等盐的产生就属于这种情况。

由于水垢的导热系数极低，仅为金属的1/15～1/300，直接影响锅炉的安全经济运行。水垢及其他物质的导热系数见表8—2。

表8—2　　水垢及其他物质的导热系数

物质名称	热传导率（kcal/m·h·℃）
水	0.5～0.6
碳钢	30～40
铸铁	25～50
铜	320～360
碳酸盐水垢（非晶形）	0.4～0.6
碳酸盐水垢（晶形）	0.4～5.0
硫酸盐水垢	0.6～1.0
硅酸盐水垢	0.2～0.4
含油水垢	≈0.1
氧化铁为主要成分的水垢	1～2

有水垢时，要达到与无水垢时相同的锅炉水温度，受热面管壁温度必然要提高，当温度超过了金属所能承受的允许温度时，就会引起鼓包和爆管事故。例如，额定工作压力为1.0 MPa的锅炉，管壁温度为280℃，当结有1 mm厚的硅酸盐水垢时，管壁温度可达480℃，此时，钢板抗拉强度从4.0 MPa降为1.0 MPa，从而造成炉管鼓包。如果结有1.5 mm厚的硫酸盐水垢，将多耗燃料10%。

2. 结垢的危害

水垢对锅炉的危害主要表现在以下几个方面：

（1）浪费燃料，降低锅炉热效率。受热面金属传热量多少，取决于以下三个因素：

1）受热面两边的温度差。温差越大，传热量就越大。

2）受热面面积大小。受热面面积越大，传递热量越多。

3）传热面导热系数与壁厚的比值。导热系数越大，壁厚越小，比值就越大，则传递热量就越多。

锅炉受热面结生水垢后，传热面变成了金属层和垢层两层，由于水垢的导热系数极低，而传热面壁厚增大，使得传热面导热系数与壁厚的比值变小。在传热面积和受热面两边温差不变的情况下，传热阻力明显增加，传热量明显降低，从而增高排烟温度，造成热能浪费。

（2）因为水垢的导热系数小，有显著的隔热作用，结垢后的受热面金属壁温会大幅度提高。金属的强度会随着温度的升高而降低，因此，壁温升高会使受热面金属强度下降，甚至破坏。炉胆结垢会过热塌陷，锅筒结垢会鼓包，受热面管子会发生过热爆管。

（3）水垢能引起垢下腐蚀。当金属表面有沉积物时，由于其传热性很差，使得沉积物下金属壁温升高，因而渗透到沉积物下面的锅水发生急剧浓缩。当锅水中有游离的 NaOH 时，就会使锅水 pH 值升得很高而发生碱性腐蚀；当锅水浓缩的杂质中有氯化镁和氯化钙时，沉积物水解反应生成盐酸，沉积物下的锅水会积累起很高的 H^+ 浓度，发生酸性腐蚀。生成的氢受到沉积物的阻碍不能很快扩散，造成金属壁和沉积物之间的氢量增加，如果扩散到金属内部，会使碳钢中的渗碳体发生脱碳反应，生成甲烷（CH_4），金相组织受到破坏，CH_4 会在金属内部产生压力，使金属组织形成裂纹。

当金属发生碱性腐蚀时，腐蚀坑面积和深度达到一定值时，管壁变薄，金属会因过热而鼓包或爆管；当发生酸性腐蚀时，由于腐蚀部位金属组织发生了变化，金属变脆，严重时管壁未变薄就会爆管。

垢下腐蚀一般发生在水冷壁向火侧内壁，常处于燃烧器标高部位，对高压锅炉是一种常见的腐蚀形式。

4）清除水垢需要消耗大量的人力、物力、财力。而且除垢或多或少会损害受热面金属，影响锅炉的安全性能和使用寿命。

四、水垢的种类和性质

水垢形成的具体条件差别很大，组成也十分复杂，按其化学成分大体可分为以下几种：

1. 碳酸盐水垢

碳酸盐水垢主要成分是钙、镁的碳酸盐，以碳酸钙（$CaCO_3$）为主，达50%以上。碳酸盐水垢多为白色，也有微黄色的。此类水垢中，有时也含有少量的$Mg(OH)_2$。碳酸盐水垢具有多孔性，比较容易清除。一般容易在省煤器、锅炉给水进口或水循环较慢的部位聚集。如果锅水呈碱性，pH值满足水质标准要求，锅炉水循环良好，$CaCO_3$和$Mg(OH)_2$常呈松软的水渣而随锅炉排污排出。

2. 硫酸盐水垢

硫酸盐水垢以$CaSO_4$为主要成分，包括$CaSO_4$，$CaSO_4 \cdot 2H_2O$和$CaSO_4 \cdot \frac{1}{2}H_2O$等，主要成分为硫酸钙（$CaSO_4$），达50%以上。硫酸盐水垢多为白色，也有微黄色的，特别坚硬、致密，手感滑腻。这类水垢是由于随锅水温度升高，硫酸钙在水中的溶解度明显下降而析出沉结而成。这种水垢质地坚硬致密，常沉积在锅炉热负荷较高的受热面上，蒸发倍率较大的部位也容易沉积。此种水垢比较难清除。

硫酸盐水垢在稀的热盐酸中溶解极慢，在高温高压下硫酸盐可以转化为碳酸盐水垢。其方程式为：

$$CaSO_4\text{（固体）} + Na_2CO_3 = CaCO_3 \downarrow + Na_2SO_4$$

这一过程通常称为碱煮转型。

3. 硅酸盐水垢

硅酸盐水垢多为硬硅钙石（$5CaO \cdot 5SiO_2 \cdot H_2O$）及部

分镁橄榄石（$MgO \cdot SiO_2$），其中 SiO_2 含量不少于 20%。此类水垢非常坚硬，导热系数极小，常常匀整地覆盖在热负荷很高或水循环不良的炉管内壁上，如水冷壁、沸腾炉埋管内。

硅酸盐水垢多为灰褐色，也有灰白色的。此类水垢在热的稀盐酸中很难溶解，加入氟化物（如 NaF、HF）可以缓慢溶解。

4. 混合水垢

混合水垢由钙镁的碳酸盐、硫酸盐、硅酸盐以及铁的氧化物等组成。此类水垢不容易辨别哪种成分是主要的，其性质随成分不同差别很大。

混合水垢可以大部分溶解在稀盐酸中，也会有气泡（CO_2）产生。

5. 含油水垢

含油水垢成分很复杂，油脂含量在 5%以上。含油水垢多呈黑色，比较疏松，常沉积在锅炉温度最高的部位，含油水垢不易清除。含油水垢中加入稀盐酸后，再加入一定量的乙醚，乙醚层呈现浅黄色。

6. 水渣

锅水中析出的固态物质有的还会呈悬浮状态存在于锅水中，也有沉积在汽包和下联箱底部等水流缓慢处形成泥渣，这些悬浮状和泥渣状态的物质称为水渣。水渣的主要成分有 $CaCO_3$、$Mg(OH)_2$、$3MgO \cdot 2SiO_2 \cdot 2H_2O$、$Ca_3(PO_4)_2$、$Mg_3(PO_4)_2$、$Fe_2O_3$、$Fe_3O_4$ 等。

锅水中水渣太多，会影响锅炉的蒸汽品质，而且还有可能堵塞炉管，威胁锅炉的安全运行。如排污不好，磷酸镁、氢氧化镁水渣还可能生成二次水垢。

五、水垢的鉴别方法

根据实践经验，可按水垢的色泽及一些简易措施进行鉴别，表 8—3 为鉴别方法，用以判断水垢性质。

表 8—3　　水垢的色泽及定性鉴别方法

水垢主要成分	色泽	鉴别方法
碳酸盐水垢	白色	加入稀盐酸，大部分可以溶解，同时生成大量气泡（CO_2），反应结束后，溶液中不溶物很少
硫酸盐水垢	白色或黄白色	加入稀盐酸，溶解极慢，向溶液中加入 10%氯化钡（$BaCl_2$）溶液后，生成大量白色沉淀物（$BaSO_4$）
硅酸盐水垢	灰白色	加入稀盐酸不溶解，加热后部分缓慢溶解，有透明状沙粒沉积，加入 1%氢氟酸或氟化钠可有效溶解
油垢	黑色	将垢样研碎，加入一定量的乙醚，乙醚层呈黄绿色
混合水垢	色杂可分出层次	可以大部分溶解在稀盐酸中，有气泡（CO_2）产生，溶液中有残留的水垢碎片或泥状物

第三节　锅炉化学清洗机理

一、碱洗除垢机理

1. 对油脂的皂化作用

氢氧化钠能与油脂性羧酸化合物反应，生成可溶于水的皂类，称为皂化反应。此皂类具有表面活性剂作用，并对难溶性矿物质有乳化作用。

2. 对硅酸盐垢的溶解作用

氢氧化钠与难溶的硅酸盐垢发生反应，生成可溶性的硅酸钠，反应如下：

$$CaSiO_3 + 2NaOH \rightarrow Na_2SiO_3 + Ca(OH)_2$$

硅酸钠又称水玻璃，是易溶于水的物质。随着碱洗温度的升高，上述反应更容易进行。

3. 对硫酸盐垢的转化作用

煮炉除垢主要基于难溶化合物转化的原理，使垢层与煮炉药剂反应后变得松散脱落。根据溶度积原理，当溶液中存在溶度积较小的物质时，可将溶度积较大的沉淀物质转化为溶度积更小的沉淀物质。硫酸盐垢和硅酸盐垢虽然是难溶化合物，但它们仍有少量溶解，溶解出的少量Ca^{2+}可以与PO_4^{3-}和CO_3^{2-}生成溶解度更小的沉淀物。其反应为：

$$3Ca^{2+}+2PO_4^{3-}\rightarrow Ca_3(PO_4)_2\downarrow$$

$$Ca^{2+}+CO_3^{2-}\rightarrow CaCO_3\downarrow$$

结果使坚硬致密的$CaSO_4$或$CaSiO_3$不断转化成松软的$Ca_3(PO_4)_2$和$CaCO_3$水渣。这样由于部分盐垢的这种转型，可以使垢层出现松动和脱落。这几种物质的溶解度依次为：$CaSO_4>CaCO_3>Ca_3(PO_4)_2$，所以硫酸盐垢可以转化为碳酸盐水垢，这两种水垢又都可以转化为磷酸盐水垢。水垢的转化过程都会导致结晶形状的改变，这就是老垢松动的原因。在煮炉之后必须进行彻底的冲扫清洗，否则脱落的垢渣可能堵塞炉管和联箱。

二、酸洗除垢机理

1. 酸与水垢的作用

（1）溶解作用

盐酸易与水垢中钙、镁的碳酸盐和氢氧化物发生反应，生成易溶于水的氯化物，从而使这类水垢溶解，其化学反应式为：

$$MgCO_3\cdot Mg(OH)_2+4HCl\rightarrow 2MgCl_2+CO_2\uparrow+3H_2O$$

$$CaCO_3+2HCl\rightarrow CaCl_2+CO_2\uparrow+H_2O$$

在酸洗过程中，盐酸不仅和水垢的表层发生溶解反应，还渗入垢中与内层的垢发生溶解反应。用盐酸清洗碳酸盐垢，反应激烈，清洗时间短，对酸洗工艺条件要求不是十分苛刻，主要是保证充分的酸量和反应时间，这种类型的水垢是比较容易除掉的。

（2）剥离作用

盐酸能溶解金属表面的氧化物，从而破坏金属与水垢之间的结合。结果使附着在金属氧化物上的水垢剥离而脱落下来。

（3）疏松作用

盐酸与碳酸盐水垢反应过程中产生的二氧化碳有使垢层松

散、崩解的作用，使垢与酸的接触面增大进而加快清洗过程。但是当水垢厚度较大时，要防止垢片崩解、剥离、脱落而来不及溶解，脱落的垢片会堵塞锅炉下联箱甚至水冷壁管，在酸洗之后必须进行彻底的冲扫清洗，防止由于水垢堵塞破坏水循环和造成锅炉超温变形。

2. 氟化物与水垢的作用

在锅炉化学清洗中，对于盐酸溶解较慢的铁垢和不能溶解的硅酸盐垢，通常采用向酸洗液中添加少量氟化物的方法来促进它们的溶解。这类药物称为助溶剂，其作用如下：

（1）溶解硅酸盐

例如氟化钠在酸性溶液中与硅酸盐反应能够生成一种易于溶解、易挥发的物质四氟化硅。

（2）溶解氧化铁垢

氟离子对铁的络合能力很强，所以能够加速氧化铁垢的溶解速度。

第四节 锅炉化学清洗常用的药剂

一、对清洗介质的要求

1. 清洗介质的选择，应当根据垢的成分，锅炉设备的结构、材质，缓蚀剂的缓蚀效果，药剂的毒性和环境保护的要求等因素进行综合考虑，一般应当通过试验选用。

2. 一般情况下不得利用回收的清洗液清洗锅炉，特殊情况下利用回收的清洗液清洗锅炉，其清洗液中总铁离子含量不得超过 250 mg/L，利用某些化工副产物的酸液清洗锅炉，必须预先对该酸进行金属腐蚀速度测定，如果其中含有容易引起金属腐蚀或者其他危害锅炉、影响安全的杂质，不得用于锅炉清洗。

3. 清洗时应当根据清洗介质、温度、锅炉材质等因素选择合适的缓蚀剂，缓蚀剂的缓蚀效率必须达到 98%以上，并且不发生氢脆、点蚀及其他局部腐蚀，同时应当尽量选择气味小、无毒害、性能稳定、水溶性及均匀性好的缓蚀剂。

4．清洗中如果添加清洗助剂，应当预先测定所加助剂对缓蚀剂缓蚀效率的影响，确保加入助剂后金属的腐蚀速度和缓蚀剂的缓蚀效率符合相关规则要求。

5．清洗单位对库存的缓蚀剂应当定时进行缓蚀效率的复测，防止缓蚀剂失效。腐蚀速度和缓蚀效率的测定方法应符合《锅炉化学清洗规则》（TSG G5003—2008）附件3《金属腐蚀速度和缓蚀剂缓蚀效率的测定》及《化学清洗缓蚀剂应用性能评价指标及试验方法》（DL/T 523—2007）的要求。

二、常用的清洗剂

1．常用的酸洗剂

常用的包括盐酸、硝酸、氢氟酸等无机酸和氨基磺酸、柠檬酸、乙酸、甲酸、羟基乙酸等有机酸。

（1）盐酸

盐酸是清洗锅炉最常用的酸，与其他酸洗剂相比有几个突出的优点：溶垢能力强，而且反应生成的盐都易溶于水，不存在生成难溶性盐影响清洗效果的问题。盐酸工业来源十分广泛而且价格便宜，具有经济实用的特点。使用盐酸有安全可靠工艺简单的特点，除了对金属有一定的腐蚀性外并无其他危害，产生的废液只需中和酸度，便于处理，不会造成环境污染。所以盐酸常作为锅炉酸洗的首选药剂。盐酸的缺点是会使奥氏体不锈钢材料的设备发生应力腐蚀，因此不适合用于清洗奥氏体不锈钢基质的锅炉。

（2）硝酸

硝酸是一种很好的酸洗剂，硝酸盐均易溶于水而且硝酸对于钢铁有钝化作用，对不锈钢无腐蚀致脆作用，所以在不宜使用盐酸的场合时常用它作为酸洗除垢剂。

（3）氢氟酸

氢氟酸可溶解含硅水垢及腐蚀产物，可提高其他清洗剂的氧化铁溶解速度，易挥发，搬运不安全，属于弱酸。

（4）氨基磺酸

氨基磺酸是较稳定的固体，有储存、运输、使用方便的优点。氨基磺酸易溶于水，对碳酸盐和氢氧化物等类的水垢，反应比较强烈，对铁氧化物的溶解能力较弱。组成中含有氨基，对钢铁有一定缓蚀作用，因此对金属的腐蚀性比盐酸小，耐蚀能力弱的材料可用氨基磺酸代替盐酸清洗。

2. 络合剂

大容量电站锅炉的污垢主要是铁的氧化物，这些铁氧化物既有随水带入锅炉的，也有锅炉运转中自身腐蚀产生的，这类污垢适合用络合剂清除，常用的络合剂有些是酸，如柠檬酸、氢氟酸；有些是有机酸的盐，如二乙胺四乙酸钠盐（EDTA）。它们都含有络合能力很强的阴离子。

3. 钝化剂

经酸洗除垢后的金属表面变得活泼，需要在表面形成一层钝化膜加以保护。因此锅炉在清洗之后投入运行之前需要进行钝化处理。最适用的锅炉钝化剂是亚硝酸钠，但亚硝酸钠大量排放到水中会造成污染环境，所以在人口稠密地区的锅炉，不宜选用亚硝酸钠，而应选用钝化效果稍差的磷酸盐钝化剂。其他锅炉的钝化剂还有碳酸钠、联氨、双氧水等。大容量锅炉尤其是超临界锅炉必须用挥发性药剂钝化。采用碱性处理钝化时使用易挥发的联氨并用氨水调节 pH 值。如果进行中性介质钝化则采用双氧水氧化形成的钝化膜与永久氧化膜成分相同，在锅炉运行中可转换成永久钝化膜。

三、常用清洗剂及其选用

1. 碱洗剂

碱洗剂常用于新建锅炉煮炉钝化、锅炉清洗工艺中的碱洗或者垢转型的碱煮以及小型锅炉的碱煮除垢等。常用碱洗剂选用如下：

（1）新建锅炉进行碱煮或者酸洗前的碱洗时，碱洗液一般由氢氧化钠和磷酸三钠，或者磷酸三钠和磷酸氢二钠以及湿润剂等助剂组成。高压锅炉或者含奥氏体钢材料的锅炉，不宜采用氢氧化钠作为主碱洗剂。

（2）运行锅炉清除硫酸盐垢和硅酸盐垢时，酸洗前需要进行碱煮转型，碱煮液一般由磷酸三钠和碳酸钠，或者磷酸三钠和氢氧化钠以及表面活性剂等助剂组成。

2. 酸洗剂

对不同的水垢和金属材料，应当选用合适的酸洗剂和助溶剂，一般选择如下：

（1）对于碳酸盐水垢，一般采用盐酸清洗。

（2）对于硅酸盐水垢，可以在盐酸中添加氟化物（例如氢氟酸、氟化钠、氟化氢铵等）清洗。

（3）对于硫酸盐水垢或者硫酸盐与硅酸盐混合水垢，应当预先进行碱煮转型，然后用盐酸或者盐酸添加氟化物清洗。

（4）对于氧化铁垢，可以在盐酸中添加氟化物或者采用硝酸清洗。

（5）当垢样中含铜时，清洗液中应当添加防止镀铜的助剂。一般可选用盐酸加硫脲和氟化物等助剂，或者酸洗后用氨水加过硫酸铵清洗除铜。

（6）含奥氏体钢材料的锅炉禁止使用盐酸清洗，一般可以选用 EDTA、氨基磺酸、柠檬酸、甲酸、乙酸、羟基乙酸等作为清洗剂，同时选用的缓蚀剂和助剂等不宜含卤族元素。

四、主要清洗药品的用量计算

1. 碱洗、碱煮及钝化用药量计算

$$m=k\cdot C\cdot V\cdot 1\,000$$

式中 m ——以 100%纯度计的药剂用量，kg；

k——药剂富裕系数，一般取 1.2；

C——需要配制的碱洗液或者钝化液质量分数；

V——需要配制的溶液体积，m^3。

2. 盐酸（硝酸）除垢所需要的浓酸量计算：

$$m_{酸}=(n \cdot G \cdot S \cdot 10^{-6}+\alpha \cdot V)/C_{浓}$$

式中 $m_{酸}$——需要的浓酸量；

n——清洗系数，清洗碳酸钙水垢时，采用盐酸为 0.73，采用硝酸为 1.26；清洗氧化铁垢时，采用盐酸为 1.26，采用硝酸为 2.17；

G——被清洗的垢量，g/m^2；

S——被清洗的面积，m^2；

α——清洗后酸洗液中残余酸浓度，一般为 1%～2%；

V——清洗系统的酸洗液总量（近似为系统总体积），m^3；

$C_{浓}$——工业浓酸的质量分数。

3. EDTA 清洗剂用量计算

$$m_{EDTA}=(3.8 \cdot G \cdot S \cdot 10^{-6}+\alpha \cdot V)\times 1.1$$

式中 m_{EDTA}——以 100%纯度计的 EDTA 用量，t；

3.8——清洗系数（即清洗 1 gFe_3O_4 所需 EDTA 克数）；

G——被清洗的垢量，g/m^2；

S——被清洗的面积，m^2；

α——清洗后残余 EDTA 浓度，一般以 1.5%为宜；

V——清洗系统的酸洗液总量（近似为总体积），m^3；

1.1——药剂富裕系数。

柠檬酸用量计算也可参照此式，其中清洗系数为 3.5。

4. 缓蚀剂用量计算

$$m_{缓}=V \cdot C$$

式中 $m_{缓}$——缓蚀剂用量，kg；

V——酸洗液体积，m^3；

C——酸洗液中缓蚀剂浓度，kg/m^3。

第五节　锅炉化学清洗工艺

一、新锅炉煮炉清洗方案及其要求

锅炉烘炉末期，当炉墙红砖灰浆的含水率降至10%时，或者采用测温法时燃烧室两侧墙中部、炉排上方1.5～2 m处，或燃烧器上方1～1.5 m处，测定红砖墙外表面向内100 mm处测量温度达到50℃，并维持48 h；或测定过热器两侧墙黏土砖与绝热层结合处的温度达到100℃时，即可进行煮炉。

新安装锅炉应当按照《锅炉安装工程施工及验收规范》（GB50273—2009）的规定进行煮炉清洗，并且符合以下要求：

1. 煮炉药剂及加药量应按照锅炉技术文件的规定，当无规定时，碱洗液一般由氢氧化钠和磷酸三钠或者磷酸三钠和磷酸氢二钠以及湿润剂等助剂组成。如无磷酸三钠也可用无水碳酸钠（Na_2CO_3）代替，其用量为磷酸三钠的1.5倍。单独使用碳酸钠煮炉时，每立方米水中加6 kg碳酸钠。高压锅炉或者含奥氏体钢材料的锅炉，不宜采用氢氧化钠作为主碱洗剂。煮炉加药量可以根据炉内锈污程度参照表8—4选用。

表8—4　　**煮炉加药量**　　kg/m^3

药品名称	油污、锈蚀较少	油污、锈蚀较多
氢氧化钠（NaOH） 或者碳酸钠（Na_2CO_3）	2～3 3～4.5	3～4 4.5～6
磷酸三钠（$Na_3PO_4 \cdot 12H_2O$） （相当于PO_4^{3-}浓度，mg/L）	2～3 （500～750）	3～5 （750～1 250）

注：①药品按100%的纯度计算。

②磷酸三钠与氢氧化钠或者碳酸钠同时使用。

③胀接锅炉不宜用氢氧化钠煮炉。

2. 煮炉药品要溶解并且稀释至一定浓度后方可加入炉内，配制和加入药液时必须注意安全。加药时，锅炉水位应保持最低水位。煮炉过程中，锅炉水位宜保持在水位表的最高可见水位，但煮炉时药液不得进入过热器。

3. 煮炉时间根据炉内锈污程度确定，一般为 2～3 天，升温升压的速度及保持压力的时间按照锅炉使用说明和操作规程进行，煮炉过程中，需要由底部排污 2～3 次。

4. 在煮炉期间应定期对炉水取样化验，如炉水碱度低于 45 mmol/L或 PO_4^{3-} 浓度小于 500 mg/L 时，应适当补加药剂。

5. 煮炉结束后，应交替进行排污、上水，直到水温降至 70℃以下，然后排尽锅水，打开检查孔，冲洗锅内各部位，清除锅筒、集箱内的沉积污物，确认排污阀是否堵塞。

二、在用锅炉化学清洗工艺及其要求

在用锅炉化学清洗除垢工艺包括碱煮转型、水冲洗、酸洗、酸洗后水冲洗、漂洗及钝化等。其中碱煮转型根据垢型确定是否进行，采用带压钝化的可以免做漂洗。

1. 锅内堆积物的清除

化学清洗前，应当预先清除锅内堆积的沉渣和污物。如果有堵塞的管子应当尽量预先进行疏通。

2. 碱煮转型

对于以硫酸盐为主或者以硫酸盐和硅酸盐混合的水垢，应当进行碱煮转型，方法参照如下：

（1）根据水垢厚度和成分，将配成溶液的碳酸钠和磷酸三钠混合溶液加入锅内，使锅水中药剂浓度均匀地达到：Na_2CO_3 0.3%～0.6%；$Na_3PO_4 \cdot 12H_2O$ 0.5%～1.0%（相当于 PO_4^{3-} 浓度 1 250～2 500 mg/L）。

（2）锅炉缓慢升压，一般在 5 h 内使锅炉压力升至工作压力的 50%，并维持 36～48 h。结垢严重的应当适当延长碱煮转型时间。

(3) 煮炉期间，应当定期取样分析。当锅水总碱度低于 45 mmol/L，PO_4^{3-} 浓度小于 1 000 mg/L 时，适当补加碳酸钠和磷酸三钠。

(4) 碱煮转型结束后，放尽碱液，用水冲洗至出口水的 pH 值小于 9。

3. 酸洗液配制

酸洗液必须配成一定浓度后才能进入锅内。当采用盐酸或者硝酸清洗时，其浓度宜控制在 4%～8%。添加氟化物助剂（氢氟酸或者氟化钠等）的浓度为 0.5%～1.0%。配制方法如下：

(1) 将清洗系统的配药用水加热至预定温度后停止加热，待系统内水温稳定均匀后加入缓蚀剂进行系统循环，至均匀后用酸泵或者酸喷射器向清洗箱内逐渐加入浓酸，边循环边加酸至预定浓度。氟化物、渗透剂、还原剂等清洗助剂根据需要加入，所有的药剂都应当在清洗箱内溶解后再进入清洗循环系统。

(2) 对于容量较小的锅炉，可以直接在清洗箱内将清洗液配成预定浓度，然后用清洗泵送入排空的锅炉内，进行循环清洗。

4. 酸洗终点判断

一般工业锅炉酸洗时间为 8～10 h，当接近预定酸洗时间时，应当根据下列分析结果判断酸洗终点，停止酸洗：

(1) 酸洗液浓度趋于稳定，相隔 30 min，两次分析结果酸洗液浓度的绝对差值小于 0.2%。

(2) 铁离子浓度基本趋于平衡。

5. 水冲洗

酸洗结束后，不宜直接排空酸洗液，应当用清水迅速将锅内的酸洗液顶出。如果冲洗水量不足，也可以采用边排酸边上水（排酸速度不大于上水速度），至排出液的 pH 值大于 4 为止。如果垢渣量较多，钝化前需要清渣，可以在水冲洗后期用适量稀碱液中和冲洗至排出液的 pH 值大于 7.5，然后打开所有检查孔进行清渣。

6. 漂洗和钝化

酸洗后宜进行漂洗、钝化。漂洗方法参照 DL/T794—2012。如果不漂洗而直接钝化，宜采用下述方法带压钝化：

（1）水冲洗或者清渣后，在系统循环下，加入 $Na_3PO_4 \cdot 12H_2O$，使其浓度达到 1%～2%，同时加入氢氧化钠调整 pH 值至 11～12，当锅内钝化液浓度均匀后停止循环。

（2）锅炉点火，缓慢升压至工作压力以下，保持压力钝化 16 h 以上。如果漂洗后钝化，则将钝化液加热并且维持在 80～95℃，钝化 10 h 以上。

7. 残垢清理

钝化后必须打开所有的检查孔，用人工彻底清理锅内已松动的残垢和沉渣，并且用压力射流水枪等冲洗工具逐根冲洗或者疏通炉管，使所有管子畅流无阻，防止残留垢渣脱落造成堵管。

三、化学清洗质量要求

1. 工业锅炉酸清洗质量的要求

（1）清洗以碳酸盐或者氧化铁为主的水垢，除垢面积应当达到原水垢覆盖面积的 80%以上，清洗硅酸盐或者硫酸盐水垢为主的水垢，除垢面积应当达到原水垢覆盖面积的 60%以上，必要时可以通过割管检查水冷壁管的除垢效果。

（2）用腐蚀指示片测定的金属腐蚀速度应当小于 6 g/（$m^2 \cdot h$），腐蚀总量不大于 80 g/m^2。

（3）金属表面形成较好的钝化保护膜，不出现明显的二次浮锈，并且无点蚀。

2. 电站锅炉清洗质量的要求

（1）被清洗的金属表面清洁，基本上无残留氧化物和焊渣，无镀铜现象，无明显金属粗晶析出的过洗现象。

（2）除垢率应当大于 90%。

（3）用腐蚀指示片测定的金属腐蚀速度应当小于 8 g/（$m^2 \cdot h$），腐蚀总量不大于 80 g/m^2。

(4) 金属表面形成良好的钝化保护膜，不出现二次浮锈，无点蚀。

(5) 固定设备上的阀门等不受到损伤。

3. 煮炉清洗质量的要求

煮炉结束后，应立即打开汽包和各联箱的检查孔，对清洗质量进行检查，锅炉被清洗的金属表面应当清洁，无油污和锈斑，并且形成完整的钝化膜。如没达到上述要求，可能是时间、压力或排污没有掌握好，应再次加药进行二次煮炉，直到达到上述要求。

第六节 锅炉的停炉保护

一、锅炉停用保护的必要性

锅炉停用期间，如果不采取有效的防护措施，在空气中氧气和温度的作用下，金属内表面容易产生氧腐蚀。影响停用锅炉腐蚀的主要因素有湿度、含盐量和金属表面清洁度等。

1. 湿度

锅炉放水停用后，外界空气必然会大量进入锅炉汽水系统内。此时，锅炉虽然存水已放尽，但锅炉金属表面上往往附着一层水膜，空气中的氧便溶解在此水膜中，使水膜饱含溶解氧，很容易引起金属的腐蚀。大气中湿度高，也易在金属表面结露，形成水膜，造成腐蚀增加。金属有一个腐蚀速度呈现迅速增大的湿度范围。湿度超过临界值，腐蚀急剧增加；而低于临界值，金属腐蚀很轻或几乎不腐蚀。

2. 含盐量

当停用锅炉的金属内表面上结有盐垢等沉积物时，腐蚀过程会进行得更快。这是因为金属表面的这些沉积物具有吸收空气中水分的能力，而且本身也常会有一些水分，故沉积物下面的金属表面仍然会有一层水膜。在未被沉积物覆盖的金属表面上或沉积物的孔隙、裂缝处的金属表面上，由于空气中的氧容易扩散进来，使水的含氧量较高；沉积物下面的金属表面上，水含氧量相对较低，这就使金属表面产生了电化学不均匀性。溶解氧浓度大的地方，电极电位高而成为阴极；溶解氧浓度小的地方，电极电位较低而成为阳极，在这里金属便遭到腐蚀。当沉积物中含有易溶性盐类时，这些盐类溶解在金属表面的水膜中，使水膜中的含盐量增加，由于易溶性盐类溶液的高导电性，从而导致了加速溶解氧腐蚀的作用。

3. 金属表面的清洁度

停用腐蚀的主要危险还在于它将加剧设备运行时的金属腐蚀过程。这是因为停用锅炉的腐蚀使金属表面产生腐蚀沉积物，由于腐蚀产物的存在以及由此而造成的金属表面的粗糙状态，成了运行中腐蚀加剧的促进因素。锅炉在停用期间，金属的温度很低，停用腐蚀本身的速度还是比较缓慢的，腐蚀产物是由高价氧化铁组成，在锅炉重新投入运行时起着腐蚀剂作用，使腐蚀过程逐渐发展。当金属表面形成相当数量的氧化物后，这种氧化物便有可能转移到热负荷较高的受热面区段，产生高温垢下腐蚀并使传热恶化，造成金属管壁超温，或随蒸汽进入汽轮机，沉积在汽轮机的通流部分。

二、停用锅炉保护方法的分类及选择原则

1. 防腐蚀方法的分类

防止锅炉停炉腐蚀的方法较多，根据设备在停（备）用期间的防腐蚀所处状态不同，防腐蚀方法分为干法和湿法两大类。根据防腐蚀原理不同，防腐蚀方法如下：

（1）阻止空气进入热力设备水汽系统。

（2）降低热力设备水汽系统的相对湿度。

（3）加缓蚀剂。

（4）除去水中的溶解氧。

（5）使金属表面形成具有防腐作用的保护膜。

2. 防腐蚀方法的选择原则

停用锅炉的保护方法很多，在实际工作中保护方法的选择原则包括：设备的参数和类型，锅炉给水、炉水处理方式，停（备）用时间的长短和性质，现场条件，可操作性和经济性。另外还应考虑下列因素：

（1）停（备）用所采用的化学条件和运行期间的化学水工况之间的兼容性。

（2）防腐蚀保护方法不会破坏运行中所形成的保护膜。

（3）防腐蚀保护方法不应影响机组按电网要求随时启动运行。

（4）有废液处理设施，废液排放应符合相应的规定。

（5）对于寒冷地区要考虑冻结的可能性。

（6）当地大气条件（例如海滨电厂的盐雾环境）。

（7）所采用的保护方法不影响检修工作和检修人员的安全。

比如对水质要求高的锅炉可采用挥发性药品保护，如联氨和氨或充氮保护；对于汽水系统复杂的锅炉，放水后有些部位水不易放干，所以不适合采用干燥法；对于备用或短期停用锅炉，不能放掉水所以只能采用蒸汽压力法或湿法保养；寒冷地区采用湿法保护还要考虑锅炉房内温度不能低于0℃，以免冻坏设备。

电站锅炉的防腐可以参照《火力发电厂停（备）用热力设备防锈蚀导则》（DL/T 956—2005）进行。

三、停用锅炉的保护方法

停炉保护可分湿法保护和干法保护两类。其基本原则为：不让外界空气进入停用锅炉的水汽系统；保持停用锅炉金属内表面干燥；使金属内表面与氧隔离，如浸泡在含有除氧剂、缓蚀剂及其他保护药剂的水溶液中等。

1. 热炉放水余热烘干法

锅炉停运后，压力降至锅炉制造厂规定值时，按要求迅速放尽锅内存水，利用炉膛余热烘干锅炉受热面。放水过程中全开空气门、排汽门和放水门，自然通风排出锅内湿气，直至锅内空气相对湿度达到70%或等于环境相对湿度。放水结束后，一般情况下应关闭空气门、排汽门和放水门，封闭锅炉。在烘干过程中，应定时用湿度计等方法测定锅内空气相对湿度。炉膛温度降至105℃时，测定锅内空气相对湿度仍低于控制标准，锅炉应点火或辅以邻炉热风，继续烘干。此法适用于临时检修或小修锅炉时，停用期限为一周以内。

2. 负压余热烘干法

负压余热烘干法原理与余热烘干相同。锅炉停运后，压力降至锅炉制造厂规定值时，迅速放尽锅内存水，然后立即对锅炉抽真空，加快锅内湿气的排出，提高烘干效果。此法适用于大、小修锅炉时，停用期限为三个月以内。

3. 邻炉热风烘干法

邻炉热风烘干法原理与余热烘干相同。热炉放水后，为补充炉膛余热的不足，辅以运行邻炉热风，继续烘干。当炉膛温度降至105℃时，微开锅炉有关挡板，使炉膛烟道自然通风。然后开启总风道连通门或热风管道上的挡板，向炉膛送入220～300℃的热风，继续烘干，直至锅内空气相对湿度降到70%或等于环境相对湿度。停止送入热风后，应封闭锅炉，以维持锅内的干燥状态。此法适用于大、小修锅炉时，停用期限为三个月以内。

4. 气相缓蚀剂法

锅炉停炉后，热炉放水，余热烘干。当锅内空气相对湿度（室温值）小于90%时，采用专门设备向锅内充入汽化了的气相缓蚀剂；气相缓蚀剂浓度达到30 g/m^3 后，停止充气相缓蚀剂，封闭锅炉。采用热炉放水余热烘干法时，汽化了的气相缓蚀剂从锅炉底部的放水管或疏水管充入，使其自下而上逐渐充满锅炉。采用负压余热烘干法时，汽化了的气相缓蚀剂从锅炉顶部的空气管或排气管充入，使其自上而下逐渐充满锅炉。充入气相缓蚀剂时，最好有辅助抽气措施，并使抽气量和进气量基本一致。充入气相缓蚀剂前，应用不低于 50℃ 的热风经汽化器旁路先对充气管路进行暖管，以免气相缓蚀剂遇冷析出，造成堵管。当充气管路温度达到 50℃ 时，停止暖管并将热风导入汽化器，使气相缓蚀剂汽化并充入锅炉。当锅内气相缓蚀剂含量达到控制标准时，停止充入气相缓蚀剂并迅速封闭锅炉。此法适用于冷备用或封存的锅炉，停用期限长达三个月以上。

5. 氨水法与氨—联氨法

锅炉停运后，放尽锅炉存水，用氨溶液或氨—联氨溶液作为防锈蚀介质充满锅炉。锅炉停运后，压力降至锅炉规定放水压力时开启空气门、排气门、疏水门和放水门，放尽锅内存水。

氨水法用除盐水配制含氨量为 500～700 mg/L 的保护液。氨—联氨法用除盐水配制联氨含量至 200～300 mg/L，并用氨调整 pH 值至 10.0～10.5，用专用保护液输送泵或电动给水泵将保护液先从过热器疏水管、减温水管或反冲洗管充入过热器，过热器空气门见保护液后关闭，由过热器充入的保护液量应是过热器容积的 1.5～2.0 倍。过热器内充满保护液后，再经省煤器放水门和锅炉反冲洗同时向锅炉充保护液，直至充满锅炉（汽包锅炉汽包水位至最高可见水位，空气门见保护液；直流锅炉分离器水位至最高可见水位，最高处空气门见保护液）。充保护液过程中，每 2 h 分析联氨浓度和 pH 值一次，保护期间每天分析一次。保护期间如发生汽包或分离器水位下降，应及时补充保护液。必要时可向汽包、分离器或过热器出口充入氮气，维持氮气压力在 0.03～0.05 MPa 范围内。氨保护液对铜质部件有腐蚀作用，使用时应有隔离铜质部件的措施。过热器、再热器充保护液时，应注意与汽轮机的隔离，并考虑蒸汽管道的支吊。保护结束后，宜排空保护液，再用合格的给水冲洗锅炉本体、过热器和再热器。保护液必须经过处理至符合排放标准后才能排放。此法适用于冷备用或封存的锅炉，停用期限长达三个月以上。

6. 给水压力法

锅炉停运后，用符合运行水质要求的给水充满锅炉，并保持一定的压力及溢流量，以防止空气漏入。汽包锅炉停运后，保持汽包内最高可见水位，自然降压至给水温度对应的饱和蒸汽压力时，用符合运行水质要求的给水置换锅水。锅水用磷酸盐处理后，当锅水的磷酸根小于 1 mg/L，水质澄清时，停止换水。直流锅炉停运后，加大给水加氨量，提高给水 pH 值到 9.2～9.6。当过热器壁温低于给水温度时，开启锅炉最高点空气门，由过热器减温水管或反冲洗管充入给水，至空气门溢流后关闭空气门。在保持锅炉压力为 0.5～1.0 MPa 条件下，使给水从饱和蒸汽取样器处溢流。溢流量控制在 50～200 L/h。

锅炉在防锈蚀保护期间，应定期对给水品质和锅炉压力进行监督，使其符合控制标准。此法适用于热备用的锅炉，停用期限在一周以内。

7. 蒸汽压力法

锅炉短时间停运，炉水水质维持运行水质，用炉膛余热、引入邻炉蒸汽加热或间断点火方式以维持锅炉压力在 0.4～0.6 MPa 范围内，锅炉处于热备用状态。停炉后，关闭炉膛各挡板、炉门、放水门和取样门，减少炉膛热量散失。中压汽包锅炉自然降压至 1 MPa，高压及其以上汽包锅炉自然降压至 2 MPa 时，进行一次锅炉底部排污，排污时间可为 0.5～1 h，排污时应及时补充给水以维持汽包水位不变。

利用炉膛余热、引入邻炉蒸汽加热或间断点火方式维护锅炉压力在控制标准范围内。锅炉在热备用期间应始终监督其压力并使之符合控制标准。汽包锅炉应保持汽包水位。此法适用于热备用的锅炉，停用期限在一周以内。

8. 充氮法

充氮法的原理是隔绝空气。锅炉充氮保护有两种方式。

(1) 氮气覆盖法

锅炉停运后不放水，用氮气来覆盖水汽空间。锅炉压力降至

0.5 MPa 时，开始向锅炉充氮，在锅炉冷却和保护过程中，维持氮气压力为 0.03～0.05 MPa。

(2) 氮气密封法

锅炉停运后必须放水，用氮气来密封水汽空间。锅炉压力降至 0.5 MPa 时开始向锅炉充氮排水，在排水和保护过程中，保持氮气压力为 0.01～0.03 MPa。

1) 短期停炉充氮。锅炉停炉后不换水，维持运行水质，当过热器出口压力降至 0.5 MPa 时，关闭锅炉受热面所有疏水门、放水门和空气门，打开锅炉受热面充氮门充入氮气，在锅炉冷却和保护过程中，维持氮气压力为 0.03～0.05 MPa。

2) 给水采用加联氨处理的机组中、长期停炉充氮方法。锅炉停运后，用给水更换锅水冷却。当锅炉压力降至 1.6 MPa 时，汽包炉利用锅水磷酸盐加药系统向锅炉加入 5～10 mg/L 联氨，直流炉利用给水加药系统加入 5～10 mg 联氨。在锅炉压力降至 0.5 MPa 时，关闭锅炉受热面所有疏水门、放水门和空气门，打开锅炉受热面充氮门充入氮气，在锅炉冷却和保护过程中，维持氮气压力为 0.03～0.05 MPa。

3) 给水加氨或加氧处理机组中、长期停炉充氮方法。锅炉停运后，加大给水加氨量，提高给水 pH 值至 9.4～10.0，用给水置换炉水冷却。当锅炉压力降至 0.5 MPa 时，停止换水，关闭锅炉受热面所有疏水门、放水门和空气门，打开锅炉受热面充氮门充入氮气，在锅炉冷却和保护过程中，维持氮气压力为0.03～0.05 MPa。

4) 锅炉停炉需要放水时的充氮方法。锅炉停运后，用给水置换锅水冷却降压，当锅炉压力降至 0.5 MPa 时停止换水，打开锅炉受热面充氮门充入氮气，在保证氮气压力在 0.01～0.03 MPa 的前提下，微开放水门或疏水门，用氮气置换锅水和疏水。当锅水、疏水排尽后，检测排气氮气纯度，大于 98%后关闭所有疏水门和放水门。保护过程中，维持氮气压力为 0.01～

0.03 MPa。

此法适用于冷备用或封存、停用期限长达三个月以上的锅炉。但使用中应注意：使用的氮气纯度以大于99.5%为宜，最低不应小于98%。充氮保护过程中应定期监测氮气压力、纯度和水质。

9. 碱液法

向锅炉内注入氢氧化钠、磷酸钠溶液或两者的混合液。碱液的pH值应保持在10以上，以抑制水中溶解氧对锅炉的腐蚀。碱液应充满锅炉，保养期间应定期检查锅炉是否有泄漏以及碱液的浓度。

此法适用于较长时间停用的中、低压小容量锅炉。碱液法加药量见表8—5。

表8—5　　碱液法加药量　　kg/m^3

药品名称	配碱液用水	
	除盐水	软化水
氢氧化钠	2	5～6
磷酸钠	5	10～12
氢氧化钠＋磷酸钠	1.5＋0.5	(4～8)＋(1～2)

10. 磷酸盐和亚硝酸盐混合液保养法

磷酸钠和亚硝酸钠混合液能在金属表面形成保护膜防止金属腐蚀。这两者的混合比为亚硝酸钠∶磷酸三钠＝1∶1，浓度小于1%。此法适用于中、低压锅炉的保养。

11. 干燥剂法

如果停炉时间较长，可利用干燥剂来保持锅内外的干燥，这种保养方法称为干法保养。在锅炉停炉、锅水放净、锅内外清扫干净后，可利用炉体的余热烘干锅外的水分，也可利用热风或微火烘烤，把锅内外的水分烘干。锅炉烘干后即可在锅内和炉膛内放置干燥剂，然后严密封闭锅炉系统所有的人孔、手孔、阀门、炉门、风门、渣门及烟道挡板等，使之与外界空气完全隔绝。如阀门关闭不严，也可用盲板隔断。所用的干燥剂可用适当的敞口容器盛装，盛装适量干燥剂的容器在锅内应均匀排开，在炉膛及烟道内也是如此。因为干燥剂在失效后体积会膨胀，所以盛装的干燥剂只能占容器容积的 1/3～1/2。要防止干燥剂胀出容器后与金属壁面接触，形成新的腐蚀。

常用的干燥剂是石灰块（CaO）和工业用无水氯化钙（$CaCl_2$）。后者的吸湿性很强，可重复使用。还有一种干燥剂是干燥的硅胶。干燥剂放入锅内后，应定期打开孔检查其是否失效。如果失效，应查明不密封的部位再重新密封并更换干燥剂。如果没有失效，可重新密封人孔，以后每隔 3 个月检查一次并更换干燥剂。失效的氯化钙或硅胶可在烘箱内烘干，烘干的温度应为 120～140℃。

干法保养时间较长，效果较好，在长期停用或季节性使用的锅炉上得到了广泛的应用。但它比较适用于小容量的锅炉。对大容量的锅炉因锅水不易放净，所以不宜使用干法保养。

四、锅炉外部及其附属设备的防腐保养

对长期停用的锅炉，外部在清除烟灰、污物后应涂防锈漆。锅炉的附属设备也应全部清扫干净，按照各自保养规定要求，进行维修和保养。该涂漆的部位都应在除锈后重新涂漆，光滑的金属表面应涂油防锈，活动的部位应加油并转动防止锈死。对全部仪表和电气设备等也应按有关规定进行保养。

练 习 题

一、判断题

1. 锅炉结垢的主要原因是由于给水中存在硬度物质。 （ ）

2. 当水中存在硬度物质时，锅炉必定会严重结垢。 （ ）

3. 水垢最主要的危害是浪费燃料。（　　）

4. 酸洗过程中产生的腐蚀主要是电化学腐蚀。（　　）

5. 盐酸能溶解所有水垢。（　　）

6. 锅炉酸洗必须严格控制酸洗条件，否则会对锅炉造成危害。（　　）

7. 只要主管部门同意，就可以自行酸洗锅炉。（　　）

8. 盐酸对各种金属材质都适用，因此常用盐酸作为锅炉清洗剂。（　　）

9. 锅炉酸洗时，只要加入合适的缓蚀剂，就可以避免金属的腐蚀。（　　）

10. 钝化的作用是在金属表面形成稳定的防腐保护膜。（　　）

二、选择题

1. 锅炉结生水垢的主要原因是（　　）。

A. 锅水中存在碱性物质　　B. 锅水中存在硬度物质

C. 锅炉受热面温度太高　　D. 锅炉排污不够

2. 水垢对锅炉安全运行有很大的危害，其主要原因是(　　)。

A. 水垢难溶于水

B. 水垢将使金属造成垢下腐蚀

C. 水垢的导热性很差

D. 水垢会消耗燃料

3. 下列水垢中，一般酸洗最容易除去的是（　　）水垢。

A. 硫酸盐　　B. 硅酸盐

C. 碳酸盐　　D. 铁垢

4. 锅炉内结生（　　）水垢时，仅用酸洗的方法难以除去。

A. 混合　　B. 硫酸盐

C. 硅酸盐　　D. 碳酸盐

5. 锅炉酸洗后的钝化目的是在金属表面形成保护膜，其实质是使（　　）。

A. 阳极产生极化　　B. 阳极产生去极化

C. 阴极产生极化　　D. 阴极产生去极化

6. 酸洗过程中，酸洗液中常大量存在下列离子，其中易加快腐蚀且一般缓蚀剂又难以抑止其腐蚀的是（　　）。

A. H^{+}　　B. Fe^{2+}

C. Fe^{3+}　　D. Ca^{2+}

7. 锅炉碱煮清洗的常用药剂是（　　）。

A. 磷酸三钠、氢氧化钠、碳酸钠

B. 栲胶、氢氧化钠、氯化钠

C. 腐殖酸钠、栲胶及磷酸三钠

D. EDTA、氢氧化钠

8. 锅炉化学清洗前必须先取垢样化验，确定水垢性质，以选择合适的清洗工艺，一般应取（　　）垢样。

A. 水冷壁管处　　B. 烟管处

C. 锅筒底部　　D. 各部位有代表性的

9. 锅炉酸洗时，应在清洗系统中挂金属指示试片，以测定酸洗的（　　）。

A. 除垢效果　　B. 腐蚀速度

C. 酸液浓度　　D. 缓蚀剂浓度

10. 锅炉酸洗采用无机酸清洗剂时，温度宜控制在（　　）。

A. 25～45℃　　B. 45～55℃

C. 55～65℃　　D. 65℃以上

第九章

锅炉水质分析

本章知识要点

1. 熟悉水质分析的基本知识
2. 了解实验室的规章制度及有关要求
3. 掌握水质标准中常规指标测定的原理和检验方法

第一节 化验室建设与化验室管理

一、化验室建设

锅炉使用和检验单位应根据检测项目的需要，建立相应规模的化验室，并配备相关的仪器、设备，相应等级的化学试剂及各种玻璃仪器。化验室应环境整洁，有良好的通风设备和防火防爆的安全措施，这是进行锅炉水质分析的基本条件。

二、化验室管理

化验室应建立能保证正常工作秩序和分析数据可靠性的各种制度，内容包括人员培训制度、化验操作规程、仪器设备的使用及维护、化学试剂的使用与保管、分析数据的校验和审核、技术资料的档案管理以及废液的处理等。

第二节　水质分析基本知识

一、水样采集

水样的采集是水质分析工作的第一个重要环节。能否正确采集水样，会直接影响分析结果的真实性和准确性。采样的基本要求是：样品要有代表性，采出后不能被污染，在分析测定前不发生变化。为此，采集水样时应注意以下事项：

1. 采样瓶应用硬质玻璃瓶或聚乙烯塑料瓶，采样时用所取水样涮洗三次后方可取样，采样后立即加盖密封，贴上标签注明水样名称、采样时间及其他需记载的事项。

2. 采集水样原则上应是连续流动的水，如软化水应在设备正常运行状态下取样。给水一般应在给水管出口处。锅水一般在连续排污管取样，如无连续排污管时，可在锅炉的下联箱或定期排污管取样。测溶解氧的采样点应在除氧器水箱出口处。

3. 采样后应及时进行分析，存放和运输时间应尽量缩短，一般不应超过 72 h。

4. 水样的数量应能满足试验和复核的需要。

5. 采集有冷却器的水样时，应调节冷却水的取样阀门，使水样流量控制在 500 ～700 mL/min，并保持流速稳定，同时调节冷却水量，保持水样温度在 30～ 40℃。

6. 测定某些不稳定成分（如溶解氧、游离二氧化碳）时，应在现场取样测定，采样方法应按各分析方法中的规定进行。

二、实验室用水的要求

实验室在配制药品和洗涤玻璃仪器时均应使用纯水。实验室用纯水共分为三个级别：一级水、二级水和三级水。一级水电导率（25℃）应不大于 0.01 mS/cm，二级水电导率（25℃）应不大于 0.10 mS/cm，三级水电导率（25℃）应不大于 0.50 mS/cm。

锅炉水质分析中一般用三级水即可（如有特殊要求除外），

三级水可通过蒸馏或离子交换等方法制取。

1. 蒸馏水

将自来水经过蒸馏器蒸馏冷凝就可以制得一次蒸馏水，可用来洗涤要求不十分严格的仪器和配制一般实验用溶液。对于要求较高的实验来说可进行二次蒸馏或三次蒸馏。有时按照分析实验的要求，还需制取不含 CO_2 的蒸馏水、不含有机物的蒸馏水、不含氧的蒸馏水等。

2. 去离子水

用离子交换法将水中所含的阴阳离子去除后得到的纯水称为去离子水。这种水纯度较高，但含有有机物和一些非离子性杂质。

三、常用试剂的性质和等级

根据锅炉水质分析的需要，既要保证分析结果的准确性又要避免造成不必要的浪费，就要选择适当级别的试剂。试剂质量选择过高，会造成浪费；选择过低，又会影响分析结果的准确性。化学试剂的等级是根据试剂的不同纯度来划分的，使用哪种纯度的试剂，需要有相应的纯水和容器与之配合才能发挥试剂纯度的作用，达到实验精度的要求。

1. 化学试剂的等级与标志

我国的化学试剂有统一规定的质量要求。等级与标志见表9—1。

表 9—1　　我国化学试剂的等级与标志

级 别	一级品	二级品	三级品	四级品	
中文标志	保证试剂 优级纯	分析试剂 分析纯	化学纯	实验试剂 医用	生物试剂
代 号	G. R.	A. R.	C. P.	L. R.	B. R.
标签颜色	绿色	红色	蓝色	棕色	黄色

(1) 一级试剂

即优级纯，又称保证试剂，纯度很高，通常用于精密分析或科学研究工作。

(2) 二级试剂

即分析纯，又称分析试剂，纯度也很高，但较一级品略差，适用于大多数分析工作或科学研究工作，锅炉水质分析中通常采用这级试剂。

(3) 三级试剂

即化学纯，纯度与二级品相比差别较大，只适用于工矿企业日常生产中的快速分析和学校教学。

(4) 四级试剂

即实验试剂，杂质含量较多，纯度较低，常用做辅助试剂。

还有一种纯度相当于或高于一级的试剂，称为基准试剂，在容量分析中可直接用来配制标准溶液而不必进行标定。在容量分析中，用于确定滴定终点的指示剂不按上述标准分级。

2. 化学试剂的保管与储存

化学试剂若储存与保管不当就会变质，给实验造成误差，甚至导致实验失败。因此严格保管好试剂，对于获得可靠的实验数据有着非常重要的意义。许多因素都会影响试剂的储存，如温度、湿度、光线、空气等。因此，要用专门的试剂柜存放试剂，要保持室内一定的温度和湿度且通风良好，有些怕见光的试剂须避光保存。化学试剂中，很多都是易燃易爆有腐蚀性的，在储存和保管中一定要注意安全，防止发生事故。要了解各种试剂的性质，做到专人保管，分类存放。如易受光分解的物质应避光保存且应储存在棕色瓶内；易挥发的试剂应与其他试剂分开存放，防止有的试剂潮解、变质、燃烧、爆炸，剧毒药品更要严格保管。

四、实验室常用的仪器、仪表及设备

锅炉水质分析实验室一般应配备的仪器有分析天平、pH

计、分光光度计、电导仪、浊度计、测氧仪、pNa 计、高温炉、烤箱、水浴锅、电炉、电热板、计算器等，以供水质分析之用。

五、分析天平的构造和操作

分析天平是化验室最重要的仪器之一，根据称量的灵敏度和准确度分成不同的等级和型号。

1. 分析天平的构造

(1) 天平横梁

这是分析天平的关键部件，天平横梁上镶嵌着三把三棱柱状玛瑙刀。横梁中间的玛瑙刀，刀口向下，落在天平柱顶的玛瑙平板上，起着天平支点的作用，称为支点刀。横梁两端的玛瑙刀，刀口向上，起着承重作用。在这两个刀口上各悬有一个镶有玛瑙平板的蹬，天平盘就挂在这两个蹬上。横梁中间是长形指针，指针延伸至主投影屏内。

(2) 空气阻尼器

由铝制圆筒形套盒组成。

(3) 光学读数装置

这是由一系列光电系统组成的。当放下升降旋钮时，电源就接通，投影屏上就有刻度显示出来。投影屏可以左右移动，天平空载时，中间的黑线与标牌刻度的“0”点重合。标牌偏转一大格，相当于 1 mg；偏转 1 小格，相当于 0.1 mg。因此，这种天平常称为“万分之一”分析天平。

(4) 机械加码装置

这种装置在出厂时已经安装调试好了，只需按照砝码质量，分别将环状砝码挂在各自的位置上即可。通常 1 g 以下的砝码制成环状挂式的，1 g 以上的砝码摆放在砝码盒内，使用时用镊子夹取放在天平盘上。

2. 分析天平的操作

(1) 称量前，先检查分析天平是否处于水平位置。砝码是否为原配，用毛刷拂去天平盘上和天平箱内的灰尘，检查和调节天平的零点。

（2）缓慢开启分析天平旋钮，取放砝码和称量物时，必须先关闭分析天平。

（3）被称物体的温度应与室温相同，加码应一挡一挡慢慢加。天平载物不得超过最高载重量。

（4）同一分析工作中应使用同一台分析天平和砝码。

（5）称量完毕，将读数盘拨到“0”，检查一下“0”点位置，然后关闭电源，做好使用记录。

（6）不同型号的分析天平应严格按照说明书进行操作。

六、水质分析方法简介

水质分析是分析化学的内容之一。分析化学包括结构分析、定性分析和定量分析三部分内容。在锅炉水质分析中，由于水中杂质成分是已知的，所以一般只进行定量分析。

按照分析时所用的方法及原理不同，定量分析法的分类如图9—1所示：

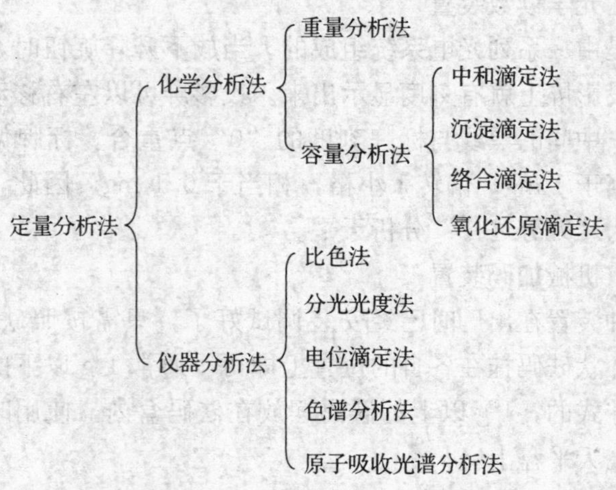

图9—1　定量分析法的分类

第三节　滴定（容量）分析法

一、基本知识

1. 概述

容量分析是将一种已知准确浓度的试剂溶液滴加到被测物质的溶液中去，直到所加试剂与被测物质的物质的量相等时，根据试剂溶液的浓度和用量计算出被测物质的含量。这种已知准确浓度的试剂溶液称为标准溶液。将标准溶液从滴定管滴加到被测物质的溶液中的过程称为滴定，所以容量分析法也称为滴定分析法。在滴定过程中指示剂正好发生颜色变化的点称为滴定终点。滴定终点可以显示等量点的到达，但两者并不相等，两者之差称为滴定误差。滴定误差的大小取决于指示剂的性质，故在容量分析中应尽量选择滴定误差较小的指示剂。

容量分析法应用范围广，操作方法简单、快速，分析结果比较准确。一般情况下，测定时的相对误差在 0.2%左右。

2. 容量分析的基本操作

容量分析常用的玻璃仪器有滴定管、移液管和容量瓶等（见表 9—2）。

表 9—2　　　　常用的玻璃仪器

仪器	规格	用途	注意事项
烧杯	容量（mL） 50 100 250 500 1 000	配制溶液、煮沸、蒸发、浓缩溶液	加热时需在底部垫石棉网，防止局部受热而破裂

续表

仪器	规格	用途	注意事项
 三角烧瓶	容量(mL) 50 100 250 500 1 000	也称锥形瓶。在滴定操作中通常用它作容器，反应时便于摇动	加热时需在底部垫石棉网，防止局部受热而破裂
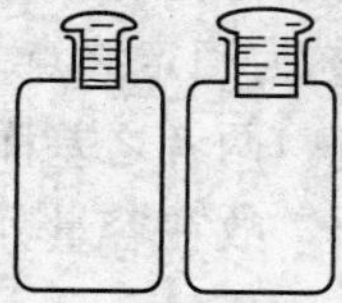 细口瓶，广口瓶	容量(mL) 30 125 250 500 1 000	统称试剂瓶，用来盛装各种试剂。试剂瓶有无色和棕色之分，棕色瓶用于盛装应避光的试剂。细口瓶和滴瓶用于盛放液体药品。广口瓶常用于盛放固体药品	试剂瓶不能用火直接加热。磨口的试剂瓶瓶塞不能调换，以防漏气。若长期不用，应在瓶口和瓶塞间加放纸条，以防开启困难。盛装碱性溶液或浓盐溶液时，应用软木塞或橡皮塞
 滴瓶	容量(mL) 30 60 125		
仪器  漏斗	口径(mm) 40 60 90 150	用于过滤操作。常见的有60°角短颈标准漏斗和60°角长颈标准漏斗	

续表

仪器	规格	用途	注意事项
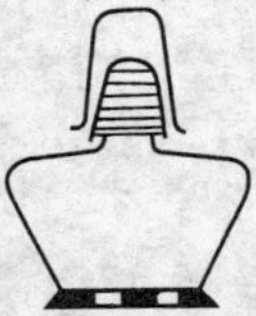 酒精灯	容量(mL) 150 250	常用的加热器具	酒精灯不宜相互对头点燃，防止酒精外溢起火；熄灭时不要用嘴吹，应用带磨口的玻璃罩或塑料罩盖在灯上熄灭
 漏玻璃过滤器	容量(mL) 2 10 25 60 100 250 500	是一种过滤器具。玻璃砂芯微孔的大小用号数表示，号数越大孔径越小，用于减压过滤	应避免与碱液和氢氟酸接触
 古氏坩埚	容量(mL) 10 20 30 50 100 250	是瓷质过滤器皿，过滤层可用滤纸、玻璃纤维或石棉。用于减压过滤	滤纸要略小于内径才能贴紧

续表

仪器	规格	用途	注意事项
吸滤瓶	容量（mL） 250 500 1 000	也称过滤瓶，主要供晶体或沉淀进行减压过滤时用。与玻璃过滤器或古氏坩埚配套使用	不能用做反应器皿
仪器 水力抽气器		用胶管与自来水阀门连接，利用水的流速产生负压，与吸滤瓶、古氏坩埚或玻璃过滤器配套进行减压过滤	过滤时，先开自来水阀门启动水力抽气器然后过滤。过滤完毕后，先分开抽气器与吸滤瓶的连接，后关水门
研钵	内径（mm） 75 90 120	主要用于研磨固体物质。有玻璃制、瓷制、铁制、玛瑙制研钵，瓷制研钵适用于研磨硬度较低的物料。硬度大的物料应用玛瑙研钵	研钵不能用火直接加热
蒸发皿	直径（mm） 60 90 120 150	多为瓷制，有平底和圆底两种形状，能耐高温，对酸碱的稳定性比玻璃好	蒸发溶液时，一般放在石棉网上加热，防止骤冷

续表

仪器	规格		用途	注意事项
表面皿	直径(mm)	45 60 80 100 150 180	主要用于加盖烧杯，防止灰尘落入和加热时液体进溅等。也可在分析实验中作气室或点滴反应板	不能直接用火加热
比色管	容量(mL)	10 25 50 100	主要用于比较颜色的深浅，在目视比色法中经常用到它。常见有开口和具塞两种。管上有标明容量的刻度线	通常配套出厂
干燥器	内径(mm)	100 200 300	用于保持药品干燥或存放已烘干的称量瓶、坩埚等。器内带孔瓷板上放置待干燥的物品，下面放置干燥剂(如硅胶、氯化钙、硫酸铜，或用几支小烧杯盛装浓硫酸等)	使用干燥器时，要沿边口涂抹一薄层凡士林，使顶盖与干燥器保持密合，不致漏气。开启顶盖时，不应往上拉，而要稍稍用力使顶盖向水平方向缓缓错开。取下的顶盖应翻过来放稳。热的物体应冷却到略高于室温时，再移入干燥器内

续表

仪器	规格	用途	注意事项
洗瓶	容量（mL） 250 500 1 000	用于冲洗器皿及配制药品时遗留在烧杯内的残液	通常用软质塑料瓶加上橡皮塞和一段弯曲的玻璃管做成洗瓶，使用方便。打开瓶塞，加入水后，挤捏塑料瓶身，水就会自动流出
称量瓶	外径（mm） 高形 25 30 40 扁形 40 50 60	在使用分析天平时，用它称取一定量的固体试样，常见的有高形和扁形两种	不能用火直接加热，瓶盖不能互换。洗干净的称量瓶常置于干燥器中备用。称量时不要用手直接拿取，而要用纸带绕住瓶身，用手掐住纸带两端拿取
容量器	容量（mL） 10 50 100 250 500 1 000	用于配制体积要求准确的溶液。配制时液面应恰在刻度线上	不能加热，瓶塞是磨口的，配套出厂，不能互换，以防漏水

续表

仪器	规格	用途	注意事项
 量筒	容量（mL） 5 10 50 100 500 1 000	用于量取一定体积的液体。在配制和量取浓度及体积不要求很精确的试剂时，常用它来直接量取溶液	不能加热，不用做反应容器。量度体积时，以液面的弯月形最低点为准
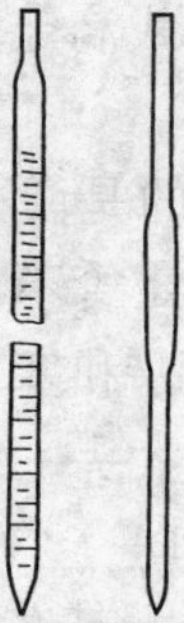 移液管	容量（mL） 有刻度 0.1 0.2 0.25 0.5 1 10 单标记 5 10 20 50 100	也称吸管，用于准确转移一定体积液体，常见的包括有刻度吸管（左）和单标记吸管（右）	
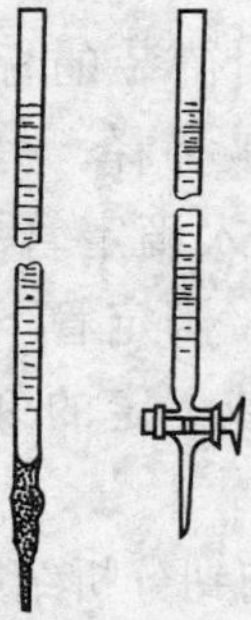 碱式滴定管，酸式滴定管	容量（mL） 10 25 50 100	容量分析滴定时使用的较精密的仪器，用来测量自管内流出溶液的体积。分酸式和碱式两种。酸式滴定管用来盛盐酸、氧化剂、还原剂等溶液；碱式滴定管用来盛碱溶液	

(1) 滴定管的使用

滴定管是准确测量流出液体体积的量器。按用途可分为酸式和碱式，按颜色可分为白色和棕色，按规格可分为常量和微量。一般常量滴定管的容积有 25 mL、50 mL、100 mL 几种规格。刻度精度为 0.10 mL，估计读数为 0.02 mL。微量滴定管有 1 mL、2 mL、3 mL、4 mL、5 mL、10 mL 几种规格，刻度精度一般可准确至 0.005 mL 以下。

1) 碱式滴定管。一般用来装碱性溶液。碱式滴定管的下端有一小段橡皮管把滴头与管身连接起来，皮管内用一粒稍大于橡皮管内径的玻璃球堵住液体不漏出为宜。凡是能和橡皮管作用的物质（如高锰酸钾、碘、硝酸银等溶液），不能用碱式滴定管来盛放。

2) 酸式滴定管。滴定管的下部带有玻璃旋塞的是酸式滴定管。在容量分析中使用较多，但要注意，酸式滴定管不能装碱性溶液。酸式滴定管在使用前应洗涤干净，将旋塞和塞体内壁的水分擦干，然后在旋塞小头一端的内壁和旋塞大头一端分别涂上一层薄薄的凡士林，把旋塞插入塞体内后，向一个方向转动旋塞，直到旋塞和塞体接触面呈透明状。用橡皮圈将旋塞与塞体相连，然后检查是否漏水。如无漏水现象且旋塞转动灵活，即可使用。

3) 滴定管注药。滴定管在初次使用时，应用待装的标准溶液洗涤三次后，再装标准溶液，以免标准溶液被稀释。另外应尽量从盛标准溶液的容器中把标准溶液直接倒入滴定管中，减少中间环节，以免浓度改变。装好溶液后，要将滴定管下端出口处的气泡赶掉，然后调整液面在 0.00 mL 处或一定的刻度处即可。

4) 滴定管的读数。能否正确读数，会直接影响到分析结果。正确的读数方法是用两手指拿住滴定管上端，使其与地面垂直，眼睛与液面处于同一水平面，读数时应读取与弯月面下缘相切点的数值，应读出小数点后两位数。对于有色溶液，读数时可取液面两侧最高点的数值，但需要注意的是，滴定前和滴定后的读数方法要一致，否则将会造成误差。如图 9—2 所示。

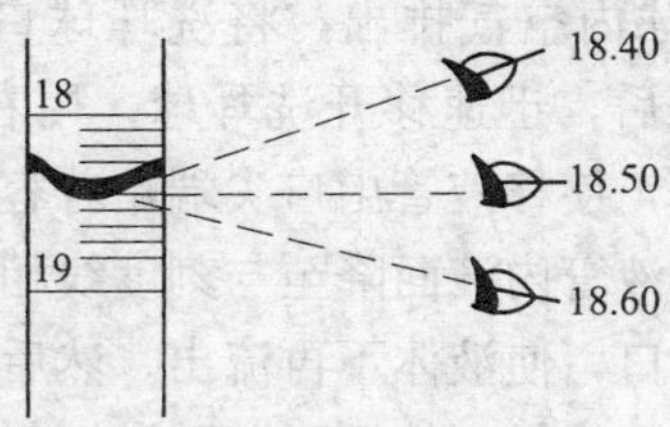

图 9—2　滴定管读数示意

5）滴定操作技术。熟练掌握滴定管的操作方法是容量分析的基本功之一。使用碱式滴定管时，应用左手拇指和食指捏玻璃球上部或中部，轻轻推拉橡皮管来控制流速。使用酸式滴定管时，应左手拇指在前，中指和食指在后，轻轻捏住旋塞柄，无名指、小指向手心弯曲，形成握空拳的样子，注意不能用右手转动旋塞。

滴定中被测定的物质通常置于三角烧瓶中，用右手拿住三角烧瓶的颈部，左手控制滴定速度，边滴边摇动三角烧瓶，使溶液顺着同一方向作圆周转动。滴定管尖端可置于三角烧瓶口内1 cm处，但不要与瓶壁接触，也可以使滴定管尖端与三角烧瓶口保持2～3 mm 的距离，但距离不能太大，以防瓶内液体溅出。

滴定开始时，滴定速度以 10 mL/min，即每秒 3～4 滴为宜（眼睛直观是一滴接一滴但不能成线状）。在临近终点时，滴定速度应减慢，且滴一滴，摇一摇，直到最后一滴（或是半滴）刚好变成所需的颜色，即为滴定终点。

滴定每个样品耗用的标准溶液的量不应超过所用滴定管的最大容量，但也不宜太少，一般应以 20～30 mL 为宜。

掌握正确的操作姿势，控制合适的滴定速度，正确判断和控制滴定终点，是保证容量分析准确性的几个关键环节，也是每个检验人员必须掌握的操作技术。

(2) 移液管的使用

移液管是用来准确移取一定体积溶液的仪器。移取操作时一般以右手执管，左手拿洗耳球。将移液管插入待吸溶液液面下 1 cm 处，先将洗耳球内空气排出，将洗耳球口对准移液管上口，待溶液被吸过刻度后，迅速移开洗耳球，用右手食指堵住管口。将移液管提离液面，使移液管出口尖端贴着容器内壁，将多余溶液缓慢放出，使移液管内液面降至与刻度线相切时为止。立即以食指按紧移液管上口，使液体不再流出。然后将移液管下端尖口插入锥形瓶中与内壁接触，使锥形瓶稍微倾斜。松开食指，让移液管内溶液自然流下。流完后，再停留大约 15 min 即可。一般移液管的体积是以自动流出的量为准，余液不能吹入容器内，如果移液管上刻有“吹”字，则应吹出余液。

(3) 容量瓶的使用

容量瓶一般用来配制标准溶液或试样溶液。颈上刻有标线，使用前应检查是否漏水。配制溶液时，应先在烧杯中将物质溶解。溶解过程不论是放热或是吸热，都需待溶液至室温时再转移到容量瓶中，用溶剂稀释至标线。容量瓶不宜配制和储存强碱溶液。

二、中和滴定法

中和滴定法是利用酸碱中和反应进行滴定分析的一种方法。反应的实质是 H^+ 离子和 OH^- 离子结合生成难电离的 H_2O。

$$H^+ + OH^- = H_2O$$

锅炉水质分析中，碱度就是用中和滴定法来测定的。在中和滴定法中滴定剂一般都是强酸或强碱。如 HCl、H_2SO_4、NaOH 等，被滴定的是各种具有碱性或酸性的物质。在酸碱滴定中，最重要的是要估计被测物质能否准确被滴定，滴定过程中溶液的 pH 值如何变化，怎样选择合适的指示剂来确定滴定终点。酸碱滴定一般可以分为以下几种情况：

1. 强酸强碱互相滴定

到达等量点时，酸碱恰好完全反应生成盐和水，且这类强酸强碱盐不水解，溶液 pH 值等于 7。

2. 强酸滴定弱碱

到达等量点时，生成的强酸弱碱盐会发生水解，使溶液呈酸性，溶液 pH 值小于 7。

3. 强碱滴定弱酸

到达等量点时，生成的强碱弱酸盐会发生水解，使溶液呈碱性，溶液的 pH 值大于 7。

在中和滴定法中，一般用指示剂颜色的改变来确定等量点的到达。这类指示剂称为酸碱指示剂。一般都是有机弱酸或有机弱碱，不同的指示剂有不同的变色范围。在滴定分析中，可根据需要选择合适的指示剂。测定碱度时，常用的指示剂是酚酞和甲基橙。

在中和滴定中，加入指示剂的量都是较少的。初学者往往认为指示剂多加一些，颜色变化明显些，其实不然。对于双色指示剂，如甲基橙，如果用量少些，溶液中的 HIn 分子也少些。加入一滴碱溶液时，它几乎全部转化为 In^-，变色敏锐。如果加入量太多，要观察到同样颜色，碱的用量就要多些。由此可知，指示剂的用量将对其变色范围有影响。一般来讲，用量少一些为佳。

但对于酚酞类的单色指示剂，情况有些不同。当从无色变为红色时，变色敏锐。指示剂用量多些少些影响不大；但从红色变到无色，指示剂的用量少一些，变色敏锐一些。

指示剂的用量也不能太少。否则，由于人的辨色能力的限制，反而不容易观察到颜色的变化。

在酸碱滴定中，有时需要将滴定终点限制在很窄的 pH 值范围内，这时可采用混合指示剂。混合指示剂有两种：一种是由两种或两种以上的指示剂混合而成，另一种是由指示剂和一种惰性染料组成。混合指示剂是利用颜色之间的互补作用，使变色更加敏锐。

三、沉淀滴定法

沉淀滴定法是基于沉淀反应的容量分析法。用于沉淀滴定法的沉淀反应应符合下列条件：

第一，沉淀反应速度要快，生成的沉淀溶解度要小。

第二，反应必须按一定的化学反应式定量进行。

第三，有适当的指示剂或其他方法指示滴定终点。

由于上述条件的限制，能用于沉淀滴定法的沉淀反应并不多。锅炉水质分析中，氯离子的测定就属于沉淀滴定法。利用生成难溶性银盐的沉淀滴定法称为银量法，通常以硝酸银标准溶液为滴定剂，以铬酸钾为指示剂，此种方法也称为摩尔法。下面主要来讨论一下摩尔法。

1. 控制铬酸钾用量

在滴定中，要求溶液中的氯离子定量地析出沉淀后，稍微过量一点的银离子立即与铬酸根离子反应，生成铬酸银砖红色沉淀指示终点的到达。终点出现过早，分析结果偏低；终点出现太迟，分析结果偏高。另外由于铬酸钾指示剂本身呈黄色，浓度较大时颜色较深。观察红色沉淀的析出比较困难。在实际工作中，一般将铬酸根离子的浓度控制略低一些，约为 5×10^{-3} mol/L。

2. 控制溶液酸度

氯化银沉淀难溶于酸，但铬酸银沉淀却易溶于酸。而在强碱性溶液中，银离子又将析出氧化银沉淀。因此，被滴定溶液的酸度不能过高或过低，而应该在中性或弱碱性溶液中进行。通常控制溶液的 pH 值在 6.5～10.5 范围内。

3. 充分摇动

滴定中生成的氯化银沉淀易吸附溶液中的氯离子，使溶液中的氯离子浓度降低，会造成铬酸银沉淀提前析出，从而引起误差。故在滴定中，应充分摇动三角烧瓶，使被吸附的氯离子释放出来。当水样氯离子含量过高时，应将水样稀释后再测定。

四、络合滴定法

络合滴定法是利用络合反应进行的容量分析。络合反应非常多，但能用于络合滴定的络合反应必须具备下列条件：

第一，反应必须完全，所形成的络合物要具有相当大的稳定性，这是决定络合滴定能否进行的内因。

第二，反应必须按一定的化学反应式定量进行。

第三，反应必须十分迅速，并有适当的指示剂或其他方法指示滴定终点。

在锅炉水质分析中，硬度就是用络合滴定法来测定的。

1. 常用络合剂

在络合滴定中，应用最广的络合剂是乙二胺四乙酸，简称EDTA。EDTA是乙二胺四乙酸的英文名称缩写。由于EDTA在水中的溶解度很小（20℃时溶解度只有0.02 g），通常采用它的二钠盐，即乙二胺四乙酸二钠（含两分子的结晶水），一般也简称为EDTA，用 $Na_2H_2Y \cdot 2H_2O$ 表示。其相对分子质量为372.26。EDTA二钠盐在水中的溶解度较大（常温下其溶解度为11.1 g）。EDTA能与许多金属离子形成1∶1的易溶于水的络合物。EDTA一般与无色金属离子生成无色络合物，与有色金属离子生成颜色更深的络合物。EDTA与金属离子生成的络合物的稳定性与溶液中的酸度有关。任何络合滴定过程都要控制在一定的酸度范围才能进行，因此，在络合滴定中，通常都需要加入相应的缓冲溶液来控制溶液的pH值。

2. 金属指示剂

络合滴定中应用最多的是金属指示剂。金属指示剂是一种显色剂，与被滴定的金属离子生成有色络合物。此有色络合物的颜色与指示剂本身的颜色不同，而且此络合物的稳定性要比该金属离子与EDTA形成的络合物稳定性小。铬黑T和酸性铬兰K就是测硬度时常用的金属指示剂。

五、氧化还原滴定法

氧化还原滴定法是以氧化还原反应为基础的容量分析法。氧化还原反应的特点是反应机理比较复杂。除主反应外，经常伴有各种副反应，且反应速度一般较慢。一般用该种方法来测定氧化剂或还原剂，也可间接测定能与氧化剂或还原剂发生定量反应的物质。氧化还原滴定法中，较常用的是碘量法和高锰酸钾法。下面主要介绍碘量法。

I_2 是较弱的氧化剂，只能与较强的还原剂作用，而 I^- 又是一个中等强度的还原剂，能与许多的氧化剂作用。

碘量法可分为直接法和间接法。

1. 直接法

用碘溶液直接滴定一些较强的还原剂的方法称为直接法，如锅水中 SO_3^{2-} 的测定就属于此种方法。该滴定需在酸性条件下进行，其反应式为：

$$SO_3^{2-}+I_2+H_2O = SO_4^{2-}+2I^-+2H^+$$

2. 间接法

利用氧化剂氧化 I^- 放出 I_2 再用 $Na_2S_2O_3$ 滴定 I_2 的方法称为间接碘量法。用 $Na_2S_2O_3$ 滴定 I_2 时，必须在中性或弱酸性溶液中进行。

碘量法准确度较高。利用 I_2 与淀粉的深蓝色反应指示终点十分敏锐，应用范围很广，但干扰因素较多。一是由于空气中的氧及其他氧化剂氧化 I^- 析出过多的 I_2，且光照能加速上述反应，因此在用间接法测定氧化性物质析出的 I_2，必须在反应完毕后尽快滴定。在滴定时不要过分摇动，以减少与空气的接触。二是 I_2 具有挥发性，可以引起损失，因此碘溶液必须保存在严密的容器中，并且 I_2 必须配制在含有 KI 的溶液中，使游离 I_2 络合为 I_3^-，可以减少 I_2 的挥发。

在实际工作中，必须注意干扰产生的原因，适当控制测定条件以减少干扰。

在氧化还原滴定中，可以用电位法来确定终点，还可以用指示剂颜色的变化来指示终点，这种指示剂称为氧化还原指示剂。

氧化还原指示剂可分为三类。

（1）自身指示剂

在氧化还原滴定中，如果标准溶液自身有很深的颜色，就可以作为自身指示剂。如 $KMnO_4$ 标准溶液为酒红色，用它来滴定还原剂，滴至等量点时，过量的一滴 $KMnO_4$ 标准溶液就会使溶液显出粉红色，可以指示到达终点。

（2）能与氧化剂或还原剂发生显色反应（非氧化还原反应）的指示剂

有些物质本身不具有氧化还原性质，但能与氧化剂或还原剂产生特殊的颜色，从而指示滴定终点。如可溶性淀粉能与 I_2 反应生成深蓝色的化合物。在碘量法中，通常用淀粉溶液作为指示剂。

（3）本身发生氧化还原的指示剂

这类指示剂在滴定过程中发生氧化还原反应，而且它的氧化态和还原态显示不同的颜色来指示滴定终点。

第四节　重量分析法

一、概述

重量分析法一般是将被测成分在一定条件下与试样中的其他成分分离，转化为一定的称量形式，用称量的方法测定被测成分的含量。

重量分析法直接用分析天平称量而获得分析结果，不需要基准物质或标准试样。通常能获得准确的分析结果，相对误差为0.1%～0.2%。故在分析工作中，常以重量分析的结果为标准来核对其他分析方法测定结果的准确度。但此种方法操作烦琐，费时较长，不适用于快速分析和低含量组分的测定。

重量分析中，使被测组分与其他成分分离的方法一般有汽化法和沉淀法。

1. 汽化法

通过加热或其他方法使被测组分挥发逸出，然后根据试样重量的减轻来计算被测组分的含量，或者当该组分逸出时，选择一吸收剂将其吸收，然后根据吸收剂重量的增加计算被测组分的含量。

2. 沉淀法

沉淀法是重量分析中的主要方法。这种方法是将被测组分以难溶化合物的形式沉淀出来，再经过过滤、洗涤、烘干（或灼烧）和称重，然后根据测得的质量计算出被测组分的含量。不是任何沉淀反应都能用于重量分析，重量分析对沉淀的要求如下：

（1）生成的沉淀溶解度要小，这样才能保证被测组分沉淀完全，溶解的损失小。

（2）沉淀要易于过滤和洗涤，应尽量获得较粗大的晶形沉淀。

（3）沉淀经干燥或灼烧时，化学组成应固定。这样才能由其组成的化学式计算被测组分的含量。

（4）沉淀应有较大的分子量，少量的被测物质可得到较大量的沉淀，便于称量。

（5）沉淀在空气中要稳定，不吸水，不吸 CO_2，不被氧化。

（6）沉淀剂最好在灼烧时能挥发掉。

二、悬浮物与溶解固形物

1. 悬浮物

悬浮物是指含有各种大小不同颗粒的混杂物，它会使水体混浊，透明度降低。水中悬浮物的理化特性、所用滤器与孔径大小、滤材面积与厚度等许多因素均可影响悬浮物的测定结果。一些细小的悬浮物微粒无法滤除，测定结果不能充分反映水体中悬浮物的总体情况。《工业锅炉水质》(GB/T 1576—2001) 规定了给水悬浮物指标，但由于标准中悬浮物测定方法采用的是重量分析法，分析操作比较麻烦，耗时很长，不适合水质监测的常规分析，故《工业锅炉水质》(GB/T 1576—2008) 已将悬浮物指标修改为浊度指标。测定方法是以福马肼标准悬浮液作为标准溶液，采用浊度计来测定。

2. 溶解固形物

溶解固形物是指分离了悬浮物后的滤液，经蒸发干燥到恒重后所得到的残渣。它包括了水中各种溶解性无机盐类和不易挥发的有机物等。溶解固形物含量可以近似地表示水中含盐量。溶解固形物的测定方法采用重量法进行测定。《工业锅炉水质》(GB/T 1576—2008)根据工业锅炉用水特点，在溶解固形物的测定方法中规定了三种方法。第一种方法适用于一般水样和以除盐水作为补给水的锅水水样。第二种方法适用于酚酞碱度较高的锅水。第三种方法适用于含有大量吸湿性很强的固体物质，如氯化银、氯化镁、硝酸钙、硝酸镁等水样。

重量分析法测定溶解固形物准确度高，但操作烦琐，费时较长，一般锅炉房不具备测试条件，也不适合水质分析常规分析。所以《工业锅炉水质》(GB/T 1576—2008) 规定，溶解固形物可用“固导比”或“固氯比”的方法来间接测定。

第五节 标准溶液的配制和标定

一、标准溶液的配制

标准溶液就是已知准确浓度的溶液。它的浓度要求准确到四位有效数字。有两种配制的方法，即直接法和标定法。

1. 直接法

准确称取一定量的基准物质，溶解后配成准确体积的溶液。

通过计算求出其准确的浓度，这种方法称为直接法。能直接配成标准溶液的物质称为基准物质，必须符合下列要求：

（1）纯度高，杂质含量应少到可以忽略不计。

（2）组成应与化学式精确符合，若含有结晶水也应与化学式相符合。

（3）不论固态或溶液在一般条件下很稳定，不易吸水，不易被氧化。

（4）使用时合乎化学反应要求，其摩尔质量应尽量大些。

锅炉水质分析中，常用氧化锌、无水碳酸钠、氯化钠等作为基准物质。

2. 标定法

有些试剂不符合基准物质的条件，就用这些试剂先配成近似所需浓度的溶液，然后再用基准物质或另一种标准溶液来确定该溶液的准确浓度。这一操作过程称为标定。通常标定的方法有两种。

（1）用已有的标准溶液和待定的溶液相互滴定，然后通过已有的标准溶液的浓度和消耗体积，计算出被标定溶液的准确浓度。如在水质分析中，用 NaOH 标准溶液标定待标定的硫酸溶液就属于这种方法。

（2）用基准物质标定。用分析天平准确地称取一定量的、在一定温度下已干燥至恒定并冷却至室温的基准物质，用待标定的溶液来滴定。根据滴定终点两者的物质的量相等的规则，计算出待标定溶液的准确浓度。

3. 一般要求

（1）溶液的标定一般应平行做 2～3 份，相对偏差不大于 0.2%，然后取平均值。

（2）配制标准溶液时使用的分析天平、滴定管、容量瓶、移液管均须校正。

（3）配制标准溶液所用溶剂，如无注明其他要求时，均为蒸馏水或去离子水，且应符合 GB/T6682－2008 中的三级水的标准。

二、标准溶液的储存

1. 配制好的标准溶液应根据试剂的性质，分别储存在不同容器中。一般应储存在硬质磨口玻璃瓶内，并贴上标签，注明试剂名称、浓度、配制的日期等。如 EDTA 最好储存于聚乙烯瓶内，硝酸银则应储存于棕色试剂瓶内。

2. 除另有规定外，标准溶液在常温下保存时间一般不超过两个月。当溶液出现混浊、沉淀、颜色变化等现象时，应重新制备。

3. 标准溶液的浓度应定期进行校正。

第六节　水质标准中常规指标测定的原理和检验方法

一、硬度的测定（络合滴定法）

1. 测定原理

在 pH 值为 10.0±0.1 的溶液中，以铬黑 T 作为指示剂与水样中的 Ca^{2+}、Mg^{2+} 生成酒红色络合物。用 EDTA 标准溶液滴定，EDTA 可与 Ca^{2+}、Mg^{2+} 生成更稳定的无色络合物。当滴定到终点时，溶液刚好显纯蓝色（铬黑 T 指示剂本身的颜色）。根据 EDTA 所消耗的体积，计算出水样的硬度。

2. 试剂及配制

(1) 配制

配制 $c\left(\frac{1}{2}\text{EDTA}\right)=0.020\ 0$ mol/L 的 EDTA 标准溶液，称取 4 g 乙二胺四乙酸二钠溶于 1 000 mL 纯水中，摇匀。

配制 $c\left(\frac{1}{2}\text{EDTA}\right)=0.100\ 0$ mol/L 的 EDTA 标准溶液，称取 20 g 乙二胺四乙酸二钠溶于 1 000 mL 纯水中，摇匀。

（2）标定

称取800℃灼烧到恒重的基准氧化锌2 g（称准至0.000 2 g），用少许水润湿，加（1+1）盐酸溶液溶解，移入500 mL容量瓶中，稀释至刻度，摇匀。取20.00 mL氧化锌标准溶液，加80 mL水，用10%氨水中和至pH值为7～8，加5 mL氨—氯化铵缓冲溶液及5滴铬黑T指示剂（5 g/L），用EDTA滴定至溶液由酒红色变为纯蓝色，同时做空白试验。

EDTA标准溶液的浓度按下式计算：

$$c\left(\frac{1}{2}\text{EDTA}\right)=\frac{m\times 1\,000}{V\times 40.689\,7}\times\frac{20}{500}$$

式中 $c\left(\frac{1}{2}\text{EDTA}\right)$——乙二胺四乙酸二钠标准溶液的浓度，mol/L；

m——氧化锌的质量，g；

40.689 7——1/2ZnO的摩尔质量，g/mol；

$\frac{20}{500}$——500 mL氧化锌溶液中取20 mL滴定；

V——滴定到终点时EDTA所消耗的体积，mL。

3. 测定方法一（水样硬度大于0.5 mmol/L的测定）

（1）准确量取100 mL水样置于250 mL三角烧瓶中，如水样混浊应事先过滤。若水样酸性或碱性很高时，可用氢氧化钠溶液或盐酸溶液先中和。

（2）加5mL氨—氯化铵缓冲溶液。

（3）加2～3滴铬黑T指示剂，水样显酒红色。

（4）用$c\left(\frac{1}{2}\text{EDTA}\right)=0.020\,0$ mol/L的EDTA标准溶液滴定至水样刚好变为纯蓝色。

（5）同时做空白试验。

结果计算：

$$YD=\frac{c\left(\frac{1}{2}\text{EDTA}\right)\times(V-V_0)}{V_S}\times10^3$$

式中　$c\left(\frac{1}{2}\text{EDTA}\right)$——EDTA 标准溶液的浓度，mol/L；

V——EDTA 标准溶液所消耗的体积，mL；

V_S——水样体积，mL。

4. 测定方法二（水样硬度在 0.001～0.5 mmol/L 的测定）

（1）试剂的配制

1）$c\left(\frac{1}{2}\text{EDTA}\right)$=0.010 0 mol/L 的乙二胺四乙酸二钠标准溶液。用 $c\left(\frac{1}{2}\text{EDTA}\right)$=0.020 0 mol/L 稀释 2 倍即可，不用再标定。

2）酸性铬兰 K 指示剂（5g/L）。称取 0.5g 酸性铬兰 K（$C_{16}H_9O_{12}N_2S_3Na_3$）与 4.5 g 盐酸羟胺在研钵中研匀。加 10 mL 硼砂缓冲溶液，溶解于 40 mL 水中，用 95％乙醇稀释至 100 mL，储存于棕色瓶中备用。使用期不应超过一个月。

3）硼砂缓冲溶液。称 40 g 硼砂（$Na_2B_4O_7\cdot10H_2O$），加 10 g 氢氧化钠，溶于水并稀释至 1 L，储存于塑料瓶中（硼砂缓冲溶液也可用氨—氯化铵缓冲溶液代替）。

（2）测定步骤

1）准确量取 100 mL 水样置于 250 mL 三角烧瓶中。

2）加 1 mL 硼砂缓冲溶液。

3）加 2～3 滴酸性铬兰 K 指示剂，水样显酒红色。

4）用 $c\left(\frac{1}{2}\text{EDTA}\right)$=0.010 0 mol/L 的 EDTA 标准溶液滴定至水样刚好变为纯蓝色，同时做空白试验。水样硬度小于 0.025 μmol/L时，应采用 5 mL 微量滴定管。

（3）计算结果

$$YD=\frac{(V_1-V_0)\times C\left(\frac{1}{2}\text{EDTA}\right)}{V}\times 10^6$$

式中　$c\left(\frac{1}{2}\text{EDTA}\right)$——EDTA 标准溶液的浓度，mol/L；

V_1——滴定水样时，EDTA 标准溶液消耗的体积，mL；

V_0——空白试验时，EDTA 标准溶液消耗的体积，mL；

V——取水样体积，mL。

1）若水样酸性或碱性很高，可用氢氧化钠溶液或盐酸溶液中和后再加缓冲溶液。

2）碳酸盐硬度很高的水样，在加入缓冲溶液前，应先稀释或先加入所需 EDTA 标准溶液的 80%～90%（记入消耗体积数内）。否则有可能析出碳酸盐沉淀，使终点拖长。

3）铁含量大于 2 mg/L、铝含量大于 2 mg/L、铜含量大于 0.01 mg/L、锰含量大于 0.1 mg/L，对测定有干扰。如果在滴定过程中发现滴不到终点，或加入指示剂后颜色呈灰紫色，可能是 Fe、Al、Cu 或 Mn 等离子的干扰。可在加指示剂前，用 2 mL1%的 L—半胱胺酸盐和 2mL 三乙醇胺（1+4）进行联合掩蔽，或先加入所需量 EDTA 标准溶液的 80%～90%（记入所消耗体积数内），可消除干扰。

4）除氨—氯化铵缓冲溶液外，还可用氨基乙醇配制的缓冲溶液。此缓冲溶液的优点是无味、pH 值稳定、不受室温变化影响。配制方法是取 400 mL 除盐水，加 55 mL 浓盐酸，然后将此溶液慢慢加入 310 mL 氨基乙醇中并搅拌，最后加入 5.0 g 分析纯 Na_2MgY，用除盐水稀释至 1 000 mL。

5）测定低硬度水样时，为提高终点色的灵敏度，可在缓冲溶液中加入适量的 Na_2MgY 盐。如用酸性铬兰 K 作指示剂时，可以不加 Na_2MgY。

6）络合反应速度较慢，冬季水温较低时，可将水样加温到 30～40℃后再测定。

二、浊度的测定（浊度仪法）

1. 概要

本测定方法是根据光透过被测水样的强度，以福马肼标准悬浊液作为标准溶液，采用浊度仪来测定。

2. 仪器

（1）浊度仪。

（2）滤膜过滤器，装配孔径为 0.15 μm 的微孔滤膜。

3. 试剂及配制

（1）无浊度水的制备

将二级水（符合 GB/T 6682—2008 的规定）以 3 mL/min 流速，经孔径为 0.15 μm 的微孔滤膜过滤，弃去最初滤出的 200 mL滤液，必要时重复过滤一次。此过滤水即为无浊度水，需储存于清洁的、用无浊度水冲洗后的玻璃瓶中。

（2）浊度为 400FTU 福马肼储备标准溶液的制备

1）硫酸联胺溶液。称取 1.000 g 硫酸联胺［$N_2H_4 \cdot H_2SO_4$］，用少量无浊度水溶解，移入 100 mL 容量瓶中，稀释至刻度并摇匀。

2）六次甲基四胺溶液。称取 10.000 g 六次甲基四胺［$(CH_2)_6N_4$］，用少量无浊度水溶解，移入 100 mL 容量瓶中，稀释至刻度并摇匀。

3）浊度为 400FTU 的福马肼储备标准溶液。用移液管分别准确吸取硫酸联胺溶液和六次甲基四胺溶液各 5 mL，注入 100 mL容量瓶中，摇匀后在（25±3)℃下静置 24 h，然后用无浊度水稀释至刻度，并充分摇匀。此福马肼储备标准溶液在 30℃下保存，一周内使用有效。

（3）浊度为 200FTU 福马肼工作液的制备

用移液管准确吸取浊度为 400FTU 的福马肼储备标准溶液 50 mL，移入 100 mL 容量瓶中，用无浊度水稀释至刻度，摇匀备用。此浊度福马肼工作液有效期不超过 48 h。

4. 测定方法

（1）仪器校正

1）调零。用无浊度水冲洗试样瓶 3 次，再将无浊度水倒入试样瓶内至刻度线，然后擦净瓶外壁的水迹和指印，置于仪器试样座内，旋转试样瓶的位置，使试样瓶的记号线对准试样座上的定位线，然后盖上遮光盖，待仪器显示稳定后，调节“零位”旋钮，使浊度显示为零。

2）校正

①福马肼标准浊度溶液的配制。按表 9—3 用移液管准确吸取浊度为 200FTU 的福马肼工作液（吸取量按被测水样浊度选取）注入 100 mL 容量瓶中，用无浊度水稀释至刻度，充分摇匀后使用。福马肼标准浊度溶液不稳定，宜使用时配制，有效期不宜超过 2 h。

表 9—3　配制福马肼标准浊度溶液吸取 200FTU 福马肼工作液的量

200FTU 福马肼工作液吸取量（mL）	0	2.50	5.00	10.0	20.0	35.0	50.0
被测水样浊度（FTU）	0	5.0	10.0	20.0	40.0	70.0	100.0

②校正。用上述配制的福马肼标准浊度溶液冲洗试样瓶 3 次后，再将标准浊度溶液倒入试样瓶内，擦净瓶外壁的水迹和指印后置于试样座内，并使试样瓶的记号线对准试样座上的定位线，盖上遮光盖，待仪器显示稳定后，调节“校正”旋钮，使浊度显示为标准浊度溶液的浊度值。

（2）水样的测定

取充分摇匀的水样冲洗试样瓶 3 次，再将水样倒入试样瓶内至刻度线，擦净瓶外壁的水迹和指印后置于试样座内，旋转试样瓶的位置，使试样瓶的记号线对准试样座上的定位线，然后盖上遮光盖，待仪器显示稳定后，直接在浊度仪上读数。

5. 注意事项

（1）试样瓶表面粗糙度和水样中的气泡对测定结果影响较大。测定时将水样倒入试样瓶后，可先用滤纸小心吸去瓶体外表面水滴，再用擦镜纸或擦镜软布将试样瓶外表面擦拭干净，避免试样瓶表面产生划痕。仔细观察试样瓶中的水样，等气泡完全消失后才能进行测定。

（2）不同的水样，如果浊度相差较大，测定时应当重新进行校正。

6. 允许误差

浊度测定的允许误差见表 9—4。

表 9—4　浊度测定的允许误差

浊度范围	允许误差
1～10	1
10～100	5

三、碱度的测定（酸碱滴定法）

1. 概要

（1）水的碱度是指水中含有能接受氢离子的物质的量，例如氢氧根、碳酸盐、碳酸氢盐、磷酸盐、磷酸氢盐、硅酸盐、硅酸氢盐、亚硫酸盐、腐殖酸盐和氨等都是水中常见的碱性物质，它们都能与酸进行反应。因此，选择适宜的指示剂，以酸的标准溶液对它们进行滴定，便可以测出水中碱度的含量。

（2）碱度可分为酚酞碱度和全碱度两种。酚酞碱度是以酚酞作为指示剂时所测出的量，滴定终点的 pH 值为 8.3。全碱度是以甲基橙作为指示剂时测出的量，滴定终点的 pH 值为 4.2。若碱度很小时，全碱度宜以甲基红—亚甲基蓝作为指示剂，滴定终点的 pH 值为 5.0。

（3）本试验方法分为两种。第一种方法适用于碱度较大的水样，如锅水、澄清水、冷却水、生水等，单位用毫摩尔每升（mmol/L）表示；第二种方法适用于测定碱度小于 0.5 mmol/L 的水样，如凝结水、除盐水等，单位用微摩尔每升（μmol/L）表示。

2. 试剂

（1）酚酞指示剂（10 g/L，以乙醇为溶剂）

称取 1 g 酚酞，溶于 95%乙醇溶液，再用乙醇稀释至 100 mL。

（2）甲基橙指示剂（1 g/L）

称取 0.1 g 甲基橙，溶于 70℃的水中，冷却，用水稀释至 100 mL。

（3）甲基红—亚甲基蓝指示剂

称取 0.1 g 甲基红，溶于 95%乙醇，再用乙醇稀释至 100 mL，此为溶液Ⅰ。称取 0.1 g 亚甲基蓝，溶于 95%乙醇，再用乙醇稀释至 100 mL，此为溶液Ⅱ。取 50 mL 溶液Ⅱ、100 mL 溶液Ⅰ混匀。

（4）c（$\frac{1}{2}H_2SO_4$）＝0.100 0 mol/L 硫酸标准溶液

1）配制。量取 3 mL 浓硫酸（密度 1.84 g/cm^3），缓缓注入 1 000 mL 水中，冷却，摇匀。

2）标定。称取于 270～300℃高温炉中灼烧至恒重的基准无水碳酸钠 0.2 g（称准至 0.000 2 g），溶于 50 mL 除盐水中，加 10 滴溴甲酚绿—甲基红指示剂，用配制好的硫酸溶液滴定至溶液由绿色变为暗红色，煮沸 2 min，冷却后继续滴定至溶液再呈暗红色，同时做空白试验。

硫酸标准溶液的浓度 c（$\frac{1}{2}H_2SO_4$），数值以摩尔每升（mol/L）表示，按下式计算：

$$c(\frac{1}{2}H_2SO_4)=\frac{m\times 1\,000}{(V_1-V_0)\times M}$$

式中 m——无水碳酸钠的质量，g；

V_1——滴定时硫酸溶液消耗的体积，mL；

V_0——空白试验硫酸溶液消耗的体积，mL；

M——无水碳酸钠的摩尔质量，g/mol，M（$\frac{1}{2}Na_2CO_3$）＝52.99。

3. 仪器

（1）25 mL 或 50 mL 酸式滴定管。

（2）5 mL 或 10 mL 微量滴定管。

（3）250 mL 三角烧瓶。

（4）100 mL 容量瓶。

（5）60 mL 滴瓶。

4. 测定方法

（1）碱度大于或等于 0.5 mmol/L 的水样测定方法

准确量取 100 mL 待测水样置于 250 mL 三角烧瓶中，加入2～3滴酚酞指示剂，水样若显红色，则用滴定管内装入的硫酸溶液滴定至水样刚好无色，记录硫酸消耗体积，用 V_1 表示，再加入 2 滴甲基橙指示剂，水样显黄色，继续用硫酸标准溶液滴定至刚好变为橙红色，记录第二次消耗硫酸的体积，用 V_2 表示（不包括 V_1）。

（2）碱度小于 0.5 mol/L 水样的测定方法

准确量取 100 mL 待测水样置于 250 mL 三角烧瓶中，加入2～3 滴酚酞指示剂，水样若显红色，则用微量滴定管内装入的硫酸标准溶液［$C\left(\frac{1}{2}H_2SO_4\right)=0.0100$ mol/L］滴定至水样刚好变为无色，记录硫酸消耗体积为 V_1，再加入 2 滴甲基红—亚甲基蓝指示剂，继续用硫酸标准溶液滴定至水样由绿色刚好变为紫色，记录第二次硫酸消耗体积为 V_2（不包括 V_1）。

（3）无酚酞碱度时的测定方法

上述两种方法，若水样中加酚酞指示剂后溶液不显红色，可直接加甲基橙或甲基红—亚甲基蓝指示剂，用硫酸标准溶液滴定，记录硫酸消耗体积用 V 表示。

（4）碱度的计算

上述被测定水样的酚酞碱度 $JD_{酚}$、全碱度 $JD_{全}$ 按下式进行计算：

$$JD_{酚}=\frac{c(\frac{1}{2}H_2SO_4)\times V_1}{V_S}\times 10^3$$

$$JD_{全}=\frac{c(\frac{1}{2}H_2SO_4)\times(V_1+V_2)}{V_S}\times 10^3$$

式中 $c\ (\frac{1}{2}H_2SO_4)$ ——硫酸标准溶液的浓度，mol/L；

V_1——第一次终点硫酸溶液的体积，mL；

V_2——第二次终点硫酸溶液的体积，mL；

V_S——水样体积，mL。

5. 注意事项

（1）碱度的计量单位为一价基本单元物质的量浓度。

（2）若水样余氯大于 1 mg/L 会影响指示剂的颜色，可加入 0.1 mol/L 硫代硫酸钠溶液 1～2 滴，可消除干扰。

四、全铁的测定（磺基水杨酸分光光度法）

1. 概要

（1）先将水样中的亚铁用过硫酸铵氧化成高价铁，在 pH 值 9～11 的条件下，与磺基水杨酸生成黄色络合物，此络合物最大吸收波长为 425 nm。

（2）本法的测定范围为 50 ～500 μg/L。

（3）磷酸盐对本法测定无干扰，故本法也适用于锅水中含铁量的测定。

2. 仪器

（1）分光光度计。

（2）10 mm、50 mm 比色皿。

（3）50 mL 比色管。

3. 试剂

（1）浓盐酸，优级纯（密度 1.19 g/cm³）。

（2）浓氨水，优级纯。

(3) 盐酸溶液（1+11)。

(4) 磺基水杨酸溶液（100 g/L)。

(5) 过硫酸铵（10 g/L)

此溶液应现用现配。

(6) 铁储备溶液（1 mL 含 100 μgFe^{3+})

准确称取 0.100 0 g 纯铁丝（铁含量大于 99.99%)，加入 50 mL盐酸溶液（1+11)，加热全部溶解后，加少量过硫酸铵煮沸数分钟，定量移入 1 000 mL 容量瓶中，用纯水稀释至刻度，摇匀备用；或准确称取 0.863 4 g 硫酸高铁［$FeNH_4(SO_4)_2 \cdot 12H_2O$］，溶于 50 mL 盐酸溶液中。待全部溶解后移入 1 000 mL 容量瓶中，用纯水稀释至刻度，摇匀备用。

(7) 铁标准溶液（1 mL 含 10 μgFe^{3+})

准确移取铁储备液 10.00 mL 移入 100 mL 容量瓶中，加入 5 mL 盐酸溶液（1+11)，用纯水稀释至刻度。此溶液不宜久存，应在使用时配制。

4. 测定方法

(1) 工作曲线的绘制

1) 按表 9—5 取一组铁标准溶液注入 50 mL 比色管中，分别加入 1 mL 浓盐酸，用纯水稀释至 40 mL。

表 9—5　　铁标准溶液的配制

编号	1	2	3	4	5	6	7	8	9
铁标准溶液（mL)	0	0.25	0.5	0.75	1.25	1.75	2.00	2.25	2.50
相当于水样含铁量（mg/L)	0	50	100	150	250	350	400	450	500

2) 加入 4.00 mL 磺基水杨酸溶液，摇匀，加浓氨水 4.00 mL，摇匀，使 pH 值为 9～11，用纯水稀释至刻度，摇匀后放置 10 min。

3) 用分光光度计，在波长 425 nm 处，用 50 mm 比色皿，以纯水作为参比测定吸光度。

4）根据所测吸光度和铁含量绘制工作曲线。

（2）水样的测定

1）取样瓶中加入浓盐酸（每 500 mL 水样加 2 mL 浓盐酸）直接取样。

2）取 50 mL 水样置于 100～150 mL 烧杯中，加入 1 mL 浓盐酸和 1 mL 过硫酸铵溶液，煮沸浓缩至约 20 mL，冷却后移入比色管中，用少量纯水清洗烧杯 2～3 次，洗涤液一并注入比色管中，但总体积不大于 40 mL。

3）按绘制工作曲线的操作进行发色后，在分光光度计上测定吸光度。

4）根据工作曲线及所测吸光度即得到水样中铁的含量。

5. 注意事项

（1）对有颜色的水样，应增加过硫酸铵的用量，并通过空白试验，扣除过硫酸铵的含铁量。

（2）为保证显色正常，应注意氨水浓度是否可靠。

（3）为保证水样不受污染，取样瓶、烧杯、容量瓶等玻璃器皿在使用前均应用盐酸溶液（1＋1）煮洗。

（4）过硫酸铵溶液不稳定，应现用现配。

五、亚硫酸盐的测定（碘量法）

1. 概要

在酸性溶液中，碘酸钾—碘化钾作用后析出游离碘，将水中的亚硫酸盐氧化成硫酸盐，过量的碘与淀粉作用呈现蓝色即为终点。

其反应为：

$$KIO_3 + 5KI + 6HCl \rightarrow 6KCl + 3I_2 + 3H_2O$$

$$SO_3^{2-} + I_2 + H_2O \rightarrow SO_4^{2-} + 2HI$$

此测定方法适用于亚硫酸盐含量大于 1 mg/L 的水样。

2. 试剂

（1）碘酸钾—碘化钾标准溶液（1 mL 相当于 1.0 mgSO_3^{2-}）

依次精确称取优级纯碘酸钾（KIO_3）0.891 8 g、碘化钾 7 g、碳酸氢钠 0.5 g，用纯水溶解后移入 1 000 mL 容量瓶中，稀释至刻度并摇匀。

（2）淀粉指示剂（10 g/L）

称取 1 g 淀粉，加 5 mL 水使其成糊状，在搅拌下将糊状物加到 90 mL 沸腾的水中，煮沸 1～2 min，冷却后稀释到 100 mL，使用时间一般为两周。

（3）盐酸溶液（1＋1）

3. 测定方法

（1）准确量取 100 mL 水样，注入锥形瓶中，加 1 mL 淀粉指示剂和 1 mL 盐酸溶液（1＋1）。

（2）摇匀后用碘酸钾—碘化钾标准溶液滴定至微蓝色为终点，记录标准溶液消耗体积 V_1。

（3）同时做空白试验，标准溶液消耗体积用 V_2 表示。

4. 计算结果

水样中亚硫酸根含量按下式计算：

$$[SO_3^{2-}]=\frac{(V_1-V_2)\times 1.0}{V_S}\times 10^3$$

式中 $[SO_3^{2-}]$——亚硫酸盐含量，mg/L；

V_1——水样消耗碘酸钾—碘化钾标准溶液的体积，mL；

V_2——空白试验消耗碘酸钾—碘化钾标准溶液的体积，mL；

V_S——水样的体积，mL。

5. 注意事项

（1）在取样和滴定时均应迅速，以减少亚硫酸盐的氧化。

（2）水样温度不可过高，以免影响淀粉指示剂的灵敏度而使结果偏高。

（3）所用玻璃器皿在使用前均应用盐酸溶液（1＋1）煮洗。

六、pH 值的测定

1. 测定原理

将规定的指示电极和参比电极浸入同一被测溶液中成一原电池。其电动势与溶液的 pH 值有关，通过测量原电池的电动势即可测出溶液的 pH 值。

2. 试剂和材料

（1）苯二甲酸盐标准缓冲液

c（$C_6H_4CO_2HCO_2K$）＝0.05 mol/L，称取 10.24 g 已在(110±5)℃干燥 1 h 的苯二甲酸氢钾，溶于无二氧化碳的水中，稀释至 1 000 mL。

（2）磷酸盐标准缓冲液

c（KH_2PO_4）＝0.025 mol/L，c（Na_2HPO_4）＝0.025 mol/L。称取 3.39 g 磷酸二氢钾和 3.53 g 磷酸氢二钠溶于无二氧化碳水中，稀释至 1 000 mL。磷酸二氢钾和磷酸氢二钠需预先在（120±10)℃干燥 2 h。

（3）硼酸盐标准缓冲液 c（$Na_2B_4O_7\cdot10H_2O$）＝0.01 mol/L，称取 3.80 g 十水合四硼酸钠，溶于无二氧化碳的水中，稀释至1 000 mL。

不同温度时各标准缓冲液的 pH 值见表 9—6。

表 9—6　不同温度下各标准缓冲液的 pH 值

温度（℃）	pH 值		
	苯二甲酸盐标准缓冲溶液	磷酸盐标准缓冲溶液	硼酸盐标准缓冲溶液
0	4.00	6.98	9.46
5	4.00	6.95	9.39
10	4.00	6.92	9.33
15	4.00	6.90	9.28
20	4.00	6.88	9.23
25	4.01	6.86	9.18
30	4.01	6.85	9.14
35	4.02	6.84	9.11
40	4.04	6.84	9.07

3. 仪器设备

（1）酸度计

分度值为0.02pH单位。

（2）玻璃电极

使用前须在水中浸泡24 h以上，使用后立即清洗干净并浸于水中保存。

（3）饱和甘汞参比电极

使用时电极上端小孔的橡皮塞必须拔出，以防止产生扩散电位影响测定结果。电极内氯化钾溶液中不能有气泡，以防断路。溶液中应保持有少许氯化钾晶体，以保证氯化钾溶液的饱和。

复合电极可代替上述两种电极。

4. 测定步骤

（1）调试

按所用酸度计的说明书调试仪器。

（2）定位

按所测水样pH值选择两种缓冲溶液。一种的pH值稍大于水样，另一种的pH值稍小于水样。调节酸度计上的温度补偿旋钮至所测试样的温度值，按照表9—6的数据，依次校正标准缓冲液在该温度下的pH值，重复校正到其读数与标准缓冲液的pH值相差不超过0.02pH单位。

（3）测定

用分度值为1℃的温度计测量水样的温度。

把试样放入一个洁净的烧杯中，并将酸度计上的温度补偿旋钮调至所测水样的温度，浸入电极，摇匀测定。

注：冲洗电极后用干净滤纸将电极底部水滴轻轻吸干，但注意不要用滤纸去擦电极，以免电极带静电，导致读数不稳定。

七、氯化物的测定

1. 硫氰酸铵滴定法

（1）概要

1）适用于测定氯化物含量为5～100 mg/L的水样，高于此范围的水样经稀释后可以扩大其测定范围。

2）在酸性条件下（pH值≤1），溶液中碳酸盐、亚硫酸盐、正磷酸盐、聚磷酸盐、聚羧酸盐和有机膦酸盐等干扰物质不能与Ag^+发生反应，而Cl^-仍能与Ag^+生成沉淀。

被测水样用硝酸酸化后，再加入过量的硝酸银（$AgNO_3$）标准溶液，使Cl^-全部与Ag^+生成氯化银（AgCl）沉淀，过量的Ag^+用硫氰酸铵（NH_4SCN）标准溶液返滴定，选择铁铵矾［$NH_4Fe(SO_4)_2$］作为指示剂，当到达滴定终点时，SCN^-与Fe^{3+}生成红色络合物，使溶液变色，即为滴定终点。

$$Cl^- + Ag^+ \rightarrow AgCl\downarrow \text{（白色）}$$

$$SCN^- + Ag^+ \rightarrow AgSCN\downarrow \text{（白色）}$$

$$SCN^- + Fe^{3+} \rightarrow FeSCN^{2+} \text{（红色络合物）}$$

在过量的硝酸银（$AgNO_3$）标准溶液体积中，扣除等量消耗的SCN^-的量，即可计算出水中Cl^-的含量。

3）适用于含有碳酸盐、亚硫酸盐、正磷酸盐、聚磷酸盐、聚羧酸盐和有机膦酸盐等干扰物质的锅水氯化物的测定。

（2）试剂

1）分析实验室用水二级水，符合GB/T6682—2008的规定。

2）铬酸钾指示剂（100 g/L）。称取10 g铬酸钾，溶于二级水并稀释至100 mL。

3）氯化钠标准溶液（1 mL含1.0 mg Cl^-）。准确称取于500～600℃高温炉中灼烧至恒重的基准氯化钠试剂1.648 g，先溶于少量二级水中，然后稀释至1 000 mL。

4）硝酸银标准溶液（1 mL相当于1.0 mg Cl^-）。

①硝酸银标准溶液的配制。称取5.0 g硝酸银溶于1 000 mL二级水，储存于棕色瓶中。

②硝酸银标准溶液的标定。在三个锥形瓶中，用移液管分别注入10.00 mL氯化钠标准溶液，再各加入90 mL二级水及

1.0 mL铬酸钾指示剂，均用硝酸银标准溶液（盛于棕色滴定管中）滴定至橙色，分别记录硝酸银标准溶液的消耗量 V，以平均值计算，但三个平行试验数值间的相对误差应小于 0.25%。另取 100 mL 二级水做空白试验，除不加氯化钠标准溶液外，其他步骤同上，记录硝酸银标准溶液的消耗量 V_1。

硝酸银标准溶液的滴定度（T）按下式计算：

$$T=\frac{10\times 1.0}{V-V_1}$$

式中 T——硝酸银标准溶液滴定度，mg/mL；

V_1——空白试验消耗硝酸银标准溶液的体积，mL；

V——氯化钠标准溶液消耗硝酸银标准溶液的平均体积，mL；

10——氯化钠标准溶液的体积，mL；

1.0——氯化钠标准溶液的浓度，mg/mL。

③硝酸银标准溶液浓度的调整。将硝酸银标准溶液浓度调整为 1 mL 相当于 1.0 mgCl^- 的标准溶液。二级水加入量按下式计算：

$$\Delta L = L\left(\frac{T-1.0}{1.0}\right)= L\times (T-1.0)$$

式中 ΔL——调整硝酸银溶液浓度所需加入二级水的量，mL；

L——配制的硝酸银溶液经标定后剩余的体积，mL；

T——硝酸银溶液标定的滴定度，mg/mL；

1.0——硝酸银溶液调整后的滴定度，1 mL 相当于 1.0 mgCl^-。

5）分析纯浓硝酸溶液。

6）铁铵矾指示剂（100 g/L）。称取 10 g 铁铵矾，溶于二级水并稀释至 100 mL。

7）硫氰酸铵标准溶液（1 mL 相当于 1 mg Cl^-）的配制与标定

①硫氰酸铵溶液的配制。称取 2.3 g 硫氰酸铵（NH_4SCN）溶于 1 000 mL 二级水中。

②硫氰酸铵溶液的标定。在三个锥形瓶中，用移液管分别注入 10.00 mL$AgNO_3$ 标准溶液，再各加 90 mL 二级水及 1.0 mL 铁铵矾指示剂（100 g/L），均用硫氰酸铵溶液（NH_4SCN）滴定至红色，记录硫氰酸铵溶液消耗体积 V_1。同时另取 100 mL 二级水做空白试验，记录空白试验消耗硫氰酸铵溶液体积 V_0。硫氰酸铵溶液滴定度 T_1 按下式计算：

$$T_1 = \frac{10 \times 1.0}{V_1 - V_0}$$

式中 T_1——硫氰酸铵溶液滴定度，mg/mL；

V_1——硝酸银标准溶液消耗硫氰酸铵标准溶液的体积，mL；

V_0——空白试验消耗硫氰酸铵标准溶液的体积，mL；

10——硝酸银标准溶液的体积为 10 mL；

1.0——硝酸银标准溶液的滴定度，1 mL 相当于1.0 mgCl^-。

③硫氰酸铵溶液浓度的调整。硫氰酸铵标准溶液的浓度一定要与硝酸银标准溶液浓度相同，若标定结果 T_1 大于 1.0 mg/ mL，可按下式计算添加二级水，使硫氰酸铵溶液的滴定度调整为 1mL 相当于 1.0 mg Cl^- 的标准溶液。

$$\Delta V = V\left(\frac{T_1 - 1.0}{1.0}\right) = V(T_1 - 1.0)$$

式中 ΔV——调整硫氰酸铵溶液浓度所需二级水添加量，mL；

V——配制的硫氰酸铵溶液经标定后剩余的体积，mL；

T_1——硫氰酸铵溶液标定的滴定度，mg/mL；

1.0——硫氰酸铵溶液调整后的滴定度，1 mL 相当于 1 mg Cl^-。

（3）测定方法

1）准确吸取 100 mL 水样置于 250 mL 锥形瓶中，加 1 mL

分析纯浓硝酸溶液，使水样 pH 值不大于 1。加入硝酸银标准溶液 15.0 mL，摇匀，加入 1.0 mL 铁铵矾指示剂（100 g/L），用硫氰酸铵标准溶液快速滴定至红色，记录硫氰酸铵标准溶液消耗体积 a。同时做空白试验，记录空白试验硫氰酸铵标准溶液消耗体积 b。

2）水样中氯化物（以 Cl^- 计）含量按下式计算：

$$[Cl^-]=\frac{(2V_{Ag^+}-a-b)\times T_1}{V_S}\times 1\,000$$

式中 $[Cl^-]$——水样中氯离子含量，mg/L；

V_{Ag+}——硝酸银标准溶液加入的体积，mL；

a——滴定水样时消耗硫氰酸铵标准溶液体积，mL；

b——空白试验时消耗硫氰酸铵标准溶液体积，mL；

T_1——硫氰酸铵标准溶液的滴定度，mg/mL；

V_S——水样体积，mL。

（4）测定水样时的注意事项

1）水样体积的控制。由于铁铵矾指示剂法测定 Cl^- 采用的是返滴定法，溶液被酸化后，加入 $AgNO_3$ 的量应比被测溶液中 Cl^- 的含量要略高，否则就无法进行返滴定。当水样中氯离子含量大于 100 mg/L 时，应当按表 9—7 中规定的体积吸取水样，用二级水稀释至 100 mL 后测定。

表 9—7　　氯化物的含量和取水样体积

水样中 Cl^- 含量（mg/L）	101～200	201～400	401～1000
取水样体积（mL）	50	25	10

2）被测溶液 pH 值的控制。被测溶液 pH 值小于等于 1 时，溶液中碳酸盐、亚硫酸盐、正磷酸盐、聚羧酸盐和有机膦酸盐等干扰物质不与 Ag^+ 发生反应。不同的水样碱度、pH 值差别较大，因此测定前加 HNO_3 酸化时，HNO_3 的加入量应以被测溶液 pH 值小于等于 1 为准。

3）标准溶液浓度的控制。如水样中氯离子含量小于 5 mg/L 时，可将硝酸银和硫氰酸铵标准溶液稀释使用，但稀释后的这两种标准溶液的滴定度一定要相同。

4）对于混浊水样，应当事先进行过滤。

5）防止沉淀吸附的影响。加入过量的 $AgNO_3$ 标准溶液后，产生的 AgCl 沉淀容易吸附溶液中的 Cl^-，应充分摇动，使 Ag^+ 与 Cl^- 进行定量反应，防止测定结果产生负误差。

6）防止 AgCl 沉淀转化成 AgSCN 产生的误差。由于 AgCl 的溶度积比 AgSCN 大，在滴定接近化学计量点时，SCN^- 可能与 AgCl 发生反应从而引进误差，其反应式如下：

$$SCN^- + AgCl \rightarrow AgSCN\downarrow + Cl^-$$

但因这种沉淀转化缓慢，影响不大，如果分析要求不是太高，可在接近终点时，快速滴定，摇动不要太剧烈，就可基本消除其造成的负误差。

若分析要求很高，则可通过先将 AgCl 沉淀进行过滤，然后再用 SCN^- 返滴定，或者加入硝基苯在 AgCl 沉淀表面覆盖一层有机溶剂，阻止 SCN^- 与 AgCl 发生沉淀转化反应。

2. 硝酸银容量法

（1）概要

适用于测定氯化物含量为 5～100 mg/L 的水样。

在中性或弱碱性溶液中，氯化物与硝酸银作用生成白色氯化银沉淀，过量的硝酸银与铬酸钾作用生成砖红色铬酸银沉淀，使溶液显橙色，即为滴定终点。

（2）试剂

1）分析实验室用水二级水，符合 GB/T 6682—2008 的规定。

2）铬酸钾指示剂（100 g/L）。

3）氯化钠标准溶液（1 mL 含 1.0 mg Cl^-）。

4）硝酸银标准溶液（1 mL 相当于 1.0mg Cl^-）。

5）酚酞指示剂（10 g/L，以乙醇为溶剂）。

6）c（$\frac{1}{2}H_2SO_4$）＝0.100 0 mol/L 硫酸标准溶液。

7）c（NaOH）＝0.100 0 mol/L 氢氧化钠标准溶液。

（3）测定方法

1）量取 100 mL 水样于锥形瓶中，加入 2～3 滴 1%酚酞指示剂，若显红色，即用硫酸标准溶液中和至无色。若不显红色，则用氢氧化钠溶液中和至微红色，然后以硫酸标准溶液滴回至无色，再加入 1.0 mL10%铬酸钾指示剂。

2）用硝酸银标准溶液滴定至橙色，记录硝酸银标准溶液的消耗体积 a。同时做空白试验，记录硝酸银标准溶液的消耗体积 b。

水样中氯化物（以 Cl^- 计）含量按下式计算：

$$[Cl^-]=\frac{(a-b)\times T}{V_S}\times 1\,000$$

式中 $[Cl^-]$ ——水样中氯离子含量，mg/L；

a——滴定水样时消耗硝酸银标准溶液体积，mL；

b——空白试验时消耗硝酸银标准溶液体积，mL；

T——硝酸银标准溶液的滴定度，(mg/ mL)；

V_S——水样体积，mL。

（4）测定水样时的注意事项

1）当水样中氯离子含量大于 100 mg/L 时，应当按表 9—7 中规定的体积吸取水样，用二级水稀释至 100 mL 后测定。

2）当水样中硫离子（S^{2-}）含量大于 5 mg/L，铁、铝含量大于 3 mg/L 或颜色太深时，应事先用过氧化氢脱色处理（每升水加 20 mg/L），并煮沸 10 min 后过滤。如颜色仍不消失，可于 100 mL 水样中加 1 g 碳酸钠然后蒸干，将干涸物用蒸馏水溶解后进行测定。

3）如水样中氯离子含量小于 5 mg/L 时，可将硝酸银标准溶液稀释为 1 mL 相当于 0.5 mgCl^-后使用。

4）为了便于观察终点，可另取 100 mL 水样加 1 mL 铬酸钾指示剂作对照。

5）混浊水样应事先进行过滤。

八、溶解氧的测定（氧电极法）

1. 概要

溶解氧测定仪的氧敏感薄膜电极由两个与电解质相接触的金属电极（阴极/阳极）及选择性薄膜组成。选择性薄膜只能透过氧气和其他气体，水和可溶解性物质不能透过。当水样流过允许氧气透过的选择性薄膜时，水样中的氧气将透过膜扩散，其扩散速率取决于通过选择性薄膜的氧分子浓度和温度梯度。透过膜的氧气在阴极上还原，产生微弱的电流，在一定温度下其大小和水样溶解氧含量成正比。

在阴极上的反应是氧分子被还原成氢氧化物：

$$O_2 + 2H_2O + 4e \rightarrow 4OH^-$$

在阳极上的反应是金属阳极被氧化成金属离子：

$$Me \rightarrow Me^{2+} + 2e$$

2. 仪器

(1) 溶解氧测定仪

溶解氧测定仪分为原电池式和极谱式（外加电压）两种类型，其中根据其测量范围和精确度的不同，又有多种型号。测定时应当根据被测水样中的溶解氧含量和测量要求，选择合适的仪器型号。测定一般水样和测定溶解氧含量小于等于 0.1 mg/L 工业锅炉给水时，可选用不同量程的常规溶解氧测定仪；当测定溶解氧含量小于等于 20 μg/L 水样时，应当选用高灵敏度溶解氧测定仪。

(2) 温度计

温度计精确至 0.5℃。

3. 试剂

（1）亚硫酸钠。

（2）二价钴盐（$CoCl_2 \cdot H_2O$）。

（3）分析实验室用水二级水，符合 GB/T6682—2008 的规定。

4. 测定方法

（1）仪器的校正

1）按仪器使用说明书装配电极和流动测量池。

2）调节。按仪器说明书进行调节和温度补偿。

3）零点校正。将电极浸入新配制的零氧溶液（一般用 5%～10% 亚硫酸钠溶液，可加入适量的二价钴盐作为催化剂）进行校零。

4）校准。按仪器说明书进行校准。一般溶解氧测定仪可在空气中校准。

（2）水样测定

1）调整被测水样的温度至 5～40℃，水样流速在 100 mL/min 左右，水样压力小于 0.4 MPa。

2）将测量池与被测水样的取样管用乳胶管或橡皮管连接好，测量水温，进行温度补偿。

3）根据被测水样溶解氧的含量，选择合适的测定量程，按下测量开关进行测定。

5. 注意事项

（1）原电池式溶解氧测定仪接触氧可自发进行反应，因此不测定时，电极应保存在零氧溶液中并使其短路，以免消耗电极材料，影响测定。极谱式溶解氧测定仪不使用时，应当用加有适量二级水的保护套保护电极，防止电极薄膜干燥及电极内的电解质溶液蒸发。

（2）电极薄膜表面要保持清洁，不要触碰器皿壁，也不要用手触摸。

（3）当仪器难以调节至校正值，或者仪器响应慢、数值显示不稳定时，应当及时更换电极中的电解质和电极薄膜（原电池式仪器需更换电池）。电极薄膜在更换后和使用中应当始终保持表面平整，没有气泡，否则需要重新更换安装。

（4）更换电解质和电极薄膜后，或者氧敏感薄膜电极干燥时，应将电极浸入二级水中，使膜表面湿润，待读数稳定后再进行校准。

（5）如水样中含有藻类、硫化物、碳酸盐等物质，长期与电极接触可能使膜表面污染或损坏。

（6）溶解氧测定仪应当定期进行计量校验。

九、溶解固形物的测定

1. 直接法（重量法）

（1）概要

1）溶解固形物是指已被分离悬浮固形物后的滤液经蒸发干燥后所得的残渣。

2）测定溶解固形物有三种方法：第一种方法适用于一般水样和以除盐水作为补给水的锅炉水样；第二种方法适用于酚酞碱度较高的锅水；第三种方法适用于含有大量吸湿性很强的固体物质（如氯化钙、氯化镁、硝酸钙、硝酸镁等）的水样。

（2）仪器

1）水浴锅或 400 mL 烧杯。

2）100～200 mL 瓷蒸发皿。

3）万分之一分析天平（感量为 0.1 mg）。

（3）试剂

1）碳酸钠溶液（1 mL 含 10 mgNa_2CO_3）。

2）$c\left(\frac{1}{2}H_2SO_4\right)=0.1000$ mol/L 硫酸标准溶液。

（4）测定方法

1）第一种方法测定步骤

①取一定量已过滤充分摇匀的澄清水样（水样体积应使蒸干

残留物的称量在 100 mg 左右)，逐次注入经烘干至恒重的蒸发皿中，在水浴锅上蒸干。

②将已蒸干的样品连同蒸发皿移入 105～110℃ 的烘箱中烘 2h。

③取出蒸发皿放在干燥器内冷却至室温，迅速称量。

④在相同条件下再烘 0.5 h，冷却后再次称量，如此反复操作直至恒重。

⑤溶解固形物含量（RG）按下式计算：

$$RG=\frac{m_1-m_2}{V}\times 1\,000$$

式中 RG——溶解固形物含量，mg/L；

m_1——蒸干的残留物与蒸发皿的总质量，mg；

m_2——空蒸发皿的质量，mg；

V——水样的体积，mL。

2）第二种方法测定步骤

①取一定量已过滤充分摇匀的澄清锅炉水样（水样体积应使蒸干残留物的称量在 100 mg 左右，一般工业锅炉的锅水取 20～100 mL)，加入 2～3 滴酚酞指示剂（10 g/L)，若显红色，用 $c\left(\frac{1}{2}H_2SO_4\right)$=0.100 0 mol/L 硫酸标准溶液滴定至恰好无色，记录硫酸标准溶液消耗的体积 V_S。将水样中和后，逐次注入经烘干至恒重的蒸发皿中，在水浴锅上蒸干。

②按第一种方法的②、③、④测定步骤进行操作。

③另取 100 mL 已过滤充分摇匀的澄清锅炉水样注于 250 mL 锥形瓶中，加入 2～3 滴酚酞指示剂（10 g/L)，此时溶液若显红色，则用 c（$\frac{1}{2}H_2SO_4$）=0.100 0 mol/L 硫酸标准溶液滴定至恰好无色，记录耗酸体积 V_1，然后再加入 2 滴甲基橙指示剂（1 g/L)，继续用上述硫酸标准溶液滴定至橙红色为止，记录第二次耗酸体积 V_2（不包括 V_1）。

④溶解固形物含量（RG）按下式计算：

$$RG=\frac{m_1-m_2}{V}\times 1\,000+1.06[OH^-]+0.517[CO_3^{2-}]-0.1\times q\times 49$$

式中　RG、m_1、m_2、V——同上式；

1.06——OH^-变成H_2O后在蒸发过程中损失质量的换算系数；

$[OH^-]$——水中氢氧化物的含量，$[OH^-]=\frac{0.1\times(V_1-V_2)\times 17}{100}\times 1\,000$，mg/L；

0.517——CO_3^{2-}变成HCO_3^-后在蒸发过程中损失质量的换算系数；

$[CO_3^{2-}]$——水中碳酸盐碱度的含量，$[CO_3^{2-}]=\frac{0.1\times 2V_2\times 30}{100}\times 1\,000$，mg/L；

q——每升水样加$C(\frac{1}{2}H_2SO_4)=0.100\,0$ mol/L硫酸标准溶液的体积，$q=\frac{V_S}{V}\times 1\,000$，mL。

3）第三种方法测定步骤

①取一定量充分摇匀的水样（水样体积应使蒸干残留物的称量在100 mg左右），加入20 mL碳酸钠溶液，逐次注入经烘干至恒重的蒸发皿中，在水浴锅上蒸干。

②按第一种方法的②、③、④测定步骤进行操作。

③溶解固形物含量（RG）按下式计算：

$$RG=\frac{m_1-m_2-10\times 20}{V}\times 1\,000$$

式中　RG、m_1、m_2、V——同上式；

10——碳酸钠溶液的浓度，mg/mL；

20——加入碳酸钠溶液的体积，mL。

(5) 注意事项

1) 为防止蒸干、烘干过程中落入杂物而影响试验结果，必须在蒸发皿上放置玻璃三角架并加盖表面皿。

2) 测定溶解固形物使用的瓷蒸发皿可用石英蒸发皿代替。如果不测定灼烧减量，也可以用玻璃蒸发皿代替瓷蒸发皿。

2. 固导比法

(1) 概要

1) 溶解固形物的主要成分是可溶解于水的盐类物质。由于溶解于水的盐类物质属于强电解质，在水溶液中基本上都电离成阴、阳离子而具有导电性，而且导电度的大小与其浓度成一定比例关系。根据溶解固形物与电导率的比值（以下简称固导比），只要测定电导率就可近似地间接测定溶解固形物的含量，这种测定方法简称固导比法。

2) 由于各种离子在溶液中的迁移速度不一样，其中以 H^+ 最大，OH^- 次之，K^+、Na^+、Cl^-、NO_3^- 离子相近，HCO_3^-、$HSiO_3^-$ 等离子半径较大的一价阴离子为最小。因此，同样浓度的酸、碱、盐溶液电导率相差很大。采用固导比法时，对于酸性或碱性水样，为了消除 H^+ 和 OH^- 的影响，测定电导率时应当预先中和水样。

3) 本方法适用于离子组成相对稳定的锅水溶解固形物的测定。对于采用不同水源的锅炉，或者采用除盐水作为补给水的锅炉，如果离子组成差异较大，应当分别测定其固导比。

(2) 固导比的测定

1) 取一系列不同浓度的锅水，分别用重量法的第二种测定方法测定溶解固形物的含量。

2) 取 50～100 mL 上述系列的锅水，分别加入 2～3 滴酚酞指示剂（10 g/L），若显红色，用 $c\left(\frac{1}{2}H_2SO_4\right)=0.1000$ mol/L 硫酸标准溶液滴定至恰好无色。再按 GB/T 6908—2008 的方法测定

其电导率。

3）用回归方程计算固导比 K_D。

（3）溶解固形物的测定

1）取 50～100 mL 的锅水，加入 2～3 滴酚酞指示剂（10 g/L），若显红色，用 $c\left(\frac{1}{2}H_2SO_4\right)=0.1000$ mol/L 硫酸标准溶液滴定至恰好无色。按 GB/T 6908—2008 的方法测定其电导率 S。

2）按下式计算锅水溶解固形物的含量

$$RG=S\times K_D$$

式中 RG——溶解固形物含量，mg/L；

S——水样在中和酚酞碱度后的电导率，μS/cm；

K_D——固导比，（mg/L）/（μS/cm）。

（4）注意事项

1）由于水源水中各种离子浓度的比例在不同季节时变化较大，固导比也会随之发生改变。因此，应当根据水源水质的变化情况定期校正锅水的固导比。

2）对于同一类天然淡水，以温度 25℃时为准，电导率与含盐量大致成正比关系，其比例系数为 0.55～0.90。在其他温度下测定需加以校正，每变化 1℃含盐量大约变化 2％。

3）当电解质溶液的浓度不超过 20％时，电解质溶液的电导率与溶液的浓度成正比，当浓度过高时，电导率反而下降，这是因为电解质溶液的表观离解度下降。因此，一般用各种电解质在无限稀释时的等量电导来计算该溶液的电导率与溶解固形物的关系。

3. 固氯比法

（1）概要

1）在高温锅水中，氯化物具有不易分解、挥发、沉淀等特性，因此锅水中氯化物的浓度变化往往能够反映出锅水的浓缩倍率。在一定的水质条件下，锅水中的溶解固形物含量与氯离子的含量之比（以下简称固氯比）接近常数，所以在水源水质变化不大和水处理稳定的情况下，根据溶解固形物与氯离子的比值关系，只要测出氯离子的含量就可近似地间接测得溶解固形物的含量，这个方法简称为固氯比法。

2）本方法适用于氯离子与溶解固形物含量的比值相对稳定的锅水溶解固形物的测定。本方法不适用于以除盐水作为补给水的锅水溶解固形物的测定。

（2）固氯比的测定

1）取一系列不同浓度的锅水，分别用重量法中的第二种方法的方法测定溶解固形物的含量。

2）取一定体积的上述系列的锅水，按 GB/T 15453—2008 或氯化物的测定（硫氰酸铵滴定法）的方法分别测定其氯离子（mg/L）。

3）用回归方程计算固氯比 K_L。

（3）溶解固形物的测定

1）取一定体积的锅水按 GB/T 15453—2008 或氯化物的测定（硫氰酸铵滴定法）的方法测定其氯离子（mg/L）。

2）按下式计算锅水溶解固形物的含量

$$RG = [Cl^-] \times K_L$$

式中 RG——溶解固形物含量，mg/L；

$[Cl^-]$——水样氯离子含量，mg/L；

K_L——固氯比。

（4）注意事项

1）由于水源水中各种离子浓度的比例在不同季节变化较大，固氯比也会随之发生改变。因此，应当根据水源水质的变化情况定期校正锅水的固氯比。

2）离子交换器（软水器）再生后，应当将残余的再生剂清洗干净（洗至交换器出水的 Cl^- 与进水 Cl^- 含量基本相同），否则残留的 Cl^- 进入锅内，将会改变锅水的固氯比，影响测定的准确性。

3）采用无机阻垢药剂进行加药处理的锅炉，加药量应当尽量均匀，避免加药间隔时间过长或一次性加药量过大而造成固氯比波动大，影响溶解固形物测定的准确性。

十、磷酸盐的测定（磷钼蓝比色法）

1. 概要

（1）在 $C(H^+)=0.6$ mol/L 的酸度下，磷酸盐与钼酸铵生成磷钼黄，用氯化亚锡还原成磷钼蓝后，与同时配制的标准色进行比色测定。

磷酸盐与钼酸铵反应生成磷钼黄：

$$PO_4^{3-}+12MoO_4^{2-}+27H^+\rightarrow$$
$$H_3[P(Mo_3O_{10})_4]+12H_2O\text{（磷钼黄）}$$

磷钼黄被氯化亚锡还原成磷钼蓝：

$$[P(Mo_3O_{10})_4]^{3-}+4Sn^{2+}+11H^+\rightarrow$$
$$H_3[P(Mo_3O_9)_4]+4Sn^{4+}+4H_2O\text{（磷钼蓝）}$$

（2）磷钼蓝比色法仅供现场测定，适用于磷酸盐含量为 2～50 mg/L 的水样。

2. 仪器

具有磨口塞的 25 mL 比色管。

3. 试剂及配制

（1）分析实验室用水二级水，符合 GB/T 6682—2008 的规定。

（2）磷酸盐标准溶液（1 mL 含 1.0 mgPO_4^{3-}）。称取在 105℃干燥过的磷酸二氢钾（KH_2PO_4）1.433 g，溶于少量除盐水中后，稀释至 1 000mL。

（3）磷酸盐工作溶液（1 mL 含 0.1 mgPO_4^{3-}）。取上述标准溶液，用二级水准确稀释 10 倍。

（4）钼酸铵—硫酸混合溶液。于 600 mL 二级水中缓慢加入 167 mL 浓硫酸（密度为 1.84g/cm^3），冷却至室温。称取 20 g 钼酸铵［$(NH_4)_6Mo_7O_{24} \cdot 4H_2O$］，研磨后溶于上述硫酸溶液中，用二级水稀释至 1 000 mL。

（5）氯化亚锡甘油溶液（15 g/L）。称取 1.5 g 优级纯氯化亚锡于烧杯中，加 20 mL 浓盐酸（密度为 1.19 g/cm^3），加热溶解后，再加 80 mL 纯甘油（丙三醇），搅匀后将溶液转入塑料瓶中备用。此溶液易被氧化，需密封保存，室温下使用期限不应超过 20 天。

（6）浓盐酸（密度为 1.19 g/cm^3）。

4. 测定方法

（1）量取 0 mL、0.10 mL、0.20 mL、0.40 mL、0.60 mL、0.80 mL、1.00 mL、1.50 mL、2.00 mL、2.50 mL 磷酸盐工作溶液（1 mL 含 0.1 mgPO_4^{3-}）以及 5 mL 水样，分别注入一组比色管中，用二级水稀释至约 20 mL，摇匀。

（2）于上述比色管中各加入 2.5 mL 钼酸铵—硫酸混合溶液，用二级水稀释至刻度，摇匀。

（3）于每支比色管中加入 2～3 滴氯化亚锡甘油（15 g/L）溶液，摇匀，待 2min 后进行比色。

（4）水样中磷酸根（PO_4^{3-}）的含量按下式计算：

$$[PO_4^{3-}] = \frac{0.1 \times V_1}{V_S} \times 1\ 000 = \frac{V_1}{V_S} \times 100$$

式中 ［PO_4^{3-}］——磷酸根含量，mg/L；

0.1——磷酸盐工作溶液的浓度，1 mL 含 0.1 mgPO_4^{3-}；

V_1——与水样颜色相当的标准色中加入的磷酸盐工作溶液的体积，mL；

V_S——水样的体积，mL。

5. 测定水样时的注意事项

（1）水样与标准色应当同时配制显色。

（2）为加快水样显色速度，以及避免硅酸盐干扰，显色时水样的酸度（H^+）应维持在 0.6 mol/L。

（3）水样混浊时应过滤后测定，磷酸盐的含量不在 2～50 mg/L内时，应当酌情增加或减少水样量。

6. 允许误差（见表 9—8）

表 9—8　　磷酸盐测定的允许误差

磷酸盐范围（mg/L）	实验室内允许误差（mg/L）	实验室间允许误差（mg/L）
0～10	0.6	1.4
>10～20	1.0	2.6
>20～40	1.8	3.8

十一、水中常见阳离子的定性检测方法

1. Ag^+的鉴定反应

HCl 与 Ag^+ 生成白色 AgCl 沉淀。沉淀溶于氨水生成 $Ag(NH_3)_2^+$，当用硝酸酸化后又重新析出 AgCl 沉淀。

$$Ag^+ + Cl^- = AgCl\downarrow\ (白色)$$

$$AgCl + 2NH_3 = Ag(NH_3)_2^+ + Cl^-$$

$$Ag(NH_3)_2^+ + Cl^- + H^+ = AgCl\downarrow\ (白色) + NH_4^+$$

此反应检出限量为 0.5 μg，最低浓度为 10×10^{-6}。

注：检出限量是指在一定条件下，利用某反应能检出离子的最小量，用 μg 表示。

最低浓度是指在一定条件下，被检出离子能得到肯定结果的最低浓度，以 10^{-6}为单位。

2. Cu^{2+}的鉴定反应

$K_4Fe(CN)_6$ 与 Cu^{2+} 在中性或稀酸溶液中反应，生成红棕色的 $Cu_2Fe(CN)_6$ 沉淀。

$$2Cu^{2+} + Fe(CN)_6^{4-} = Cu_2Fe(CN)_6\downarrow\ (红棕色)$$

此沉淀可溶于 NH_3-NH_4Cl 中生成深蓝色 $Cu(NH_3)^{2+}$，与强碱作用时，被分解成蓝色 $Cu(OH)_2$ 沉淀。Fe^{3+} 和大量 Co^{2+}、Ni^{2+} 干扰反应。此反应的检出限量为 0.02 μg，最低浓度

为 0.4×10^{-6}。

3. Fe^{3+}的鉴定反应

NH_4SCN 与 Fe^{3+} 在酸性溶液中作用，生成血红色络合物 $Fe(SCN)_5^{2-}$，反应必须在稀酸溶液中进行，但不能用 HNO_3。因 HNO_3 有氧化性，会破坏 SCN^-，F^-、H_3PO_4、草酸、酒石酸、柠檬酸能与 Fe^{3+} 生成无色络合物，干扰反应。

此反应检出限量为 0.25 μg，最低浓度为 5×10^{-6}。

4. Fe^{2+}鉴定反应

铁氰化钾与 Fe^{2+} 反应生成深蓝色沉淀。

$$Fe^{2+}+K_3Fe(SCN)_6=\underset{\text{(深蓝色)}}{KFe[Fe(CN)_6]}\downarrow+2K^+$$

此沉淀为碱所分解，故反应必须在酸性溶液中进行。Ag^+、Cu^{2+}、Co^{2+}、Ni^{2+}、Zn^{2+}、Mn^{2+} 与试剂生成有色沉淀，这些离子大量存在时影响 Fe^{2+} 的检出。

此反应检出限量为 0.1 μg，最低浓度为 2×10^{-6}。

十二、常见阴离子的定性检测方法

1. SO_4^{2-} 的检出

试液用 HCl 酸化，在所得溶液中加入 $BaCl_2$ 溶液，生成 $BaSO_4$，表示 SO_4^{2-} 存在。

2. CO_3^{2-} 的检出

试样中加入稀 HCl，用 $Ba(OH)_2$ 溶液检验反应中所产生的气体。若 $Ba(OH)_2$ 溶液变混浊（生成 $BaCO_3$），则表示有 CO_3^{2-} 存在。

3. Cl^- 的检出

在试样中加入 $AgNO_3$ 和 HNO_3，加热产生沉淀。用 12% $(NH_4)_2CO_3$ 溶液处理，$(NH_4)_2CO_3$ 水解而得的 NH_3，可使部分 AgCl 溶解，生成 $Ag(NH_3)_2^+$。在所得溶液中加 KBr，$Ag(NH_3)_2^+$ 被破坏，得到混浊的 AgBr 沉淀，表示 Cl^- 存在。

第七节　常用仪器分析法

一、仪器分析法

仪器分析法是采用比较复杂或特殊的仪器、设备，通过测量物质的物理或物理化学性质及其变化来确定化学组成和含量，并且各自形成比较独立的方法原理及理论基础的一类分析方法。仪器分析法可分为分光光度法、电位滴定法、色谱分析法、原子吸收光谱分析法等。仪器分析法具有以下特点：

1. 分析速度快。
2. 灵敏度高。
3. 选择性好。
4. 易于自动控制。
5. 所需试样及消耗试剂少。
6. 适用于痕量分析。
7. 价格昂贵，维修成本高。

二、在线工业化学仪表的检验校验原理

在锅炉水质分析中，有时需要连续监测某个指标，以保证锅炉水质控制在合格范围内，如溶解氧、pH 值、电导率等，下面简单介绍一下相关的仪器。

1. 溶解氧测定仪

溶解氧测定仪的氧敏感薄膜电极由两个与电解质相接触的金属电极（阴极/阳极）和选择性薄膜组成。选择性薄膜只能透进氧气和其他气体，水和可溶性物质不能透过。当水样流过允许氧气透过的选择性薄膜时，水样中的氧气将透过膜扩散，其扩散速率取决于通过选择性薄膜的氧分子浓度和湿度梯度，透过膜的氧气在阴极上还原，产生微弱的电流，在一定温度下其大小和水样的溶解氧含量成正比。

2. 电导率仪

溶解于水中的酸、碱、盐等电解质在溶液中离解成正负离子，使电解质溶液具有导电能力。其导电能力大小可用电导率表示。

电解质溶液的电导率通常使用两个金属片（即电极）插入溶液中，测量两极间电阻率的大小来确定。电导率是电阻率的倒数，其定义是电极截面积为 1 cm^2，极间距离为 1 cm 时，该溶液的电导。

电导的单位为西/厘米（S/cm）。在水质分析中常用它的百万分之一即微西/厘米（μS/cm）表示水的电导率。

溶液的电导率与电解质的性质、浓度、溶液温度有关。一般情况下，溶液的电导率是指 25℃时的电导率。

电导仪中的主要测量元件是电导电极。它是将惰性金属封接在玻璃或塑料管中，通常用铂金做电极。一般使用的电导电极有两种：光亮铂片电极与镀铂黑电极。镀铂黑电极可以增加电极的有效面积，减弱电极的极化效应，常用于精确测量电导较高的溶液的电导。每只电极都有其各自不同的电导池常数（也称电极常数），通常电极的电导池常数在出厂时已作测定，并在电极上标明。

在测定时应根据水样的电导率大小，选择不同的电导池常数的电极，见表 9—9。

表 9—9　　不同电导池常数的电极的选用

电导池常数（cm^{-1}）	电导率（μS/cm）
<0.1	<100
0.1～1.0	100～200
1.0～10	>200

对于未知电导池常数的电极或者需要校正电导池常数时，可用该电极测定已知电导率的氯化钾标准溶液（温度 25±5℃）的电导，然后按所测结果计算出该电极的电导池常数，应选用电导率与待测水样相近的氯化钾溶液来进行标定。电极电导池常数按下式计算：

$$K=\frac{S_1}{S_2}$$

式中 K——电极的电导池常数，cm^{-1}；

S_1——氯化钾标准溶液的电导率，$\mu S/cm$；

S_2——用未知电导池常数的电极测定氯化钾标准溶液的电导率 μS。

电导率的测定操作非常方便和快捷。在分析工作中，常用测电导率的方法来间接测定锅水的含盐量。因为水中溶解的大部分盐类都是强电解质，它们在水中全部电离成离子，所以利用离子的导电能力来衡量水中含盐量的多少。只要掌握了水中含盐量与电导率的关系，就可以通过测电导率来间接得到含盐量。不同水样的电导率见表 9—10。

表 9—10　不同水样的电导率

水质名称	电导率（μS/cm）
新鲜蒸馏水	0.5～2
天然淡水	50～500
高含盐量水	500～1000

根据实际经验，通常在 pH 值为 5～9 时，天然水的电导率与水溶液中溶解物质的比为 1∶(0.6～0.8)。对于锅水来说，如果将锅水中电导率最大的 OH^- 离子中和成中性盐，则其电导率与溶解固形物之比为 1∶(0.5～0.8)，即 1 μS/cm 相当于 0.5～0.8 mg/L，但具体的比值还应根据实际测定得出。

练 习 题

一、判断题

1. 容量分析中的滴定误差是由于滴定操作不当所引起的。
（　）

2. 容量分析中，滴定误差的大小取决于指示剂的性质。
（　）

3. 测定硬度时，如果水样的 pH 值过高，加缓冲溶液后仍不能使水样 pH 值为 10，就应先加酚酞指示剂并用酸中和至无色，再进行硬度测定。（　）

4. 水样中如 Fe^{3+} 含量较高，应先加合适的掩蔽剂，再进行测定。（　）

5. 由于 AgCl 沉淀易吸附溶液中的 Cl^-，因此当水样中 Cl^- 含量过高时，应稀释后测定。（　）

6. 测定水中溶解氧含量时，应快速将水样取回化验室进行测定。（　）

7. 锅水和除氧器取样应安装取样冷却器，通过调节流速使水样温度冷却至 30～40℃。（　）

8. 用硝酸银法测定水中氯离子含量，应在弱酸性或碱性溶液中进行。（　）

9. 稀释浓硫酸时，通常是将水缓慢倒入浓硫酸中。（　）

10. 为了防止硝酸银受光分解，硝酸银试剂都应放在棕色容器内。（　）

二、选择题

1. 浓硫酸稀释时，应（　）。

A. 将浓硫酸加到水中　　B. 将水加到浓硫酸中

C. 两者均可

2. 用 EDTA 测定硬度时，溶液的 pH 值应控制在（　）。

A. 11.0±0.1　　B. 10.0±0.1

C. 9.0±0.1　　D. 12.0±0.1

3. 铬黑 T 指示剂在不同的 pH 值中显不同颜色，当 pH 值在 8～11 时显示的颜色是（　）。

A. 酒红色　　B. 蓝色

C. 紫红色　　D. 橙红色

4. c（EDTA）=0.1 mol/L 溶液浓度与 c（1/2EDTA）=（　）mol/L 相等。

A. 0.1　　　　B. 0.05

C. 0.2　　　　D. 0.5

5. c（$1/2H_2SO_4$）＝0.100 0 mol/L 硫酸溶液 100 mL 中所含 H_2SO_4 质量为（　　）g。

A. 4.9　　　　B. 9.8

C. 0.49　　　　D. 0.98

6. 测定锅水 Cl^- 时，往往稀释后测定，这是为了（　　）。

A. 节省硝酸银

B. 避免大量 AgCl 吸附 Cl^-，造成误差

C. 提高测定灵敏度

7. 亚硫酸钠测定时，在取样和进行滴定时均应迅速，这是为了（　　）。

A. 避免受温度影响　　　　B. 避免被空气氧化

C. 易于终点判定　　　　D. 失去氧化性

第十章

锅炉的水汽质量监督

本章知识要点

1. 熟悉热力系统水汽理化过程
2. 了解蒸汽污染积盐及防止措施
3. 掌握水汽质量劣化时的处理及热力系统的检查

第一节　蒸汽的污染及盐类沉积

从汽包出来的蒸汽总会含有少量杂质。蒸汽污染通常是指蒸汽中含有硅酸、钠盐等物质（统称为盐类物质）的现象。这些物质会沉积在蒸汽通过的各个部位（称为积盐）。如过热器和汽轮机内积盐，会影响机组的安全、经济运行。

一、蒸汽的污染

1. 饱和蒸汽的污染

蒸汽的污染物主要来自锅水，所以锅水中含有的物质都可能会污染蒸汽。

（1）饱和蒸汽污染的原因

饱和蒸汽被污染主要是由于蒸汽带水和蒸汽溶解杂质造成的。

1）蒸汽带水。从汽包送出的饱和蒸汽中常夹带有一些锅水的水滴，这是饱和蒸汽被污染的原因之一。在这种情况下，锅水中的各种杂质，如钠盐、硅化合物等，都将以水溶液的状态被带进蒸汽中，这种现象称为饱和蒸汽的水滴携带（也称机械携带）。

2）蒸汽溶解杂质。蒸汽有溶解某些物质的能力，这是蒸汽被污染的另一个原因。蒸汽压力越高，蒸汽的溶解能力越大。例如：压力为 2.94～3.92 MPa 的饱和蒸汽，有明显溶解硅酸的能力，并且随压力增高溶解能力增大；当饱和蒸汽的压力大于 12.74 MPa 时，能溶解各种钠化合物，如 NaOH、NaCl 等。饱和蒸汽因溶解而携带水中某些杂质的现象，称为蒸汽的溶解携带。

饱和蒸汽携带某种物质的量，应该是其机械携带与溶解携带之和。

（2）压力对蒸汽携带杂质的影响

不同压力的汽包锅炉，蒸汽携带盐类物质的情况不同。大体上可归纳如下：

1）低压锅炉（出口压力小于 2.45 MPa）。因为饱和蒸汽对各种物质的溶解携带量都很小，所以蒸汽污染主要是由于水滴携带所致。

2）中压锅炉（出口压力为 2.45～5.78 MPa）。蒸汽中的各种钠盐主要由水滴携带所致，蒸汽中的含硅量为其水滴携带量与溶解携带量之和，并且压力越高，溶解携带量超过水滴携带量的现象越明显。

3）高压锅炉（出口压力为 5.88～12.64 MPa）。蒸汽中的含硅量主要取决于溶解携带量，因为这时蒸汽对硅的溶解携带量要远大于水滴携带量，而蒸汽中的各种钠盐主要还是由水滴携带所致。

4）超高压锅炉（出口压力大于 12.74 MPa）。饱和蒸汽对硅酸的溶解能力很大，蒸汽中的含硅量以溶解携带为主。因为超高压蒸汽能溶解 NaOH 和 NaCl，所以蒸汽中 NaOH 和

NaCl的含量为其水滴携带量与溶解携带量之和。蒸汽中的 Na_2SO_4、Na_3PO_4 及 Na_2SiO_3 溶解携带量很小，主要是由水滴携带所致。

5）亚临界压力锅炉（出口压力大于 16.7 MPa）。饱和蒸汽对硅酸的溶解能力非常大，蒸汽中的含硅量主要取决于溶解携带量。饱和蒸汽对各种钠化合物有较大的溶解能力，蒸汽中的含钠量为溶解携带量和水滴携带量之和。

2. 过热蒸汽的污染

在汽包锅炉中，当过热蒸汽减温器运行正常时，过热蒸汽的品质取决于汽包送出的饱和蒸汽。由饱和蒸汽带出的各种盐类物质，在过热器中会发生两种情况。当某种物质的携带量大于该物质在过热蒸汽中的溶解度，该物质就会沉积在过热器中。而某种物质的携带量小于该物质在过热蒸汽中的溶解度，该物质就会完全溶于过热蒸汽。所以要使锅炉送出的过热蒸汽品质好，关键在于保证饱和蒸汽的品质。但如果饱和蒸汽在减温器中受到污染，仍然会导致过热蒸汽品质不良。要防止这种蒸汽污染，主要应保证减温水水质（喷水减温器），或者防止减温器泄漏（表面式减温器）。

二、影响蒸汽带水的因素

饱和蒸汽带水的影响因素很多，饱和蒸汽的带水量与锅炉的压力、结构型式（主要是汽包内装置的型式）、运行工况以及锅水水质等因素有关。由于影响因素很多，所以不仅不同型式锅炉的蒸汽带水情况不一样，而且相同锅炉的带水情况也不一定相同。现将影响蒸汽带水的各种影响因素简要叙述如下。

1. 锅炉压力对蒸汽带水的影响

锅炉压力越高，蒸汽越容易带水，其原因主要有以下两个方面：

(1) 锅炉压力的提高，会使得汽包汽空间中的小水滴数目增多。因为随着锅炉压力的提高，炉水的表面张力会降低，更容易形成小水滴。

（2）锅炉压力的提高，会使蒸汽中的水滴更难分离出来。因为随着压力的提高，蒸汽的密度增大，汽和水两者的密度差减小，汽流运载水滴的能力也就增强了，从而导致蒸汽带水量增加。

因此，对于高参数的锅炉，为了减少蒸汽带水，应该在汽包内装设更有效的汽水分离装置。

2. 锅炉结构对蒸汽带水的影响

汽包内径的大小、汽水混合物引入汽包的方式、蒸汽从汽包引出的方式、汽包内汽水分离装置的结构等，对蒸汽带水量都有很大的影响。各种锅炉结构不同，即使它们的工作压力和蒸发量相同，其蒸汽带水量也会各不相同。

汽包内径的大小对汽空间高度有影响。内径小，汽空间高度就小些，蒸汽泡破裂时就会有许多水滴溅到蒸汽引出管附近，由于这里蒸汽流速较高而容易被蒸汽带走；内径较大，汽空间高度也会较大，有些水滴上升到一定高度后，会依靠其自身重力落回汽包水室中，从而减少蒸汽带走的水滴量。所以，对于依靠水汽重量差进行汽水分离的锅炉，汽包内径对蒸汽带水有较大的影响。但汽包内径也不宜因此而过大，因为当汽空间高度达到 1～1.2 m 以后，再增加其高度已不能使蒸汽带水量有明显的降低，反而会增加金属消耗量。

汽包内如有局部蒸汽流速过高，也会增加蒸汽带水量。例如，只用少数几根管子将汽水混合物引入汽包（见图 10—1a、b），或者蒸汽从汽包引出不均匀（见图 10—1c），都会造成汽包内局部蒸汽流速很高，使蒸汽大量带水，从而影响蒸汽品质。因此制造锅炉时，应力求使蒸汽能沿汽包整个长度和宽度均匀流动（见图 10—1d）。

汽包内汽水分离装置不同，汽水分离的效果不同，蒸汽带水量也不同。

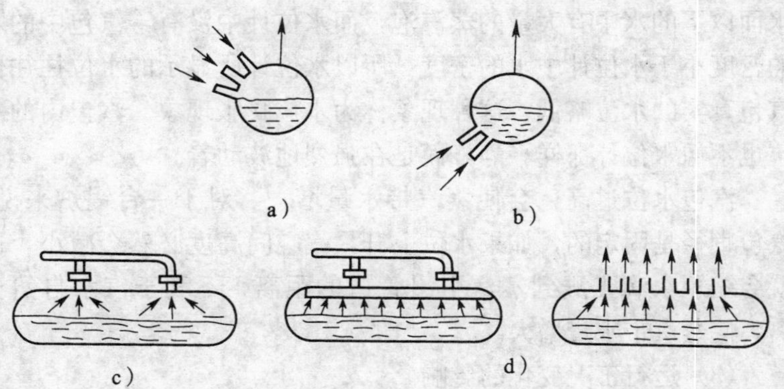

图 10—1　汽水混合物引入汽包及蒸汽引出汽包的方式

a）汽水混合物直接引入汽包的汽空间　b）汽水混合物引入汽包水层下面

c）蒸汽不均匀地引出汽包　d）蒸汽均匀引出汽包

3. 锅炉运行工况对蒸汽带水的影响

锅炉的负荷（蒸发量）、负荷变化的速度和汽包水位等运行工况，对饱和蒸汽的带水量也有很大影响。

（1）锅炉负荷的影响

锅炉负荷的增加会使蒸汽带水量增大，其原因如下：

1）负荷增加时，来自上升管的蒸汽量增多。汽水混合物增多，动能增大，形成水滴的量和动能也增大。

2）负荷增加时，蒸汽引出汽包的流量增大，蒸汽运载水分的能力也会增强。

3）负荷增加时，水中蒸汽泡增多会加剧水位膨胀现象，降低了汽空间实际高度，不利于汽水自然分离。

随着锅炉负荷的增加，蒸汽带水量先是缓慢增大，当增大到某一数值以后，再增加负荷，蒸汽带水量就会急剧增加从而导致蒸汽品质恶化，这个转折点的锅炉负荷称为临界负荷。显然，锅炉运行时允许的负荷应低于此临界负荷。

（2）汽包水位的影响

汽包水位是按锅炉水位计的显示来进行控制的。因为汽包内水面以下的水中有大量的蒸汽泡，而水位计中没有，汽包中的水的密度小于水位计中水的密度，所以水位计所显示的水位往往比汽包真实的水位略低，这种现象称为水位膨胀现象。汽包内的水位也不像水位计那样平静，而是在强烈地波动着。

汽包水位过高，会使蒸汽带水量增大。对于一台锅炉来说，汽包直径是固定的，如果水位上升，汽空间高度必然会减小，这就会缩短水滴飞溅到蒸汽引出管口的距离，不利于汽水自然分离，使蒸汽带水量增大。

(3) 运行工况变化的影响

锅炉的负荷、压力及汽包水位等运行工况如果变化太剧烈，也会使蒸汽大量带水。例如，当锅炉压力骤然下降时，由于水的沸点下降，锅水会发生急剧的沸腾，同时产生大量的蒸汽泡。水位膨胀现象大大加剧，使汽空间减小，增加蒸汽带水量。

4. 锅水水质对蒸汽带水的影响

锅水含盐量增加时，当未超过某一数值，蒸汽带水量变化不大。但当锅水含盐量超过某一数值时，蒸汽带水量会突然显著增加。蒸汽中含盐量开始急剧增加时的锅水含盐量被称为临界含盐量。产生这种现象的原因有两种解释：

(1) 随着锅水的含盐量增加，黏度变大，水层中的小汽泡不容易合并成大汽泡。小汽泡上升速度慢，使水位膨胀加剧和汽空间高度减小，不利于汽水分离。另外，锅水含盐量增加，使蒸汽泡水膜的强度提高，要当水膜变得很薄时才会破裂，这样形成的水滴会更小，更容易被蒸汽带走。

(2) 锅水中杂质含量增高到一定程度时，在汽水分界面处会形成泡沫层。当锅水中含有油脂、有机物、较多的水渣以及碱性物质多时，更易形成泡沫层。泡沫层会导致汽空间实际高度减小，影响汽水分离，当泡沫层很高时，蒸汽甚至能把泡沫直接带走，造成蒸汽含盐量急剧增加。

锅水临界含盐量的大小以及此时蒸汽品质劣化的程度，与锅炉结构（主要指汽包内部装置）、负荷、水位以及锅水中的杂质组成有关。各台锅炉的锅水临界含盐量需要通过热化学试验来确定。

三、蒸汽流程中的盐类沉积

从汽包送出的饱和蒸汽所含有的盐类物质，有的会沉积在过热器内，有的被过热蒸汽带出锅炉而沉积在汽轮机中。一般来说，对于中、低压锅炉，饱和蒸汽中的钠化合物主要沉积在过热器内，而硅化合物主要沉积在汽轮机内，生成不溶于水的 SiO_2 沉积物；对于高压、超高压锅炉，饱和蒸汽中的各种盐类物质，除了 Na_2SO_4 会部分沉积在过热器，其他盐类都会沉积在汽轮机中，因而严重影响汽轮机的安全、经济运行。

1. 过热器内的盐类沉积物

(1) 盐类沉积物形成的原因

由汽包送出的饱和蒸汽携带的盐类物质，通常有两种状态：一种呈蒸汽溶解状态，主要是硅酸；另一种呈液体溶解状态，即含有各种盐类（主要为钠盐）的小水滴。当饱和蒸汽被加热成过热蒸汽时，它所含的小水滴会发生下述两种情况：

1) 蒸发、浓缩直至被蒸干，水滴中的某些物质呈结晶析出。

2) 由于过热蒸汽比饱和蒸汽具有更大的溶解能力，因此小水滴中的某些物质会溶解在过热蒸汽中，使过热蒸汽中的溶解物质含量增加。

由饱和蒸汽带出的各种盐类物质，在过热器中会发生两种情况：当饱和蒸汽中某种物质的携带量大于该物质在过热蒸汽中的溶解度时，该物质就会沉积在过热器中，因为沉积的大都是盐类，常称为过热器积盐；反之如果饱和蒸汽中某种物质的携带量小于该物质在过热蒸汽中的溶解度，该物质就会全部溶解于过热蒸汽中并被带往汽轮机。

(2) 盐类物质的沉积

饱和蒸汽所携带的各种物质，在过热器内的沉积情况不同。

1）硫酸钠和磷酸纳（Na_2SO_4、Na_3PO_4）。硫酸钠和磷酸钠是通过水滴携带进入饱和蒸汽的。这两种盐类在高温水中的溶解度很小（水温越高，溶解度越小），在过热器内容易析出结晶。从水滴中析出的物质并不是全部都沉积下来，一部分沉积下来，另一部分则被过热蒸汽带走。

2）氢氧化钠（NaOH）。NaOH 在水中的溶解度很高（水温越高，溶解度越大）。在过热器内，蒸汽携带的水滴被蒸发时，水滴中的 NaOH 逐渐被浓缩，形成浓度很高的液滴。

在高压锅炉中，由于过热蒸汽的压力和温度较高，NaOH 在过热蒸汽中的溶解度较大，远远超过了饱和蒸汽所携带的 NaOH 量，所以 NaOH 全部被过热蒸汽溶解，带往汽轮机中，不沉积在过热器内。

在中压、低压锅炉中，过热器内形成的 NaOH 浓缩液滴大部分会黏附在过热器管壁上，一小部分会被过热蒸汽带往汽轮机。此外，NaOH 液滴还能与蒸汽中的 CO_2 发生反应，生成的 Na_2CO_3 会沉积在过热器中。当过热器内 Fe_2O_3 较多时，反应生成的 $NaFeO_2$ 也会沉积在过热器中。

3）氯化钠（NaCl）。在高压锅炉中，饱和蒸汽携带的 NaCl 总量小于它在过热蒸汽中的溶解度，所以一般不会沉积在过热器中，而是被带往汽轮机。在中压锅炉中，饱和蒸汽品质较差时，因其携带的 NaCl 量往往超过它在过热蒸汽中的溶解度，会沉积在过热器中。

4）硅酸。饱和蒸汽携带的硅酸在过热蒸汽中会失水变成 SiO_2。因为 SiO_2 在过热蒸汽中的溶解度很大，饱和蒸汽所携带的硅酸量总是远远小于它在过热蒸汽中的溶解度，所以不会沉积在过热器中。

蒸汽压力不同，过热器中盐类沉积的情况也有所不同，一般可分为以下几种：

①低压、中压锅炉。盐类沉积物的主要组成为 Na_2SO_4、Na_3PO_4、Na_2CO_3 和 NaCl 等。

②高压锅炉。盐类沉积物主要是 Na_2SO_4，其他钠盐一般沉积很少。

另外，在各种压力汽包锅炉的过热器内，除了可能沉积有各种盐类外，还可能沉积有铁的氧化物。这种铁的氧化物，主要是过热器本身的腐蚀产物。因为铁的氧化物在过热蒸汽中的溶解度很小，所以它们绝大部分沉积在过热器内，只有极少部分能以固态微粒状被带往汽轮机中。

2. 汽轮机内的盐类沉积物

(1) 盐类沉积物的形成过程

汽轮机内沉积物的形成过程主要是：带有各种杂质的过热蒸汽进入汽轮机后，由于压力和温度降低，钠化合物和硅酸在蒸汽中的溶解度随压力的降低而减小，当其中某种物质的溶解度下降到低于它在蒸汽中的含量时，该物质就会以固态析出，并沉积在蒸汽通流部位。蒸汽中那些微小的 NaOH 浓缩液滴以及一些固态微粒（固态盐和铁的氧化物），也可能黏附在汽轮机的蒸汽通流部位而形成沉积物。这种汽轮机内杂质沉积的现象称为汽轮机积盐，沉积的物质统称为盐类沉积物。

(2) 盐类沉积物在汽轮机内的分布

在汽轮机的不同级中，沉积物的生成与分布等情况各不相同的，其基本规律如下：

1) 不同级的积盐量不同。在汽轮机中，一般第一级和最后几级积盐量极少，其他几级中，低压级的积盐量总是比高压级的多一些。这主要是由于在汽轮机最前面一级中，由于蒸汽参数仍很高，且蒸汽流速很快，其中的杂质不会或者来不及从蒸汽中析出。在最后几级中，由于蒸汽中已含有湿分，杂质会转入湿分中，且湿分能冲洗掉汽轮机叶轮上已经析出的物质，所以汽轮机内第一级和最后几级沉积物量往往极少。

2）不同级沉积物的化学组成不同。一般来说，汽轮机高压级中的沉积物主要是易溶于水的 Na_2SO_4、Na_2SiO_3、Na_3PO_4 等；中压力级中的沉积物主要是 NaCl、Na_2CO_3 和 NaOH 等，它们也易溶于水，但也有可能存在难溶于水的钠化合物，如 $Na_2O \cdot Fe_2O_3 \cdot 4SiO_2$（钠锥石）和 $NaFeO_2$ 等；低压级中的沉积物主要是不溶于水的 SiO_2。铁的氧化物在汽轮机各级中（包括第一级）都有可能沉积。

3）沉积物分布不均匀。沉积物在汽轮机的各级隔板和叶轮上分布不均匀，不仅不同级分布不均匀，即使在同一级中的不同部位，分布也不均匀。这可能与蒸汽的流动工况有关。

4）供热机组和经常启、停的汽轮机内的沉积物比较少。因为在汽轮机停机和启动时，都会有部分蒸汽凝结成水，这对于易溶的沉积物具有清洗作用，所以在经常启、停的汽轮机内，往往积盐量较少。而热电厂的供热汽轮机内，积盐量也往往较少，这是由于：

①供热抽汽带走了许多杂质。

②汽轮机的负荷往往因用热单位的用热量和季节变化而波动，当负荷降低时，汽轮机中工作在湿蒸汽区的级数增加，蒸汽中的湿分有清洗作用，能将已沉积的易溶物质冲洗掉。

3. 盐类沉积物的清除

过热器中的易溶盐一般用凝结水或除盐水冲洗，为提高冲洗效果，水温尽可能提高到 70～80℃。需要清除金属腐蚀产物及其他难溶沉积物时，应在锅炉进行化学清洗时将过热器一并清洗。

汽轮机内的易溶盐可用湿蒸汽清洗除掉。不溶于水的沉积物，在汽轮机大修时用机械方法清除。

四、获得清洁蒸汽的方法

为了获得清洁蒸汽，必须保证从汽包送出清洁的饱和蒸汽，并防止其在减温器内被污染。由于饱和蒸汽中的杂质来源于锅水，所以为了获得良好的蒸汽品质，就应该减少锅水中杂质含量，同时还应设法减少蒸汽带水量和降低杂质在蒸汽中的溶解量。为此可采取以下措施。

1. 保证给水品质

锅水中的杂质主要来源于给水，至于锅炉本体的腐蚀产物，除了新安装的锅炉、化学清洗不好或停炉保养不当等原因外，一般量很少。所以，要减少进入锅水中的杂质，首先应保证给水水质优良，其主要措施如下：

(1) 采用优良的水处理工艺，降低补给水中的杂质含量。

(2) 减少热力系统的汽水损失，提高凝结水回收率，降低补给水量。

(3) 防止凝汽器泄漏，以免汽轮机凝结水被冷却水污染。

(4) 对给水和凝结水系统采取有效的防腐措施，减少给水中的金属腐蚀产物。

(5) 对凝结水进行精处理，保证凝结水品质。

(6) 新锅炉在投运启动前应进行化学清洗，停运的锅炉做好停炉保养，以减少启动后锅水中各种杂质的含量，使蒸汽品质较快合格。

2. 锅炉排污

锅炉运行时，给水带入锅内的杂质只有很少一部分被饱和蒸汽带走，大部分都留在锅水中。随着锅水的蒸发浓缩，锅水中的各种杂质含量和水渣不断增多，会严重影响蒸汽品质，因此必须通过合理排污来控制锅水的杂质含量在允许值以内，防止锅炉结垢，保证蒸汽品质。

3. 汽包内部装置

为了获得清洁的蒸汽而安装在汽包内部的主要装置有汽水分离装置、蒸汽清洗装置以及分段蒸发装置等。不同的锅炉，汽包内装置也不相同。锅炉压力越高，汽水分离越困难，而且蒸汽溶解携带杂质的能力也越强，因而汽包内部装置也应越完善。常用的汽包内部装置如下。

（1）汽水分离装置

汽水分离装置的主要作用是减少饱和蒸汽带水。它的结构形式有很多种，其工作原理都是利用离心力、黏附力和重力等进行水与汽的分离。常见的汽水分离装置有旋风分离器、多孔板、波形板、百叶窗等几种。不少锅炉的汽包内往往同时安装几种分离装置相互配合使用，以达到良好的汽水分离效果。

（2）蒸汽清洗装置

汽水分离装置只能减少蒸汽带水，而不能减少蒸汽的溶解携带，所以高压和超高压锅炉的汽包内如果仅仅安装汽水分离装置，往往难以获得良好的蒸汽品质。为了减少蒸汽的溶解携带，在高压和超高压锅炉的汽包内通常安装有蒸汽清洗装置。

蒸汽清洗就是使饱和蒸汽通过杂质含量极低的清洁水层，使得蒸汽中携带的部分杂质转移到清洗水中。清洗后蒸汽中的杂质含量将降低很多。蒸汽清洗可以同时降低水滴携带和溶解携带杂质的含量。

（3）分段蒸发

锅炉运行时，降低锅炉的排污率和提高蒸汽品质是互相矛盾的，因为排污率的降低会使锅水水质变差，从而影响蒸汽品质。为了能在较低的锅炉排污率下，保证良好的蒸汽品质，就必须采取其他措施。分段蒸发就是在锅炉结构方面采取的一种措施。

分段蒸发就是用隔板将汽包的水室分隔成几段，每段与同它相连的上升管和下降管组成独立的水循环回路。以两段蒸发锅炉为例，给水全部送入的那一段称为第一段，水经过第一段的循环回路进行蒸发浓缩后，通过装在隔板上的连通管送到第二段，第二段的给水就是第一段的排水，这些水继续在第二段中进行蒸发浓缩。由于第二段中的锅水是经过两级蒸发浓缩的，所以它的含盐量要比第一段高很多。习惯上把第二段称为盐段，第一段称为净段。

在含盐量和排污率相同时，分段蒸发锅炉的蒸汽品质优于不分段蒸发锅炉。在给水水质和蒸汽品质相同的情况下，由于前者的排污水含盐量比后者高得多，所以排污率较低。分段蒸发主要用于补给水率较大的高压、中压热电厂。

4. 调整锅炉的运行工况

锅炉的负荷、负荷的变化速度和汽包水位等运行工况对饱和蒸汽的带水量影响很大，因而也是影响蒸汽品质的重要因素。如果运行工况掌握不当，即使汽包内部装置再完善，也得不到良好的蒸汽品质。适当的运行工况需要通过热化学试验来确定。

第二节 汽包锅炉的热化学试验

一、热化学试验的目的

汽包锅炉热化学试验的目的，是为寻求获得良好蒸汽品质的运行条件。按照预定计划，使锅炉在各种不同工况下运行，以取得最佳的运行条件。锅炉结构不同、水质及运行参数等不同，能够保证良好蒸汽品质所需控制的运行条件无法预测，只有通过专门的试验来获得，这种试验称为热化学试验。在运行中，应根据热化学试验结果，调整好锅炉的运行工况，使锅炉最大允许负荷、最大负荷变化速度、汽包最高允许水位及锅炉水质等不超过热化学试验所确定的允许范围，确保蒸汽品质合格。通过热化学试验还能鉴定汽包内汽水分离装置和蒸汽清洗装置的效果，确定是否需要调整或改装这些装置。

热化学试验并不是经常进行的，一般只有在遇到下列情况之一时，才需要进行。

1. 新安装的锅炉，投入运行一段时间后。

2. 锅炉改装后，如汽水分离装置、蒸汽清洗装置和锅炉水汽系统等有变动时。

3. 锅炉的运行方式有很大变化时。如超铭牌负荷运行、改变负荷的变化特性、改变燃烧工况、给水水质发生变化等。

4. 发现过热器和汽轮机积盐，需要查明蒸汽质量不良的原因时。

二、热化学试验的准备工作

为了保证热化学试验能够顺利进行，试验前需要做好以下准备工作：

1. 了解设备的情况

试验前详细了解锅炉的结构及有关的热力系统，检查并消除有关设备存在的缺陷，确保设备运行正常。

2. 掌握试验前的水、汽质量

查看水、汽监督记录及有关技术档案，了解试验以前的水、汽质量和蒸汽通流部分积盐的情况。

3. 增设必要的取样点

根据热化学试验的不同要求，有时需增设一些取样点，以便互相核对确定样品的代表性。

4. 检查和调整各取样装置

试验前仔细检查和调整取样装置，保证取得的水、汽样品具有代表性，使热化学试验的结果正确可靠。

5. 检查和校正所有的仪表

对各种热工仪表和测定水质、蒸汽质量的仪表等进行检查，不合格的仪表要及时校正或更换，确保仪表的准确，保证试验结果可靠有效。

6. 准备好化验用品

水、汽取样和测定所需的各种试剂、仪器等都应做好准备并达到合格标准。

7. 绘制必要的系统图

通常需要的图有热化学试验的取样点分布图、水汽系统图、汽包内部装置系统图等。

8. 制订试验计划

根据热化学试验的要求，制定试验工作大纲和计划。详细说明进行每项试验时锅炉的运行工况，试验持续时间，试验中水、汽的取样点、次数以及测定的项目、方法等。

9. 安排好试验场地

将取得的水、汽样品集中进行测定，及时分析、讨论和处理试验中发现的问题。试验场地的水源、照明等工作条件应有保证。

三、热化学试验的方法

在进行热化学试验之前，应先进行预备试验，发现并消除锅炉、监督仪表、取样和分析仪器的缺陷，然后有步骤地进行正式试验。影响锅炉蒸汽品质的因素很多，每一次试验时，只研究一个因素的变化对蒸汽品质的影响，其他因素应保持不变。通常热化学试验有下列内容：

1. 测定锅水中含盐量对蒸汽品质的影响

这项试验在维持锅炉额定压力、额定蒸发量和中间水位的运行条件下进行，将锅水含盐量从最低开始，逐渐提高，直到使蒸汽品质发生明显劣化，从而求得能保证蒸汽品质合格的最高含盐量，并可求得蒸汽质量与锅水含盐量的关系。根据试验结果，选择既能保证蒸汽质量，锅炉排污率又较小的含盐量作为运行中的控制标准。

2. 测定蒸汽含硅量与锅水含硅量的关系

这项试验可与测定锅水含盐量同时进行。每次取得的水、汽样品，除了测定含钠量等指标外，还测定其含硅量。求得饱和蒸汽含硅量与锅水含硅量的关系。由此可确定锅水的最高允许含硅量。

3. 测定锅炉负荷对蒸汽质量的影响

通过这项试验可确定能保证蒸汽质量合格的锅炉允许负荷，同时还可了解汽水分离装置在不同负荷下的分离效果。这项试验在锅炉额定压力和中间水位的条件下进行。炉水含盐量和含硅量可用控制排污量的办法调整，以使其保持为试验所确定的最高允许含盐量和含硅量的70％～80％。

4. 测定锅炉负荷的变化速度对蒸汽质量的影响

这项试验应在锅炉额定压力、中间水位和炉水含盐量为最高允许值的 70%～80%的条件下进行。锅炉负荷先按选定的速度由最小负荷逐渐升高到最大允许负荷，维持一段时间后，再以原来的速度减至最小负荷。当发现以某一速度升、降负荷会使蒸汽质量劣化时，应降低变化速度再做试验，直到求得一个不会使蒸汽质量劣化的最大负荷变化速度。

5. 测定锅炉的最高允许水位

这项试验在锅炉额定压力、额定负荷和炉水含盐量及含硅量为试验所确定的最高允许值的 70%～80%的条件下进行。试验时，先从低水位开始，逐渐、均匀、分阶段地提升水位。当水位提升到某一位置，发现蒸汽质量明显劣化时，再以提升时的速度逐步降低水位，直到蒸汽质量合格，这时的水位便是锅炉允许的最高水位。

6. 测定锅炉水位的允许变化速度

这项试验在确定了锅炉的最高允许水位后进行。试验应在锅炉额定压力、额定负荷和炉水含盐量为试验所确定的最高允许值的 70%～80%的条件下进行。通常水位的允许变化速度是 10～30 mm/min，可在此范围内选取几个数值进行试验。由较低速度至较高速度分别进行试验，以确定不会使蒸汽质量劣化的允许变化速度。

上述各项试验并不是每次热化学试验时都需要进行，可以根据每次试验的不同目的选做其中几项。

第三节 锅炉的水汽质量监督

为了防止锅炉及其热力系统的结垢、腐蚀和积盐，水、汽质量应达到一定的标准。水、汽质量监督就是用仪表或化学分析的方法，测定各种水、汽质量，看其是否符合相应的标准要求，以便采取必要的措施。

一、水、汽质量标准的控制指标

1. 蒸汽

为了防止蒸汽通流部分，特别是汽轮机内积盐，必须对锅炉蒸汽品质进行监督。饱和蒸汽和过热蒸汽都应进行监督的原因如下：

第一，便于检查蒸汽品质劣化的原因。例如，饱和蒸汽品质较好，而过热蒸汽品质不良，则表明蒸汽在减温器内被污染。

第二，可以判断饱和蒸汽中的盐类在过热器内的沉积量。

各项指标的监测意义如下：

第一，含钠量。由于钠盐是蒸汽携带的主要杂质，可以表征蒸汽含盐量的多少，所以含钠量是监督蒸汽品质的主要指标之一。

第二，氢电导率的测定，操作简便、灵敏度高。将蒸汽经冷凝后通过氢型强酸阳离子交换树脂，连续测定其电导率的大小。

第三，含硅量。蒸汽中的硅酸会在汽轮机中形成难溶的二氧化硅沉积物，影响汽轮机的安全经济运行。

第四，铁和铜。防止汽轮机中沉积金属氧化物。

2. 给水

为了防止锅炉及给水系统的腐蚀、结垢，降低排污率，保证锅水水质合格，必须对给水水质进行监督。各项指标的监测意义如下：

(1) 硬度

为防止锅炉及给水系统结垢，减少加药量，避免锅水中产生过多的水渣，须严格控制给水硬度。

(2) 溶解氧

监测给水中溶解氧可以监督除氧器的除氧效果，防止给水系统和锅炉发生氧腐蚀。

(3) 铁和铜

为了防止水冷壁管中产生铁垢和铜垢，必须严格监督给水中的铁和铜含量。给水中铁和铜含量，还可作为评价热力系统金属腐蚀情况的依据之一。

(4) 含钠量、含硅量、氢电导率

控制给水中的钠、硅、氢电导率合格，即可保证炉水中的相应指标也合格，并使锅炉排污率不超过规定值。

(5) pH 值

为了防止给水系统腐蚀，给水 pH 值应控制在规定范围内。若给水 pH 值在 9.3 以上，虽然对防止钢材的腐蚀有利，但有时给水 pH 值过高意味着水汽系统中氨含量较高，有可能在氨聚集处引起铜部件的氨蚀。所以给水最佳 pH 值应以保证热力系统铁、铜腐蚀产物最少为原则。

(6) 联氨

给水中加联氨时，应监督给水中的过剩联氨，以确保除去残留的溶解氧，并消除因给水泵不严密等异常情况时漏入的氧。

3. 凝结水

凝结水质量标准中各项指标的监测意义如下：

(1) 硬度

凝汽器泄漏时会造成凝结水中硬度含量升高，并导致给水硬度不合格。

(2) 含钠量

钠度计比电导率仪更为灵敏，监测凝结水含钠量可迅速及时地发现凝汽器微小的泄漏。

(3) 溶解氧

在凝汽器和凝结水泵不严密处漏入空气是凝结水中溶解氧含量增高的主要原因。凝结水含氧量较大时，易导致凝结水系统腐蚀，腐蚀产物随凝结水进入给水系统，影响给水水质，所以应监督凝结水中的溶解氧。

(4) 电导率

为了能及时发现凝汽器的泄漏，还应测定凝结水电导率。通常当发现电导率比正常值明显偏高时，就表明凝汽器发生了泄漏。

4. 锅水

为了防止锅内结垢、腐蚀，保证蒸汽品质良好，必须对锅水水质进行监督。锅水各项指标监测意义如下：

（1）含硅量、电导率

限制锅水中这些指标的含量，是为了保证蒸汽品质合格。锅水中这些指标的最大允许含量不仅与锅炉的参数、汽包内部装置的结构有关，而且还与运行工况有关，必要时应通过锅炉热化学试验来确定。

（2）氯离子

炉水的氯离子超标时，可能会破坏水冷壁管的保护膜并引起腐蚀（在水冷壁管热负荷高的情况下，更易发生这种现象）。另外，如炉水氯离子含量较高，会使蒸汽携带氯离子进入汽轮机内，引起汽轮机内高级合金钢的应力腐蚀损坏。

（3）磷酸根

锅炉水中应维持有一定量的磷酸根，以防止受热面结生水垢。磷酸根太少不利防垢，过多则会增加锅水含盐量，应该将磷酸根控制在合适的范围内。

（4）pH 值

锅水的 pH 值应不低于 9.0，主要原因如下：

1）pH 值低时，水对锅炉钢材的腐蚀性增强。

2）锅水中磷酸根与钙离子的反应。只有在 pH 值足够高的条件下，才能生成容易排除的水渣，较好地达到防垢的目的。

3）为了抑制锅水中硅酸盐的水解，减少硅酸在蒸汽中的溶解携带量。

但是，锅水中的 pH 值也不能太高，以免锅水中游离氢氧化钠引起碱性腐蚀。

二、火力发电机组及蒸汽动力设备水汽质量

1. 蒸汽质量标准

汽包炉的饱和蒸汽和过热蒸汽质量以及直流炉的主蒸汽质量

应符合表 10—1 的规定。

表 10—1　　　　　　　　蒸汽质量

过热蒸汽压力（MPa）	钠（μg/kg）		氢电导率（25℃）（μS/cm）		二氧化硅（μg/kg）		铁（μg/kg）		铜（μg/kg）	
	标准值	期望值	标准值	期望值	标准值	期望值	标准值	期望值	标准值	期望值
3.8～5.8	≤15	—	≤0.30	—	≤20	—	≤20	—	≤5	—
5.9～15.6	≤5	≤2	≤0.15①	≤0.10①	≤20	≤10	≤15	≤10	≤3	≤2
15.7～18.3	≤5	≤2	≤0.15①	≤0.10①	≤20	≤10	≤10	≤5	≤3	≤2
>18.3	≤3	≤2	≤0.15	≤0.10	≤10	≤5	≤5	≤3	≤2	≤1

①没有凝结水精处理除盐装置的机组，蒸汽的电导率标准值不大于 0.30 μS/cm，期望值不大于 0.15 μS/cm

2. 锅炉给水质量标准

（1）给水的硬度、溶解氧、铁、铜、钠、二氧化硅的含量和氢电导率，应符合表 10—2 的规定。

表 10—2　　　　　　　　锅炉给水质量

炉型	过热蒸汽压力（MPa）	氢电导率（25℃）（μS/cm）		硬度（μmol/L）	溶解氧（μg/L）	铁（μg/L）		铜（μg/L）		钠（μg/L）		二氧化硅（μg/L）	
		标准值	期望值		标准值	标准值	期望值	标准值	期望值	标准值	期望值	标准值	期望值
汽包炉	3.8～5.8	—	—	≤2.0	≤15	≤50	—	≤10	—	—	—	应保证蒸汽二氧化硅符合标准	
	5.9～12.6	≤0.30	—	—	≤7	≤30	—	≤5	—	—	—		
	12.7～15.6	≤0.30	—	—	≤7	≤20	—	≤5	—	—	—		
	>15.6	≤0.15①	≤0.10	—	≤7	≤15	≤10	≤3	≤2	—	—	≤20	≤10
直流炉	5.9～18.3	≤0.15	≤0.10	—	≤7	≤10	≤5	≤3	≤2	≤5	≤2	≤15	≤10
	>18.3	≤0.15	≤0.10	—	≤7	≤5	≤3	≤2	≤1	≤3	≤2	≤10	≤5

①没有凝结水精处理除盐装置的机组，给水电导率应不大于 0.30 μS/cm

液态排渣炉和原设计为燃油的锅炉，其给水的硬度和铁、铜的含量，应符合比其压力高一级锅炉的规定。

(2) 全挥发处理给水的 pH 值、联氨和总有机碳（TOC）应符合表 10—3 的规定。

表 10—3　　给水的 pH 值、联氨和 TOC 标准

炉型	锅炉过热蒸汽压力（MPa）	pH 值（25℃）	联氨（μg/L）	TOC（μg/L）
汽包炉	3.8～5.8	8.8～9.3	—	—
	5.9～15.6	8.8～9.3（有铜给水系统）或 9.2～9.6①（无铜给水系统）	≤30	≤500②
	>15.6			≤200②
直流炉	>5.9			≤200

①对于凝汽器管为铜管、其他换热器管均为钢管的机组，给水 pH 值控制范围为 9.1～9.4

②必要时监测

(3) 直流炉加氧处理给水的 pH 值、氢电导率、溶解氧含量和 TOC 应符合表 10—4 的规定。

表 10—4　　加氧处理给水 pH 值、氢电导率、溶解氧的含量和 TOC 标准①

pH 值（25℃）	氢电导率（25℃）（μS/cm）		溶解氧（μg/L）	TOC（μg/L）
	标准值	期望值		
8.0～9.0	≤0.15	≤0.10	30～150	≤200

①采用中性加氧处理的机组，给水的 pH 值控制在 7.0～8.0（无铜给水系统），溶解氧为 50～250 μg/L

3. 凝结水质量标准

(1) 凝结水的硬度、钠和溶解氧的含量和氢电导率应符合表 10—5 的规定。

(2) 凝结水经精处理除盐后水中二氧化硅、钠、铁、铜的含量和氢电导率应符合表 10—6 的规定。

表 10—5　　　　凝结水泵出口水质

锅炉过热蒸汽压力（MPa）	硬度（μmol/L）	钠（μg/L）	溶解氧①（μg/L）	电导率（25℃）（μS/cm）	
				标准值	期望值
3.8～5.8	≤2.0	—	≤50	—	
5.9～12.6	≤1.0	—	≤50	≤0.30	—
12.7～15.6	≤1.0	—	≤40	≤0.30	≤0.20
15.7～18.3	≈0	≤5②	≤30	≤0.30	≤0.15
＞18.3	≈0	≤5	≤20	≤0.20	≤0.15

①直接空冷机组凝结水溶解氧浓度标准值应小于 100 μg/L，期望值小于 30 μg/L。配有混合式凝汽器的间接空冷机组凝结水溶解氧浓度宜小于 200 μg/L

②凝结水有精处理除盐装置时，凝结水泵出口的钠浓度可放宽至 10 μg/L

表 10—6　　　　凝结水除盐后的水质

锅炉过热蒸汽压力（MPa）	氢电导率（25℃）（μS/cm）		钠		铜		铁		二氧化硅	
			μg/L							
	标准值	期望值	标准值	期望值	标准值	期望值	标准值	期望值	标准值	期望值
≤18.3	≤0.15	≤0.10	≤5	≤2	≤3	≤1	≤5	≤3	≤15	≤10
＞18.3	≤0.15	≤0.10	≤3	≤1	≤2	≤1	≤5	≤3	≤10	≤5

4. 锅炉炉水质量标准

汽包炉炉水的电导率、氢电导率、二氧化硅和氯离子含量，根据制造厂的规范并通过水汽品质专门试验确定，可参照表 10—7 的规定控制，炉水磷酸根含量与 pH 值指标可参照表 10—8 的规定控制。

表 10—7　　　　汽包炉炉水电导率、氢电导率、氯离子和二氧化硅含量标准①

锅炉汽包压力（MPa）	处理方式	二氧化硅	氯离子	电导率（25℃）（μS/cm）	氢电导率（25℃）（μS/cm）
		mg/L			
5.9～10.0	炉水固体碱化剂处理	≤2.00②	—	＜50	—
10.1～12.6		≤2.00②	—	＜60	—
12.7～15.8		≤0.45②	≤1.5	＜35	—
＞15.8	炉水固体碱化剂处理	≤0.20	≤0.5	＜20	＜1.5③
	炉水全挥发处理	≤0.15	≤0.3	—	＜1.0

①均指单段蒸发炉水

②汽包内有清洗装置时，其控制指标可适当放宽。炉水二氧化硅浓度指标应保证蒸汽二氧化硅浓度符合标准

③炉水氢氧化钠处理

表 10—8　　汽包炉炉水磷酸根含量和 pH 值标准

锅炉汽包压力（MPa）	处理方式	磷酸根（mg/L）			pH①值（25℃）	
		单段蒸发	分段蒸发			
		标准值	净段	盐段	标准值	期望值
3.8～5.8	炉水固体碱化剂处理	5～15	5～12	≤75	9.0～11.0	—
5.9～10.0		2～10	2～10	≤40	9.0～10.5	9.5～10.0
10.1～12.6		2～6	2～6	≤30	9.0～10.0	9.5～9.7
12.7～15.8		≤3②	≤3	≤15	9.0～9.7	9.3～9.7
＞15.8	炉水固体碱化剂处理	≤1②	—	—	9.0～9.7	9.3～9.6
	炉水全挥发处理	—	—	—	9.0～9.7	—

①指单段蒸发炉水

②控制炉水无硬度

5. 锅炉补给水质量标准

锅炉补给水的质量，以不影响给水质量为标准，可参照表 10—9 的规定控制。

表 10—9　　锅炉补给水质量

锅炉过热蒸汽压力（MPa）	二氧化硅（μg/L）	除盐水箱进水电导率（25℃）（μS/cm）		除盐水箱出口电导率（25℃）（μS/cm）	TOC①（μg/L）
		标准值	期望值		
5.9～12.6	—	≤0.20	—	≤0.40	—
12.7～18.3	≤20	≤0.20	≤0.10		≤400
＞18.3	≤10	≤0.15	≤0.10		≤200

①必要时监测

6. 减温水质量标准

锅炉蒸汽采用混合减温时，应保证减温后蒸汽中的钠、二氧化硅和金属氧化物的含量符合表 10—1 的规定。

7. 疏水和生产回水质量标准

疏水和生产回水质量以不影响给水质量为前提，按表10—10控制。

表10—10　　疏水和生产回水质量

名称	硬度（μmol/L）		铁（μg/L）	油（mg/L）
	标准值	期望值		
疏水	≤2.5	≈0	≤50	—
生产回水	≤5.0	≤2.5	≤100	≤1（经处理后）

生产回水还应根据回水的性质，增加必要的化验项目。

8. 闭式循环冷却水质量标准

闭式循环冷却水的质量可参照表10—11控制。

表10—11　　闭式循环冷却水质量

材质	电导率（25℃）（μS/cm）	pH值（25℃）
全铁系统	≤30	≥9.5
含铜系统	≤20	8.0～9.2

9. 热网补充水质量标准

热网补充水质量按表10—12控制。

表10—12　　热网补充水质量

溶解氧（μg/L）	总硬度（μmol/L）	悬浮物（mg/L）
<100	<600	<5

10. 水内冷发电机的冷却水质量标准

水内冷发电机的冷却水质量按表10—13控制。

表10—13　　水内冷发电机的冷却水质量

电导率（25℃）（μS/cm）	铜（μg/L）	硬度（μmol/L）	pH值（25℃）
≤5①	≤40	≤2	7.0～9.0

①汽轮发电机定子绕组采用独立密闭循环水系统时，其冷却水的电导率应小于2.0 μS/cm

11. 停（备）用机组启动时的水、汽质量标准

（1）锅炉启动后，并汽或汽轮机冲转前的蒸汽质量，可参照表10—14的规定控制，并在机组并网后8 h内应达到表10—1的标准值。

表 10—14 汽轮机冲转前的蒸汽质量

炉型	锅炉过热蒸汽压力（MPa）	氢电导率（25℃）（μS/cm）	二氧化硅	铁	铜	钠
			μg/kg			
汽包炉	3.8～5.8	≤3.00	≤80	—	—	≤50
	>5.8	≤1.00	≤60	≤50	≤15	≤20
直流炉	—	≤0.50	≤30	≤50	≤15	≤20

（2）锅炉启动时，给水质量应符合表10—15的规定，在热启动时2 h内、冷启动时8 h内应达到表10—2的标准值。

表 10—15 锅炉启动时给水质量

炉型	锅炉过热蒸汽压力（MPa）	硬度（μmol/L）	氢电导率（25℃）（μS/cm）	铁	溶解氧	二氧化硅
				（μg/L）		
汽包炉	3.8～5.8	≤10.0	—	≤150	≤50	—
	5.9～12.6	≤5.0	—	≤100	≤40	—
	>12.6	≤5.0	≤1.00	≤75	≤30	≤80
直流炉	—	≈0	≤0.50	≤50	≤30	≤30

（3）直流炉热态冲洗合格后启动分离器，水中铁和二氧化硅含量均应小于100 μg/L。

（4）机组启动时，凝结水质量可按表10—16的规定开始回收。

表 10—16 机组启动时，凝结水回收标准①

外状	硬度（μmol/L）	铁②	二氧化硅	铜
		μg/L		
无色透明	≤10.0	≤80	≤80	≤30

①对于海滨电厂还应控制含钠量不大于80 μg/L

②凝结水精处理正常投运，铁的控制标准可小于1 000 μg/L

(5) 机组启动时，应严格监督疏水质量。当高、低压加热器的疏水含铁量不大于 400 μg/L 时，可回收。

12. 水汽质量劣化时的处理

(1) 当水汽质量劣化时，应迅速检查取样的代表性、化验结果的准确性，并综合分析系统中水、汽质量的变化，确认判断无误后，按下列三级处理原则执行：

1) 一级处理。有因杂质造成腐蚀、结垢、积盐的可能性，应在 72 h 内恢复至相应的标准值。

2) 二级处理。肯定有因杂质造成腐蚀、结垢、积盐的可能性，应在 24 h 内恢复至相应的标准值。

3) 三级处理。正在发生快速腐蚀、结垢、积盐，如果 4h 内水质不好转，应停炉。

在异常处理的每一级中，如果在规定的时间内尚不能恢复正常，则应采用更高一级的处理方法。

(2) 凝结水（凝结水泵出口）水质异常时的处理值见表 10—17 的规定。

表 10—17　　凝结水水质异常时的处理

项目		标准值	处理等级		
			一级	二级	三级
氢电导率 (25℃，μS/cm)	有精处理除盐	≤0.30①	>0.30②	—	—
	无精处理除盐	≤0.30	>0.30	>0.40	>0.65
钠② (μg/L)	有精处理除盐	≤10	>10	—	—
	无精处理除盐	≤5	>5	>10	>20

①主蒸汽压力大于 18.3 MPa 的直流炉，凝结水氢电导率标准值为不大于 0.20 μS/cm，一级处理为大于 0.20 μS/cm

②用海水冷却的电厂，当凝结水中的含钠量大于 400 μg/L 时，应紧急停机

(3) 锅炉给水水质异常时的处理值见表 10—18 的规定。

表 10—18　　锅炉给水水质异常时的处理

项目		标准值	处理等级		
			一级	二级	三级
pH①值（25℃）	无铜给水系统②	9.2～9.6	<9.2	—	—
	有铜给水系统	8.8～9.3	<8.8 或 >9.3	—	—
氢电导率（25℃，μS/cm）	无精处理除盐	≤0.30	>0.30	>0.40	>0.65
	有精处理除盐	≤0.15	>0.15	>0.20	>0.30
溶解氧（μg/L）	还原性全挥发处理	≤7	>7	>20	—

①直流炉给水 pH 值低于 7.0，按三级处理等级处理

②对于凝汽器管为铜管、其他换热器管均为钢管的机组，给水 pH 值的标准值为 9.1～9.4，则一级处理为小于 9.1 或大于 9.4

（4）锅炉水水质异常时的处理值见表 10—19 的规定。

当出现水质异常情况时，还应测定炉水中氯离子含量、含钠量、电导率和碱度，查明原因，采取对策。

表 10—19　　锅炉炉水水质异常时的处理

锅炉汽包压力（MPa）	处理方式	pH 值（25℃）标准值	处理等级		
			一级	二级	三级
3.8～5.8	炉水固体碱化剂处理	9.0～11.0	<9.0或>11.0	—	—
5.9～10.0		9.0～10.5	<9.0或>10.5	—	—
10.1～12.6		9.0～10.0	<9.0或>10.0	<8.5或>10.3	—
>12.6	炉水固体碱化剂处理	9.0～9.7	<9.0或>9.7	<8.5或>10.0	<8.0或>10.3
	炉水全挥发处理	9.0～9.7	9.0～8.5	8.5～8.0	<8.0

炉水 pH 值低于 7.0，应立即停炉

练　习　题

一、判断题

1. 锅炉运行中，只要保证锅水水位不要过高，就能防止蒸汽品质恶化。（　　）

2. 锅炉运行时，给水中未除去的溶解氧大多将进入蒸汽中，易对热力系统造成腐蚀。（　　）

3. 饱和蒸汽被污染的主要原因是由于蒸汽带水和蒸汽溶解杂质所造成的。（　　）

4. 只要保证锅水水质达到合格，蒸汽品质就一定能保持良好。（　　）

5. 工业锅炉一般对蒸汽品质没有要求，所以为了节约能源，应尽量减少锅炉排污。（　　）

6. 锅水中含盐量过高时，会影响蒸汽品质，并易造成过热器与汽轮机积盐。（　　）

7. 锅炉压力越高，其蒸汽溶解杂质的能力就越小。（　　）

二、选择题

1. 下列物质中会直接影响蒸汽品质的是（　　）。

A. 氯离子　　B. 溶解氧

C. 过高的碱度　　D. 过高的硬度

2. 锅水含盐量、碱度过高，蒸发面上有油脂和泡沫等杂质都会影响蒸汽品质，这时须采取的措施是（　　）。

A. 加强锅炉排污　　B. 再生离子交换剂

C. 改善给水水质　　D. 增加防垢剂用量

3. 下列因素中，对产生汽水共腾影响不大的是（　　）。

A. 锅炉负荷突然变化　　B. 锅炉在高水位运行

C. 锅水磷酸根含量偏高　　D. 锅水蒸发面上有大量泡沫

第十一章

特种设备法规规范及安全知识

本章知识要点

1. 熟悉法律法规规范中有关锅炉水处理的相关要求
2. 了解国家有关法律法规及规范
3. 掌握化学药品的安全使用与管理及事故应急处理措施

第一节 特种设备法规规范

一、我国特种设备法规规范概况

目前我国已有特种设备安全技术规范 70 余个，涉及 7 类特种设备，技术标准近千项。

特种设备法规体系构成的五个层次为法律—行政法规—部门规章—安全技术规范—特种设备相关标准。

第一层次：法律

根据宪法和立法法的规定，全国人民代表大会及其常委会制定法律。

如安全生产法、劳动法以及将要颁布的特种设备安全法。

第二层次：行政法规

由国家最高行政机关国务院制定的行政法规和省、自治区、直辖市以及省会市和较大市人大及其常委会制定的地方性法规。

如特种设备安全监察条例。

第三层次：部门规章

国务院各部门制定的部门规章和省、自治区、直辖市以及省会市和较大市的人民政府制定的政府规章。

总局令，如事故处理规定、《锅炉压力容器制造监督管理办法》(总局令第 22 号)。

第四层次：安全技术规范（规范性文件）

是政府对特种设备的安全性能和相应的设计、制造、安装、改造、维修、使用和检验检测等所作出的一系列规定，是必须强制执行的文件，安全技术规范是特种设备法规标准体系的主体，是在世界经济一体化中各国贸易性保护措施在安全方面的体现形式，其作用是把法律、法规和行政规章的原则规定具体化。

第五层次：特种设备相关标准

有锅炉压力容器材料标准、锅炉压力容器设计制造标准、试验方法等标准。

二、相关法规规范对锅炉使用管理的要求

1. 行政许可法

《行政许可法》于 2003 年 8 月 27 日全国人大通过，第 7 号主席令公布，自 2004 年 7 月 1 日施行。

在《行政许可法》的第 12 条有关行政许可设定中规定："直接关系公共安全、人身健康、生命财产安全的重要设备、设施、产品、物品，需要按照技术标准、技术规范，通过检验、检测和检疫等方式进行审定的事项。"

2. 特种设备安全监察条例

条例所称特种设备是指涉及生命安全、危险性较大的锅炉、压力容器（含气瓶)，压力管道、电梯、起重机械、客运索道、大型游乐设施和场（厂）内专用机动车辆。

特种设备的生产（含设计、制造、安装、改造、维修，下同)、使用、检验检测及其监督检查，应当遵守本条例。

特种设备生产、使用单位应当建立健全特种设备安全管理制度和岗位安全责任制度。特种设备生产、使用单位的主要负责人应当对本单位特种设备的安全全面负责。

特种设备使用单位，应当严格执行本条例和有关安全生产的法律、行政法规的规定，保证特种设备的安全使用。

特种设备使用单位应当建立特种设备安全技术档案。特种设备使用单位对在用特种设备应当至少每月进行一次自行检查，并作出记录。特种设备使用单位在对在用特种设备进行自行检查和日常维护保养时发现异常情况的，应当及时处理。

特种设备使用单位应当对在用特种设备的安全附件、安全保护装置、测量调控装置及有关附属仪器仪表进行定期校验、检修并做出记录。

特种设备使用单位应当按照安全技术规范的定期检验要求，定期检验。未经定期检验或者检验不合格的特种设备，不得继续使用。

特种设备使用单位应当制定特种设备的事故应急措施和救援预案。

特种设备作业人员应当按照国家有关规定经特种设备安全监督管理部门考核合格，取得国家统一格式的特种设备作业人员证书，方可从事相应的作业或者管理工作。

特种设备使用单位应当对特种设备作业人员进行特种设备安全教育和培训，保证特种设备作业人员具备必要的特种设备安全作业知识。

特种设备作业人员在作业中应当严格执行特种设备的操作规程和有关的安全规章制度。

3. 锅炉水处理监督管理规则

要求使用锅炉的单位应根据本单位的实际情况，建立健全规章制度（水处理管理制度、岗位责任制、设备运行和维护保养制度等）。

使用锅炉的单位应根据锅炉的数量、参数、水源情况和水处理方式配备专（兼）职水处理管理操作人员。

使用锅炉的单位应根据锅炉参数和汽水品质的要求，对锅炉的原水、给水、锅水、回水的水质及蒸汽品质定期进行分析。每次化验分析的时间、项目、数据及采取的相应措施，均应详细填写在水质化验记录上。

对于备用或停用的锅炉及水处理设备，必须做好保养工作，防止锅炉和水处理设备引起严重腐蚀以及树脂中毒。

锅炉水质监测单位至少每半年一次到授权范围内的锅炉使用单位抽样化验锅炉水质并出具监测报告。

对锅炉受热面结生严重水垢的锅炉，由锅炉压力容器检验单位根据实际情况提出清洗建议，并出具锅炉除垢通知书。由使用单位请有资格的化学清洗单位对锅炉进行清洗。

第二节　使用管理及检验

锅炉水处理设备对出水质量的影响及化验分析的正确及准确直接关系到锅炉用水的安全，因此国家有关部门颁发了相应的规范性文件。以下介绍的是相关文件中的主要内容。

一、锅炉注册登记时对水处理的要求

锅炉使用单位应当根据所用锅炉品种、炉型、结构和容量等采取合适的水处理方式以保证锅炉水质。工业锅炉水质应当符合《工业锅炉水质》（GB/T1576－2008），电站锅炉水、汽质量应当符合《火力发电机组及蒸汽动力设备水汽质量》（GB/T12145—2008）的规定。

锅炉及水处理设备的生产（设计、制造、安装、改造、维修）、使用单位和从事锅炉水处理检验检测机构，锅炉水处理药剂、树脂的制造单位，锅炉房设计单位，锅炉水处理服务单位、锅炉化学清洗单位，进口或者按照境外规范、标准在境内生产并且使用的锅炉水处理设备、药剂、树脂应当符合《锅炉水处理监

督管理规则》的要求。

锅炉水处理系统设计单位，应根据水质标准、设计规范的规定以及使用单位对水、汽质量的要求，设计合理有效的锅炉水处理方案。方案至少包括水处理方法、主要系统设计、设备选型、仪器仪表配置等。

锅炉水处理设备、药剂和树脂的生产单位，应当具备与所生产产品相适应的专业技术人员和技术工人，有必要的生产条件和检测手段，有健全的质量保证体系，所生产的产品应当符合有关规范、标准的要求，对其生产的产品质量负责。

锅炉水处理设备出厂时，应当附有水处理设备图样（总图、管道系统图等），产品质量证明文件，设备安装、使用说明书等文件资料。

水处理药剂、树脂出厂时，应当附有产品合格证、使用说明书等文件资料。

已经注册登记的还应当提供注册登记证书复印件。

锅炉水处理系统（设备）安装单位，应当具备与其安装工程相适应的专业技术人员和技术工人，有健全的质量保证体系，按照锅炉水处理设计方案和有关规范及其标准进行安装、记录，对其安装质量负责，并且接受检验机构实施的监督检验。竣工验收后，应当将安装竣工资料提供给锅炉使用单位存入锅炉技术档案中。

锅外水处理系统、设备安装完毕后，应当由具有调试能力的单位进行调试，确定合理的运行参数。

采取锅内加药处理的锅炉应当由具有调试能力的单位进行调试，确定合理的加药方法和数量。

调试后的水、汽质量应当达到水质标准的要求，调试报告应当存入锅炉使用单位的锅炉技术档案中。

锅炉使用单位应当结合本单位的实际情况，建立健全水处理管理、岗位职责、运行操作、维护保养等制度，并且严格执行。

二、锅炉水处理档案要求

锅炉使用单位应当根据《锅炉水处理监督管理规则》和水质标准的规定，对水、汽质量定期进行化验分析。每次化验分析的时间、项目、数据及采取的相应措施，应当填写在水质化验记录表上。对于锅炉额定蒸发量大于等于 1 t/h 的蒸汽锅炉、锅炉额定热功率大于等于 0.7 MW 的热水锅炉的使用单位，对水、汽质量应当每班至少进行 1 次分析。锅炉运行及水质化验记录应妥善保管，不得丢失。

三、水处理作业人员持证上岗要求

锅炉使用单位应当根据锅炉的数量、参数、水源情况和水处理方式，配备专（兼）职水处理作业人员。锅炉水处理作业人员应当按照《特种设备作业人员监督管理办法》的规定，经考核合格取得资格后，才能从事锅炉水处理操作工作。

水处理作业人员应当遵守以下规定：

1. 作业时随身携带证件，并自觉接受用人单位的安全管理和质量技术监督部门的监督检查。

2. 积极参加特种设备安全教育和安全技术培训。

3. 严格执行特种设备操作规程和有关安全规章制度。

4. 拒绝违章指挥。

5. 发现事故隐患或者不安全因素应当立即向现场管理人员和单位有关负责人报告。

6. 其他有关规定。

水处理作业人员应熟悉所操作的水处理系统、设备、化验仪器的原理、结构、性能，了解运行设备结构，熟悉锅炉水质标准，具体做好以下工作：

1. 正确、及时地进行水处理设备的操作及水质化验工作，确保锅炉各项水质标准在规定范围之内，并根据水质情况，采取相应的措施，指导司炉人员执行正确的排污操作。

2. 停炉后及时了解锅炉的结垢、腐蚀情况，指导锅炉保养工作。

3. 保持水处理化验间及其设备化验仪器齐全、完好。

4. 遵守各项安全管理制度和岗位纪律，不违章操作。

四、化验记录要求

要做好水质化验，除了安全、规范操作外，还要做好化验工作的原始记录。化验过程中，应及时、真实、准确地记录实验现象和化验数据。不许事后凭记忆补写或以零星纸条暂记再转抄，那样容易记错或漏记。

1. 在实验过程中要仔细地观察实验现象，重要的实验现象要及时记录下来。

2. 记录数据时，一定要真实，不要为了追求得到某个结果，擅自更改数据。

3. 记录的数据应准确、有效。应认真仔细地多次测量，尽量减少测量误差，有效数字应体现出实验所用仪器和实验方法所能达到的精确度。

五、锅炉水处理检验及定期监测要求

锅炉水处理检验工作，包括水处理系统安装监督检验、运行水处理监督检验、停炉水处理检验。锅炉水处理的检验检测工作是锅炉检验工作的一部分。锅炉水处理检验按照《锅炉水（介）质处理检验规则》进行。

运行水处理监督检验周期如下：

1. 对锅炉使用单位抽样检验锅炉水、汽质量，至少每半年1次，对抽样检验不合格的单位应当增加抽样检验次数。

2. 对水处理设备及其运行状况，至少每年进行1次检验。

（1）工业锅炉的水质分析项目与方法符合GB/T 1576—2008。

（2）电站锅炉的水、汽分析项目符合GB/T 12145—2008、DL/T912—2005中规定的监测指标，分析方法按照相关标准执行。

（3）溶解氧的检测必须在现场进行。

（4）采用除盐水作为补给水的锅炉水、汽分析项目中的电导率、pH 值必须在现场测定。

检验机构根据监督检验情况出具运行水处理监督检验报告。运行水处理监督检验结论分为合格、基本合格、不合格。工业锅炉水质依据《工业锅炉水质》（GB/T 1576—2008）、电站锅炉水、汽质量依据《火力发电机组及蒸汽动力设备水汽质量》（GB/T 12145—2008）、《超临界火力发电机组水汽质量标准》（DL/T 912—2005）进行判定。对不合格的，应当提出整改的要求和期限。

停炉水处理检验工作结合锅炉内部检验进行，工业锅炉一般每两年进行一次，电站锅炉可以按照锅炉大修周期进行适当调整。

停炉水处理检验包括以下内容：查阅锅炉水处理技术资料和管理资料；水处理系统（设备）检验；锅炉内部化学检验。

锅炉内部化学检验适用于电站锅炉内部化学检验，工业锅炉可以参照执行。

水处理系统安装监督检验结合锅炉安装监督检验进行，停炉水处理检验结合锅炉内部检验进行。锅炉水处理检验的项目和要求按照《锅炉水（介）质处理检验规则》要求进行，并且按照其要求单独出具锅炉水处理系统安装监督检验报告、运行水处理监督检验报告、停炉水处理检验报告。

检验机构在进行锅炉水处理检验的同时，应当了解水源水质情况以及锅炉使用单位的锅炉水处理方法、水质合格率、蒸汽冷凝水回收利用和排污情况；对水处理检验不合格的单位提出整改意见，发现严重事故隐患的，检验机构应当立即书面报告当地质量技术监督部门。

第三节　作业安全及事故应急处理措施

一、作业安全

试验中常常潜藏着诸如爆炸、着火、中毒、灼伤、割伤、触电等事故的危险性。在装配和拆卸玻璃仪器装置过程中，如果操作不当往往会造成割伤；高温加热可能造成烫伤或烧伤等。

1. 安全守则

有些化学药品易燃、易爆、有腐蚀性或有毒。所以在试验前应充分了解安全注意事项。在试验过程中，应在思想上十分重视安全问题，集中注意力，遵守操作规程，以避免事故的发生。

（1）加热试管时，不要将试管口指向自己或别人，不要俯视正在加热的液体，以免液体溅出，使眼睛或面部受到伤害。

（2）嗅闻气体时，应用手轻拂气体，扇向自己后再嗅。

（3）使用酒精灯时，应随用随点燃，不用时盖上灯罩。不要用燃着的酒精灯去点燃别的酒精灯，以免酒精溢出而失火。

（4）浓酸、浓碱具有强腐蚀性，切勿溅在衣服、皮肤上，尤其勿溅到眼睛上。稀释浓硫酸时，应将浓硫酸慢慢倒入水中，而不能将水向浓硫酸中倒，以免迸溅。

（5）能产生有刺激性或有毒气体的实验，加热盐酸、硝酸或硫酸时，均应在通风橱内（或通风处）进行。

（6）药品的使用应严格按照《试剂使用规则和危险品的安全使用》进行，绝不允许任意混合各种化学药品，以免发生意外事故。

2. 试剂使用规则和危险品的安全使用

为了得到准确的化验结果，保证安全和试剂不受污染，取用时应遵守以下规则：

（1）试剂不能与手接触，固体试剂用洁净的药勺取用，液体试剂用滴管吸取。注意不要把药勺或滴管伸入其他试剂中，或与接受器壁接触。

（2）取用试剂不要过量，已取出的药剂不能倒回原瓶中。取完药剂后应随即盖好，瓶塞和滴管切勿乱放，以免在盖瓶塞和放回滴管时张冠李戴。

（3）用量不需特别准确时可大约估计添加。少许固体取豌豆大小，少许液体为 3～5 滴。平常 20 滴约为 1 mL，如果液滴较大时，按 16 滴为 1 mL 计算。

（4）钾、钠暴露在空气中易氧化，白磷在空气中易自燃，所以钾、钠应保存在煤油中，避免和水接触；白磷则可以存于水中，但白磷有剧毒。取用钾、钠、白磷都需用镊子，切勿与人体接触，以免灼伤皮肤。多余的钾、钠、白磷应放回原瓶中，决不允许随意弃于水槽和废液缸中。

（5）乙醚、乙醇、丙酮、苯等有机易燃物质，放置和使用时必须远离明火，取用完毕后立即盖紧瓶塞和瓶盖，存放于阴凉的地方。

（6）有毒药品（如重铬酸钾、钡盐、砷、汞的化合物等），特别是氰化物不得进入口内或接触伤口。也不能将有毒药品随便倒入下水管道。

（7）金属汞（水银）易挥发，它通过呼吸而进入体内，逐渐积累会引起慢性中毒，所以应尽量避免汞洒落在桌上或地上。一旦洒落，必须尽可能收集起来，并用硫黄粉盖在洒落的地方，使汞转变成不能挥发的硫化汞。

（8）强氧化剂（如高氯酸、氯酸钾等）及其混合物（氯酸钾与红磷、碳、硫等的混合物），不能研磨或撞击，否则易发生爆炸。

（9）银氨溶液放久后会变成氮化银而引起爆炸，因此用剩的溶液应及时处理。

（10）氢气与空气的混合物遇火要发生爆炸，因此产生氢气的装置要远离明火。进行产生大量氢气的实验时，应把废气通至室外，并注意室内的通风。

3. 用电安全

触电最基本的原因是：漏电和触摸必须同时具备，才能发生触电事故，如果漏电时不触摸，不会发生触电事故；如果不漏电时触摸电气设备，也不会发生触电事故。要防止左手到右手的最危险的触电途径。

防止触电的常用技术措施要有绝缘、屏护、间隔、接地、接零、加装漏电保护装置和使用安全电压等。在完善技术措施的前提下，还要严格遵守安全操作规程，从而最大限度地避免触电事故的发生。

（1）认真学习安全用电知识，提高自己防范触电的能力。注意电气安全距离，不进入已标志电气危险标志的场所。不乱动、乱摸电气设备，特别是当人体出汗或手脚潮湿时，不要操作电气设备。

（2）发生故障跳闸，要查明原因排除故障后，才能合闸。发生电气设备故障时，不要自行拆卸，要找持有电工操作证的电工修理。公共用电设备或高压线路出现故障时，要打报警电话请电力部门处理。

（3）电气设备一定要有保护接零和保护接地装置，并经常进行检查，确保其安全可靠。

（4）根据线路安全载流量配置设备和导线，不任意增加负荷，防止过流发热而引起短路、漏电。更换线路熔丝时不要随意加大规格，更不要用其他金属丝代替。

（5）使用中经常接触的配电箱、插座、导线等要完好无损。绝缘老化、损坏的要及时更换。

（6）一切电气设备应视为有电状态，不要用手直接触摸，如必须触摸也要采用手背触摸方式。

（7）发生电器火灾时，应立即切断电源，用黄砂、二氧化碳灭火器灭火，切不可用水或泡沫灭火器灭火。

若发生触电事故，首先切断电源，若来不及切断电源，可用绝缘物挑开电线。在未切断电源之前，切不可用手拉触电者，也不能用金属或潮湿的东西挑电线。如果触电者在高处，则应先采取保护措施，再切断电源，以防触电者摔伤。然后将触电者移到空气新鲜的地方休息。若出现休克现象，要立即进行人工呼吸，并送医院治疗。

4. 误操作和烫伤处理

在化验过程中，经常要装配和拆卸玻璃仪器，在使用过程中如果操作不当往往会造成割伤，高温加热可能造成烫伤或烧伤。所以水处理作业人员除了按要求规范实验操作外，还要掌握一般的应急救护方法。

(1) 创伤（碎玻璃引起的）

伤口不能用手抚摸，也不能用水冲洗。若伤口里有碎玻璃片，应先用消过毒的镊子取出来，在伤口上擦龙胆紫药水，消毒后用止血粉外敷，再用纱布包扎。伤口较大、流血较多时，可用纱布压住伤口止血，并立即送医务室或医院治疗。

(2) 烫伤

烫伤后切勿用水冲洗，一般可在伤口处擦烫伤膏或用浓高锰酸钾溶液擦至皮肤变为棕色，再涂上凡士林或烫伤药膏。被沥青、煤焦油等有机物烫伤后，可用浸透二甲苯的棉花擦洗，再用羊脂涂敷。

(3) 受（强）碱腐蚀

先用大量水冲洗，再用2%醋酸溶液或饱和硼酸溶液清洗，然后再用水冲洗。若碱溅入眼内，用硼酸溶液冲洗。

(4) 受（强）酸腐蚀

先用干净的毛巾擦净伤处，用大量水冲洗，然后用饱和碳酸氢钠（$NaHCO_3$）溶液（或稀氨水、肥皂水）冲洗，再用水冲洗，最后涂上甘油。若酸溅入眼中时，先用大量水冲洗，然后用碳酸氢钠溶液冲洗，严重者送医院治疗。

(5) 液溴腐蚀

应立即用大量水冲洗，再用甘油或酒精洗涤伤处；氢氟酸腐蚀，先用大量冷水冲洗，再以碳酸氢钠溶液（$NaHCO_3$）冲洗，然后用甘油氧化镁涂在纱布上包扎；苯酚腐蚀，先用大量水冲洗，再用4体积10%的酒精与1体积三氯化铁的混合液冲洗。

(6) 误吞毒物

常用的解毒方法是：给中毒者服催吐剂，如肥皂水、芥末和水，或服鸡蛋清、牛奶和食物油等，以缓和刺激，随后用干净手指伸入喉部，引起呕吐。注意磷中毒的人不能喝牛奶，可用 5～10 mL1％的硫酸铜溶液加入一杯温开水内服，引起呕吐，然后送医院治疗。

二、化学药品的安全使用与管理

1. 灼伤处理办法

(1) 酸灼伤

皮肤被酸灼伤应立即用大量水冲洗，再用 5％碳酸氢钠溶液洗涤，然后涂上油膏，将伤口包扎好，眼睛受伤应先抹去眼外部的酸，然后立即用水冲洗，用洗眼杯或水龙头上橡胶管对眼睛冲，再用稀碳酸氢钠洗，最后滴入少许蓖麻油。

衣服溅上酸后应先用水冲洗，再用稀氨水洗，最后用水冲洗干净；地上有酸应先撒石灰粉，后用水冲刷。

(2) 碱灼伤

皮肤被碱灼伤应先用大量水冲洗，再用饱和硼酸溶液或 1％醋酸溶液洗涤，涂上油膏，包扎伤口。眼睛受伤时先抹去眼外部的碱，用水冲洗，再用饱和硼酸溶液洗涤后，滴入蓖麻油。

衣服溅上碱液后先用水洗，然后用 10％醋酸溶液洗涤，再用氨水中和多余的醋酸，最后用水洗净。

(3) 溴灼伤

皮肤被溴灼伤应立即用水冲洗，也可用酒精洗涤或用 2％硫代硫酸钠溶液洗至伤口呈白色，然后涂甘油加以按摩。如果眼睛被溴蒸气刺激，暂时不能睁开时，可以对着盛有卤仿或乙醇的瓶内注视片刻加以缓解。

(4) 磷灼伤

可用 1％硝酸银溶液，5％硫酸银溶液，或高锰酸钾溶液洗涤伤处，然后进行包扎，切勿用水冲洗。

2. 中毒

化学药品大多数具有不同程度的毒性，主要通过皮肤接触或呼吸道吸入引起中毒。一旦发现中毒现象可视情况不同采取各种急救措施。

溅入口中而未咽下的毒物应立即吐出来，用大量水冲洗口腔；如果已吞下，应根据毒物的性质采取不同的解毒方法。

腐蚀性中毒，强酸、强碱中毒都要先饮大量的水，对于强酸中毒可服用氢氧化铝膏。不论酸碱中毒都需服牛奶。

刺激性及神经性中毒，要先服牛奶或蛋清缓和，再服硫酸镁溶液催吐。

吸入有毒气体时，将中毒者搬到室外空气新鲜处，解开衣领纽扣。吸入少量氯气和溴气者，可用碳酸氢钠溶液漱口。

总之，试验中若出现中毒症状时，应立即采取急救措施，严重者应及时送往医院。

3. 化学中毒与化学灼伤事故的预防

(1) 保护好眼睛。防止眼睛受刺激性气体的熏染，防止任何化学药品特别是强酸、强碱、玻璃屑等异物进入眼内。

(2) 禁止用手取用任何化学药品，使用有毒药品时，除用药匙、量器外，必须配用橡胶手套，实验后马上清洗仪器用具，立即用肥皂洗手。

(3) 尽量避免吸入任何药品或溶剂的蒸气。处理具有刺激性、恶臭和有毒的化学药品（如 H_2S、NO_2、Cl_2、Br_2、CO、SO_2、HCl、HF、浓硝酸、发烟硫酸、浓盐酸、乙酰氯等）时，必须在通风橱中进行。

(4) 严禁在酸性介质中使用氰化物。

(5) 用移液管移取浓酸、浓碱、有毒液体时，应用吸耳球吸取，禁止用口吸取。严禁冒险品尝药品、试剂，不得直接嗅气体。

(6) 实验室禁止吸烟进食，禁止穿拖鞋。

三、事故应急处理措施

作业人员在试验过程中，如若发生事故应立即采取适当措施。

1．火灾现场应急处理措施

一旦着火，应立即停止加热，熄灭附近的火源（关闭煤气或切断电源），停止通风，移开附近的易燃物质。一般的小火可用湿抹布、石棉布或沙土覆盖在着火的物体上。大火则应用灭火器，常见的灭火器有泡沫、四氯化碳、二氧化碳和干粉灭火器。如果是油或有机溶剂着火，则不能用水浇，只能用石棉布、沙子盖熄或使用泡沫灭火器扑灭。

若衣服着火，切勿奔跑，以免使火势加剧；应立即卧地滚转压住着火处，或迅速浇以大量水。

2．危险化学品事故现场的急救措施

在事故现场，化学品对人体可能造成的伤害为中毒、窒息、化学灼伤、烧伤等。必须对受伤人员进行紧急救护，减少伤害。

（1）现场急救注意事项

1）进行急救时，不论患者还是救援人员都需要进行适当的防护。这一点非常重要。特别是把患者从严重污染的场所救出时，救援人员必须加以预防，避免成为新的受害者。

2）应将受伤人员小心地从危险的环境转移到安全的地点。

3）应至少2～3人为一组集体行动，以便互相监护照应，所用的救援器材必须是防爆的。

4）急救处理程序化，可采取如下步骤：除去伤病员污染衣物—冲洗—共性处理—个性处理—转送医院。

5）处理污染物。要注意对伤员污染衣物的处理，防止发生继发性损害。

（2）一般急救原则

对受到化学伤害的人员进行急救时，几项首先要做的紧急处理如下：

1）置神志不清的病员于侧位，防止气道梗阻，呼吸困难时应给予氧气吸入。

2）呼吸停止时立即进行人工呼吸；心脏停跳者立即进行胸外心脏挤压。

3）皮肤污染时，脱去污染的衣服，用流动清水冲洗；头面部灼伤时，要注意眼、耳、鼻、口腔的清洗。

4）眼睛污染时，立即提起眼睑，用大量流动清水彻底冲洗至少 15 min。

5）当人员发生冻伤时，应迅速复温。复温的方法是采用 40～42℃恒温热水浸泡，使其在 15～30 min 内温度提高至接近正常。在对冻伤的部位进行轻柔按摩时，应注意不要将伤处的皮肤擦破，以防感染。

6）当人员发生烧伤时，应迅速将患者衣服脱去，用水冲洗降温，用清洁布覆盖创伤面，避免污染；不要任意把水泡弄破。患者口渴时，可适量饮水或含盐饮料。

7）口服毒物者，可根据物料性质，对症处理；有必要的进行洗胃。

8）经现场处理后，应迅速护送至医院救治。

口对口的人工呼吸及冲洗污染的皮肤或眼睛时要避免进一步受伤。

练 习 题

判断题

1. 未经注册登记的锅炉水处理设备、药剂和树脂，不得生产、销售和使用。 （ ）

2. 未经定期检验或者检验不合格的特种设备不得继续使用。 （ ）

3. 国家实行生产安全事故责任追究制度。 （ ）

4. 未经安全生产教育和培训合格的从业人员不得上岗作业。 （　）

5. 水处理作业人员应熟悉所操作的水处理系统、设备、化验仪器的原理、结构及性能。 （　）

6. 水处理作业人员应根据水质情况，采取相应的措施，指导司炉人员执行正确的排污操作。 （　）

附录　常用元素的名称、符号、原子价

元素名称	化学符号	原子序	相对原子质量	常见的原子价	摩尔质量（g/mol）
氢	H	1	1.007 9	1	1.008
碳	C	6	12.011	4	3.003
氮	N	7	14.006 7	3；5	4.669；2.801
氧	O	8	14.994	2	8.00
钠	Na	11	22.989 77	1	23.00
镁	Mg	12	24.305	2	12.15
铝	Al	13	26.981 54	3	8.994
硅	Si	14	28.086	4	7.21
磷	P	15	30.973 76	3；5	10.32；6.195
硫	S	16	32.06	2；4；6	163.03；8.015；5.343
氯	Cl	17	35.453	1；5；7	35.45；7.091；5.065
钾	K	19	39.098	1	39.098
钙	Ca	20	40.08	2	20.04
铬	Cr	24	51.996	3；6；2	17.33；8.666；26.00
锰	Mn	25	54.938 0	2；4；6；7	27.47；13.73；9.156；7.848
铁	Fe	26	55.847	2；3	27.92；18.62
铜	Cu	29	63.546	2；1	31.77；63.55
银	Ag	47	107.868	1	107.9
钡	Ba	56	137.34	2	68.67
铅	Pb	82	207.2	2；4	103；6；51.80

注：这里所列的物质的摩尔质量，是指从单质化合成离子态时，一价时摩尔质量。

参 考 文 献

金熙等．工业水处理技术问答［M］．北京：化学工业出版社，2003.

许兴炜．工业锅炉水处理技术（第 2 版）［M］．北京：中国劳动社会保障出版社，2008.

周英，赵欣刚．锅炉水处理实用技术培训教材［M］．北京：地震出版社，2002.

沈贞珉，邢磊．司炉读本（第五版）［M］．北京：中国劳动社会保障出版社，2007.